职业教育计算机及应用专业实训教材

丛书主编 耿祥义

ASP.NET 程序设计实训教程

杜广霞 石慧 王丽红 编著

清华大学出版社
北京

内容简介

本书根据职业教育教学特点，坚持“知识理论够用，实践动手能力强”的原则，以项目为主线，突出实用技术，以任务驱动和代码提示的方式，强化学生的自我实践技能。本书结合学生的认知规律和项目开发的实际过程，由浅入深、循序渐进地介绍了 ASP.NET 的基础知识与实用技术。本书共分为 9 章，其中主要包括 ASP.NET 概述、ASP.NET 常用标准控件、数据验证控件、ASP.NET 内置对象、利用数据控件访问数据库、利用 ADO.NET 连接和操作数据库、利用 ADO.NET 的非连接方式操作数据库、综合案例——简易的新闻系统、部署与发布 ASP.NET 网站等内容。

本书适合作为职业院校 ASP.NET 技术应用的教材，也可供从事 Web 开发工作的从业者和爱好者参考使用。

图书在版编目(CIP)数据

ASP.NET 程序设计实训教程/杜广霞，石慧，王丽红编著. —北京：清华大学出版社，2011.8
(职业教育计算机及应用专业实训教材)
ISBN 978-7-302-25959-6

Ⅰ. ①A… Ⅱ. ①杜… ②石… ③王… Ⅲ. ①网页制作工具－程序设计－职业教育－教材 Ⅳ. ①TP393.092

中国版本图书馆 CIP 数据核字(2011)第 124127 号

责任编辑：田在儒
责任校对：袁 芳
责任印制：李红英
出版发行：清华大学出版社
http://www.tup.com.cn
地 址：北京清华大学学研大厦 A 座
邮 编：100084
社 总 机：010-62770175
邮 购：010-62786544
投稿与读者服务：010-62776969，c-service@tup.tsinghua.edu.cn
质 量 反 馈：010-62772015，zhiliang@tup.tsinghua.edu.cn
印 刷 者：北京富博印刷有限公司
装 订 者：北京市密云县京文制本装订厂
经 销：全国新华书店
开 本：185×260 印 张：14.5 字 数：334 千字
版 次：2011 年 8 月第 1 版 印 次：2011 年 8 月第 1 次印刷
印 数：1～3000
定 价：26.00 元

产品编号：036464-01

职业教育计算机及应用专业实训教材

本书在内容上选取 ASP.NET 3.5 技术，开发语言为 C#，开发平台为 Microsoft Visual Studio 2008，数据库为 SQL Server 2005，同时对 Web 项目开发中所需要的知识技能进行综合讲解说明。

本书全面系统地介绍如何使用 ASP.NET 进行项目的设计与开发。全书共分为 9 章，内容如下。

第 1 章首先从初学者的角度介绍 ASP.NET 开发环境的安装与配置，进而通过典型案例介绍 ASP.NET 项目开发的整体流程。

第 2 章主要介绍 ASP.NET 中常用标准控件，并具体介绍这些常用控件的典型应用和操作方法。

第 3 章主要介绍在 ASP.NET 中如何使用验证控件快速准确地进行各种数据、控件的验证。

第 4 章重点介绍 ASP.NET 中的 6 个常用对象的作用与操作方式。

第 5 章以最直观简单的方式介绍 ASP.NET 中数据访问控件的数据库操作方式。

第 6 章以第 5 章的数据控件操作数据库中存在的问题作为突破点，讲解灵活的 ADO.NET 连接式操作数据库的方法。

第 7 章在第 5 章和第 6 章的基础上，突出强调 ASP.NET 的典型数据库操作方式——ADO.NET 非连接式的数据库操作方式。

第 8 章以项目开发中的最典型的新闻模块为例，整合前面各章所学内容，综合介绍项目的开发流程。

第 9 章部署与发布 ASP.NET 网站，本章在第 8 章介绍新闻系统的基础上，进一步讲解网站开发后期的部署与运行工作。

本书的特色如下。

（1）案例典型实用，由浅入深

本书各章节选用了大量的项目开发中非常实用的、有代表性的案例，并对其进行综合讲解说明。案例内容在安排上结合学生的认识规律，采用由浅入深、逐步渗透的方式，让读者在自然而然的方式中掌握知识内容，再通过“测试能力”模块让学生进行巩固学习，以此真正提高读者的实践操作技能。

(2) 图文并茂，通俗易懂

本书尽量摒弃传统程序设计类课程中纯文字叙述的知识灌输方式，采用形象生动的图示方式进行演示说明，力求达到看图识意的效果，以此加强读者对知识的理解和掌握。本书在内容、图示的选择上和结构的安排上都结合初学者的学习特点，力求易懂实用。

(3) 知识体系完整，结构严谨

本书在整体内容的安排上，先从基础入门，再到综合运用，最后到网站的部署与发布，遵循项目的开发流程，注重知识体系的完整性，结构严谨、科学。

由于作者水平有限，书中难免存在不足之处，敬请各位读者批评指正。

编　者

2011年7月

目
录

第1章 ASP.NET 概述

ASP.NET是一种创建动态Web应用程序的技术，它集成了微软公司的两项主要技术：ASP(Active Server Page，动态服务器页面)和.NET。ASP.NET最引人注目的特点之一是跨语言性，用户可以用基于.NET的任何编程语言(如C#、VB.NET或JScript.NET等)开发Web应用程序。

本章通过Microsoft Visual Studio 2008的安装设置和一个简单网站的创建来介绍ASP.NET的集成开发环境与ASP.NET应用程序的开发流程。

1.1 ASP.NET开发环境的安装与配置

相关知识

(1) 微软公司提供了ASP.NET Web应用程序的专门开发工具——Microsoft Visual Studio系列产品，本书采用Visual Studio 2008(VS 2008)进行项目开发与讲解。

(2) 完全安装VS 2008开发环境要占用4～5GB的空间，所以在安装前，要确保有足够的硬盘空间。

(3) ASP.NET的运行环境如下：

① Windows 2000或Windows XP；

② Visual Studio 2008；

③ SQL Server 2005；

④ IIS 5.0；

⑤ .NET Framework 3.5；

⑥ IE 5.5以上浏览器。

IIS是Internet Information Services的简称，中文名字是“互联网信息服务”，它是微软提供的Web服务器，本书在第9章将进行具体介绍。

(4) ASP.NET具有跨语言性，本书主要介绍的C#语言是Microsoft专门为.NET量身定做的编程语言。在安装VS 2008时，选择默认的开发设置为“Visual C#开发设置”。

能力目标

(1) 会安装 Visual Studio 2008。

(2) 能够配置 Visual Studio 2008 的运行环境。

具体要求

安装 Visual Studio 2008,选择默认的开发设置为"Visual C#开发设置"。

实训任务

1. 安装 Visual Studio 2008 开发环境

从微软官方网站下载安装软件,安装软件扩展名为.iso,可用虚拟光驱打开或直接解压后打开,双击文件夹中的 setup.exe 文件,即可执行安装。

选择"安装 Visual Studio 2008"选项,弹出"Visual Studio 2008 安装程序"对话框,如图 1.1 所示。

图 1.1 "Visual Studio 2008 安装程序"对话框

单击"下一步"按钮,弹出"许可协议"界面,如图 1.2 所示。同意该协议后单击"下一步"按钮。

在"选项页"界面可选择所需功能,单击"安装"按钮,如图 1.3 所示。

安装完成后,单击"完成"按钮即完成安装,如图 1.4 所示。

2. 配置 Visual Studio 2008 的开发环境

根据以上步骤完成安装后,依次选择"开始"→"程序"→Microsoft Visual Studio 2008 命令,运行 Visual Studio 2008。

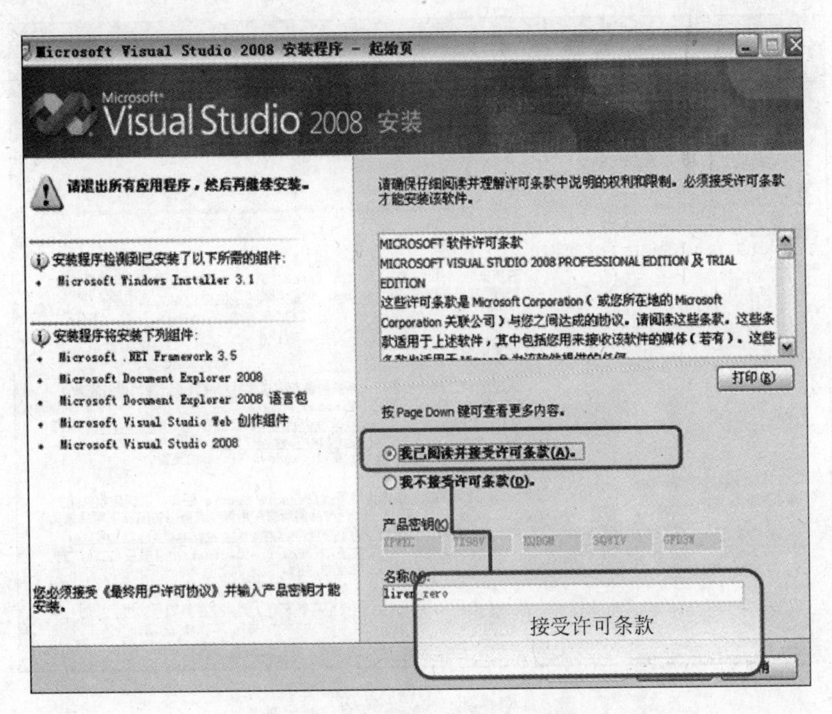

图 1.2 安装程序“许可协议”界面

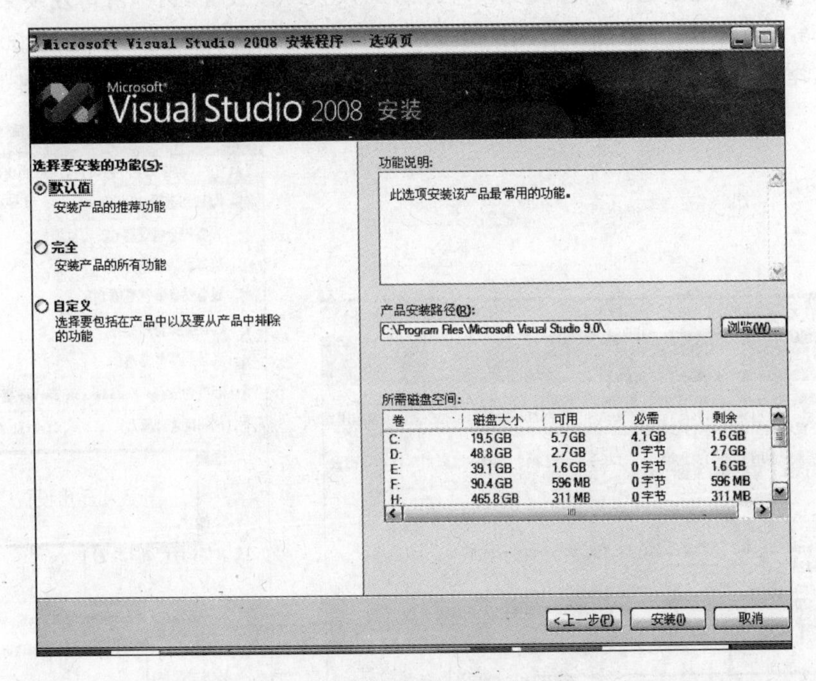

图 1.3 安装程序“选项页”界面

在初次启动 VS 2008 时，将打开图 1.5 所示的“选择默认环境设置”界面，选择“Visual C#开发设置”，单击“启动 Visual Studio”按钮即可完成默认环境设置。

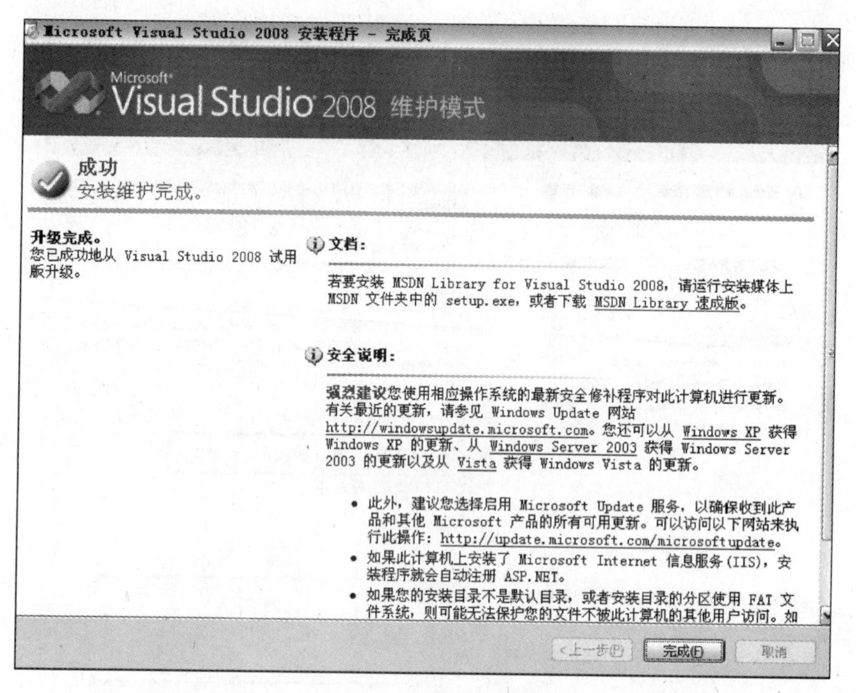

图 1.4　安装成功

注意：如果在使用过程中想改变 VS 2008 的默认环境设置，例如有时在安装过程中，没有注意语言的选择，可能会使 VS 2008 的默认语言变为 VB，此时可在 VS 2008 主界面中，通过选择"工具"→"导入和导出设置"命令更改程序设计的语言，如图 1.6～图 1.9 所示。

图 1.5　"选择默认环境设置"界面

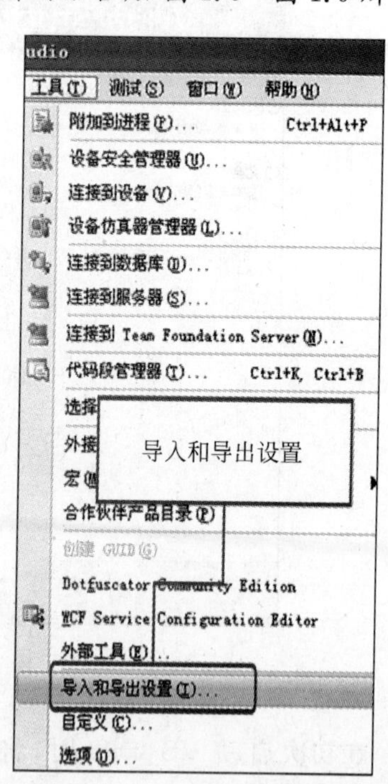

图 1.6　导入和导出设置步骤(1)

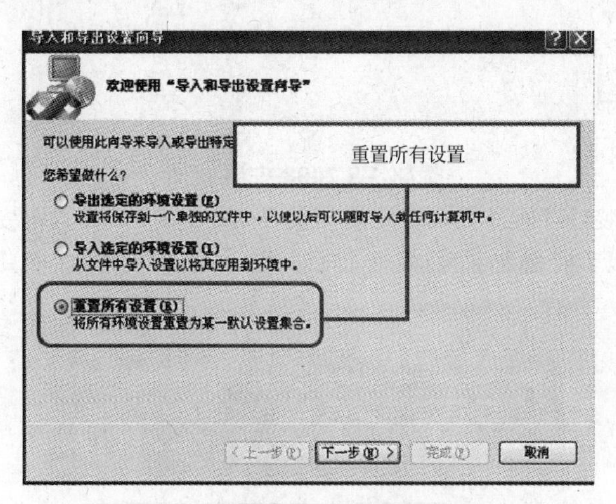

图 1.7　导入和导出设置步骤(2)

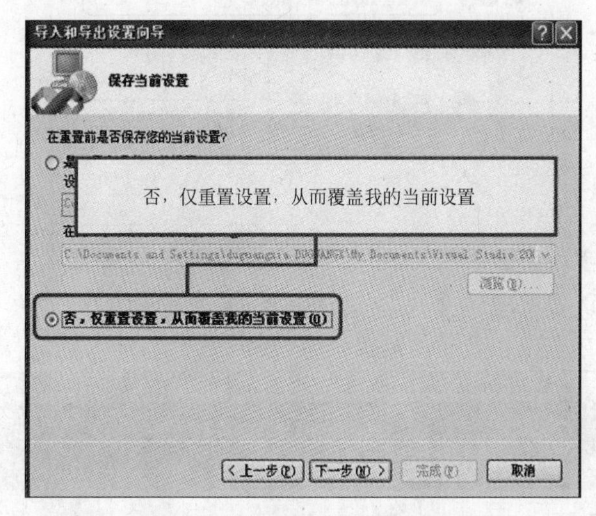

图 1.8　导入和导出设置步骤(3)

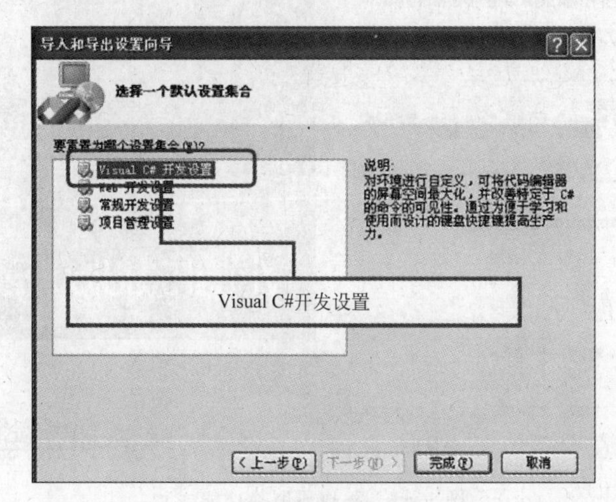

图 1.9　导入和导出设置步骤(4)

优化 VS 2008 安装软件

VS 2008 在安装后可通过控制面板或再次启动安装程序(即双击安装文件 setup.exe)来优化安装软件,以节省磁盘空间,如图 1.10～图 1.13 所示,在这里只保留了 Visual C# 语言的环境设置。

图 1.10　添加或删除功能(1)

图 1.11　添加或删除功能(2)

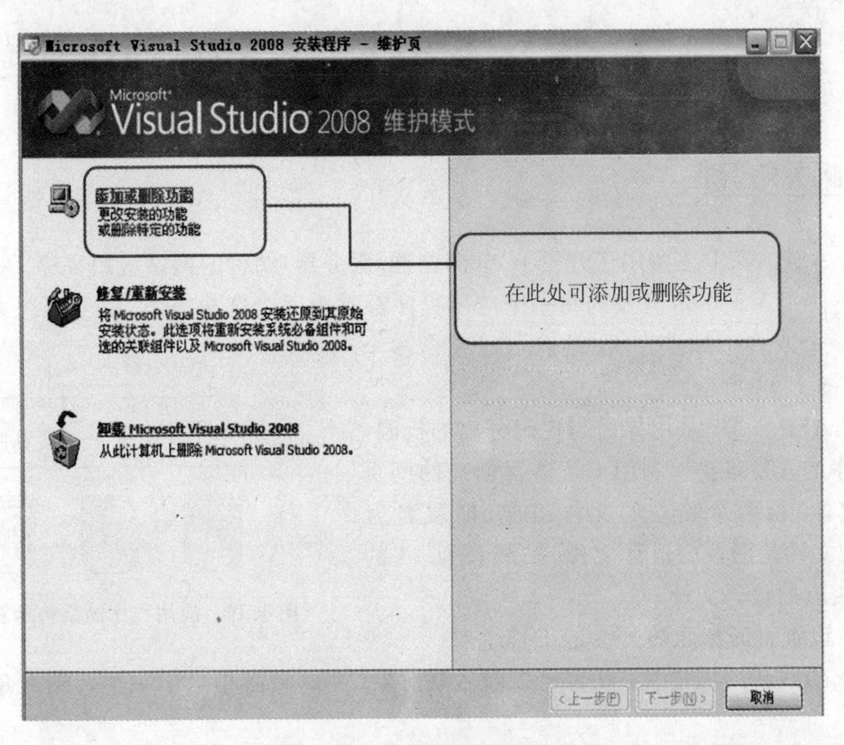

图 1.12 添加或删除功能(3)

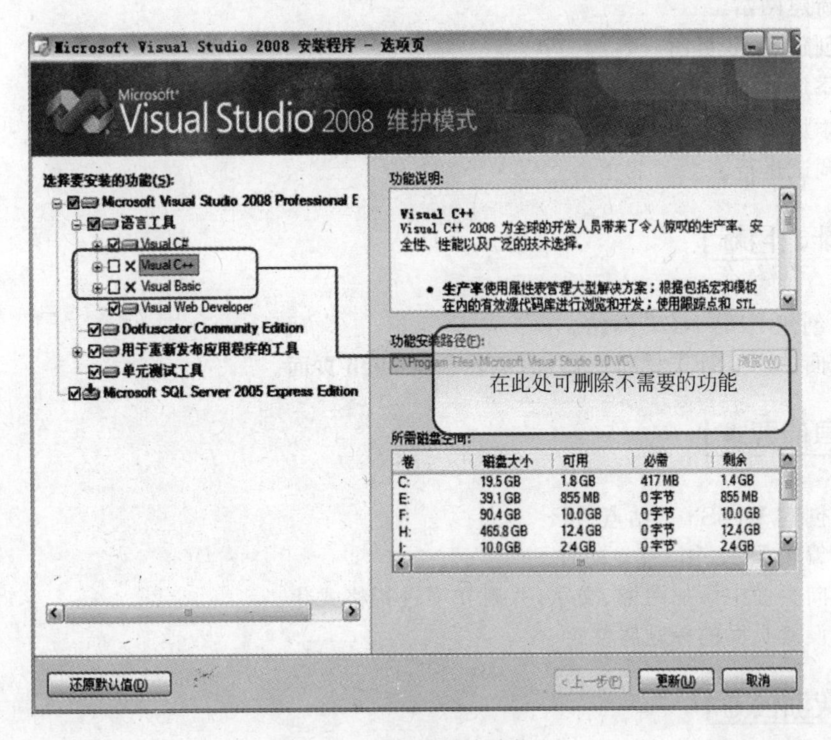

图 1.13 添加或删除功能(4)

1.2 建立一个简单的 ASP. NET 网站

相关知识

(1) ASP. NET 主要用于开发 B/S(浏览器/服务器)结构的网站应用程序。

(2) 使用 VS 2008 开发的每一个应用程序都称为一个解决方案,一个解决方案中可以包含一个或多个站点,一个站点可以包含多个网页,如图 1.14 所示。

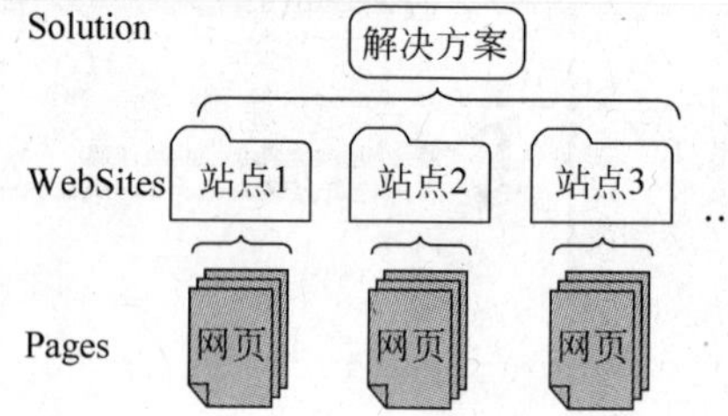

图 1.14 应用程序的结构示意图

(3) ASP. NET 采用界面与代码分离的机制,便于程序的开发维护。利用 C# 语言创建的网页(Web 窗体)由两个独立的文件组成,扩展名为 .aspx 的文件是网页的设计文件,扩展名为 .cs 的文件是相应的代码文件。

(4) 设置页面标题的属性是 Title。

(5) 在 ASP. NET 中一切都可以看做是对象,Web 页面相当于一个容纳对象的容器对象。

(6) ASP. NET 应用程序开发的基本步骤如下。

① 新建网站。

② 创建 Web 页面。

③ 添加控件及设置属性。

④ 添加事件代码。

⑤ 调试运行。

能力目标

(1) 创建 ASP. NET 网站。

(2) 向 ASP. NET 网站中添加、编辑新的 Web 页面。

具体要求

(1) 创建 WebSite1 站点。

(2) 编辑 Default. aspx 页面。

(3) 向页面中添加图像、文字,并对文字进行格式化。

(4) 设置页面的标题属性。

实训任务

创建站点 WebSite1,编辑默认页面 Default. aspx,在页面中插入图片、添加欢迎文字

"大家好,欢迎光临本网站!",要求文字为16px、红色、加粗、页面居中对齐;并设置页面的标题为"第一个欢迎页面",页面运行效果如图1.15所示。

【操作步骤】

(1) 构建ASP.NET网站

① 启动Visual Studio 2008:选择"开始"→"所有程序"→Microsoft Visual Studio 2008命令,启动Visual Studio 2008。

② 创建ASP.NET网站:选择"文件"→"新建"→"网站"命令,如图1.16所示。

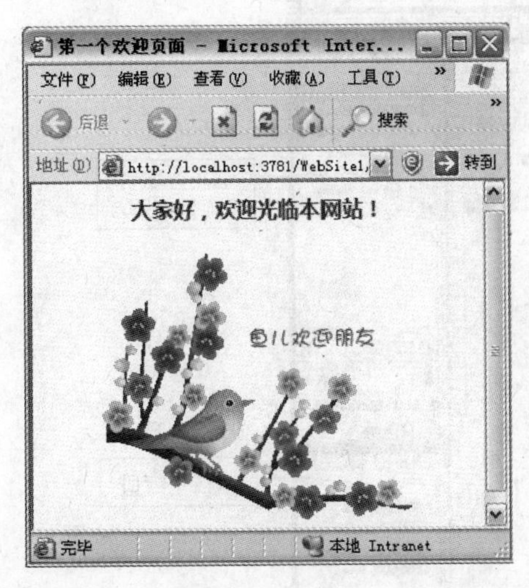

图1.15 Default.aspx页面的运行效果

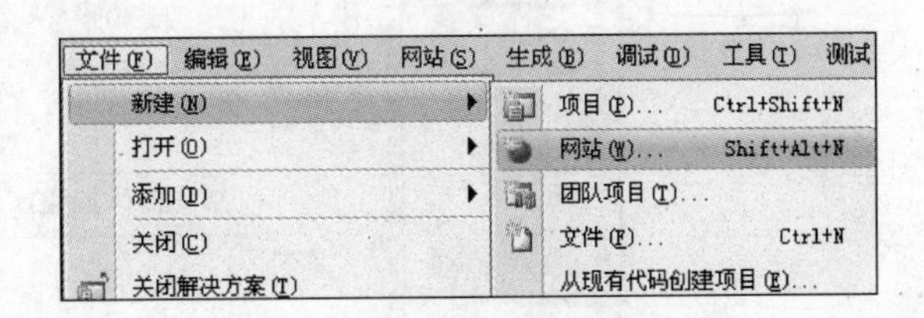

图1.16 新建ASP.NET网站

在"新建网站"对话框中,选择"ASP.NET网站"选项;在"位置"下拉列表中选择网站的构建方式为"文件系统",语言选择Visual C#,路径选择一个自己需要的位置,单击"确定"按钮即可创建站点,如图1.17所示。

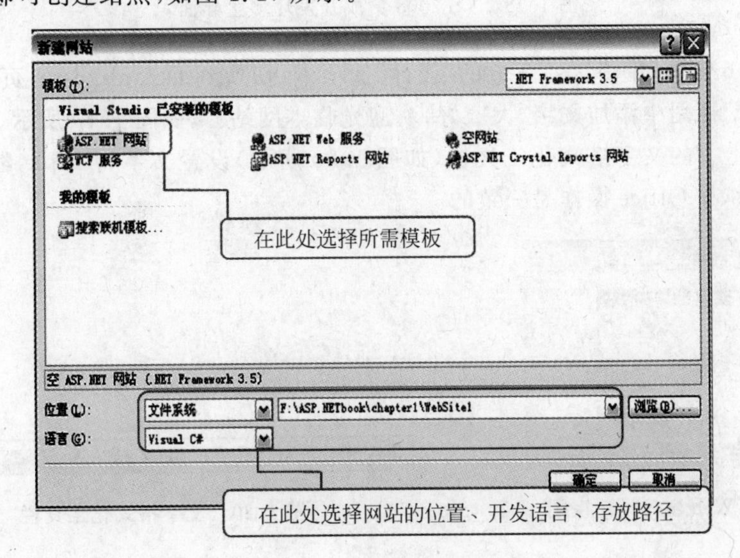

图1.17 选择项目模板

注意：新建一个网站时，可以输入一个不存在的文件夹名称，如果输入的文件夹名称不存在，则单击“确定”按钮时，VS 2008 将提示创建这个文件夹。

(2) 向 Default.aspx 页面输入文字并格式化

创建完站点后，系统自动创建 Default.aspx 页面，并切换到页面的源视图，如图 1.18 所示。在 VS 2008 主界面中间的主体区域就是网页(即 Web 窗体)的编辑区。

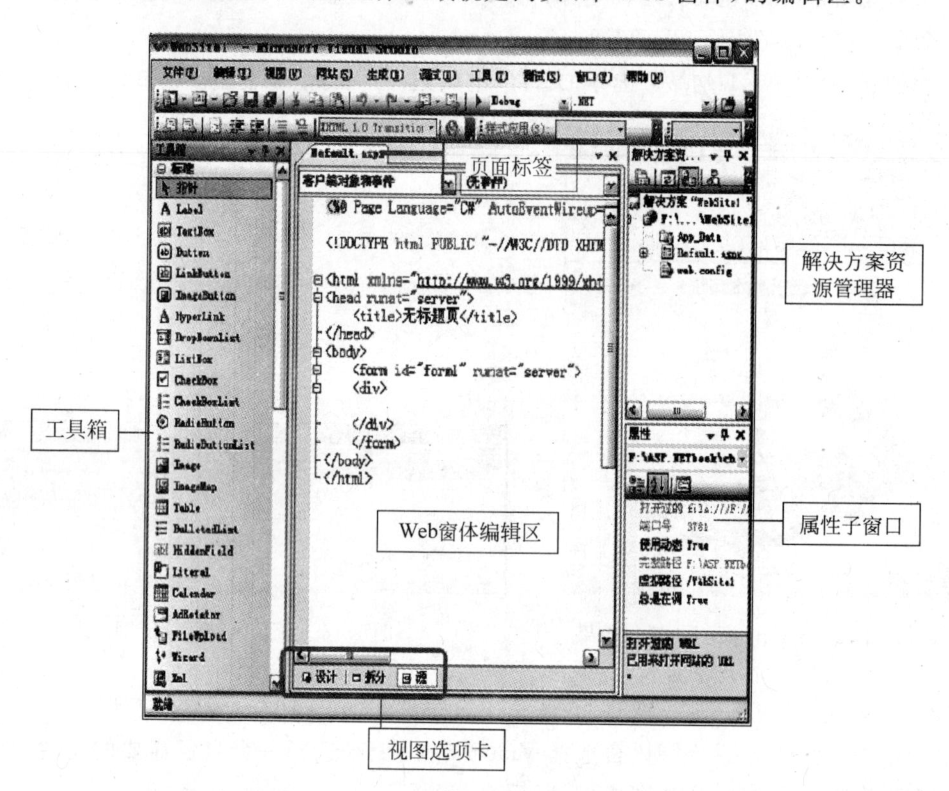

图 1.18　VS 2008 集成开发环境主界面

打开“Web 窗体”编辑区左下方的“设计”选项卡，切换到 Default.aspx 页面的“设计”视图，在“设计”视图中添加文字“大家好，欢迎光临本网站！”，如图 1.19 所示。通过“Web 窗体”编辑区上方的文字格式化工具栏(如图 1.20 所示)设置文字为 16px，红色，页面居中对齐，此操作和 Office 操作是一致的。

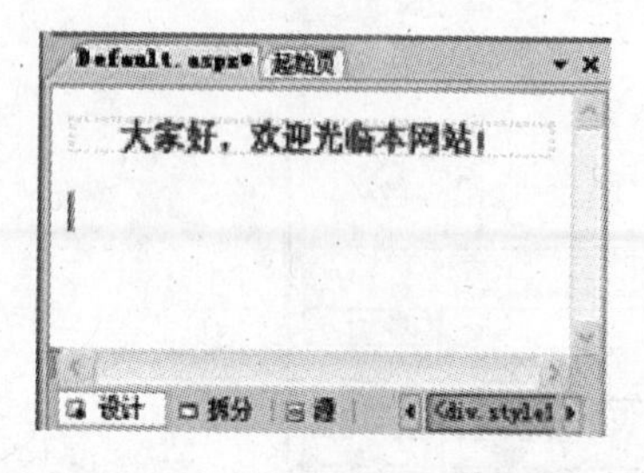

图 1.19　Web 窗体设计视图

图 1.20　文字格式化工具栏

(3) 向 Default.aspx 页面插入图片

在 VS 2008 主界面右侧的"解决方案资源管理器"中，右击选中站点结点，在弹出的右键快捷菜单中选择"新建文件夹"命令，重命名为 images 用于存放图像，将已有的图像复制后粘贴到此文件夹，网站整体的目录结构如图 1.21 所示。

图 1.21　网站的目录结构

在资源管理器的 images 文件夹中选中图像，按住鼠标左键不放，直接将图像拖曳到 Default.aspx 页面，此操作与 Dreamweaver 插入图像的操作是一致的。

(4) 添加事件代码，设置标题属性

在 Default.aspx 的设计页面中双击或在资源管理器中双击 Default.aspx.cs 页面都可以打开 Default.aspx 页面对应的代码页面。通过在 Page_Load 页面加载事件中添加页面的标题 Title 属性，更改页面的标题，如图 1.22 所示。

```
Default.aspx.cs | Default.aspx | 起始页
_Default                      Page_Load(object sender, EventA
using System;
using System.Collections;
using System.Configuration;
using System.Data;
using System.Linq;
using System.Web;
using System.Web.Security;
using System.Web.UI;
using System.Web.UI.HtmlControls;
using System.Web.UI.WebControls;
using System.Web.UI.WebControls.WebParts;
using System.Xml.Linq;

public partial class _Default : System.Web.UI.Page
{
    protected void Page_Load(object sender, EventArgs e)
    {
        this.Title = "第一个欢迎页面";
    }
}
```

图 1.22　修改页面的标题属性

(5) 浏览 Default.aspx 页面

在 Default.aspx 页面的"Web 窗体"中，右击选择"在浏览器中查看"命令，如图 1.23 所示。或在资源管理器中直接选择 Default.aspx 页面，右击选择"在浏览器中查看"命令，如图 1.24 所示，都可以在 IE 浏览器中查看页面。

说明：

(1) 在创建一个站点时，VS 2008 将自动在"解决方案资源管理器"中创建一个 App_Data 文件夹(此文件夹用于存放数据库相关文件)、一个名为 Default.aspx 的 ASP.NET 默认页面以及一个名为 web.config 的 Web 配置文件，如图 1.25 所示。

(2) Web 窗体有 3 种和 Dreamweaver CS3 一样的视图方式，如图 1.18 中的视图选项卡所示。

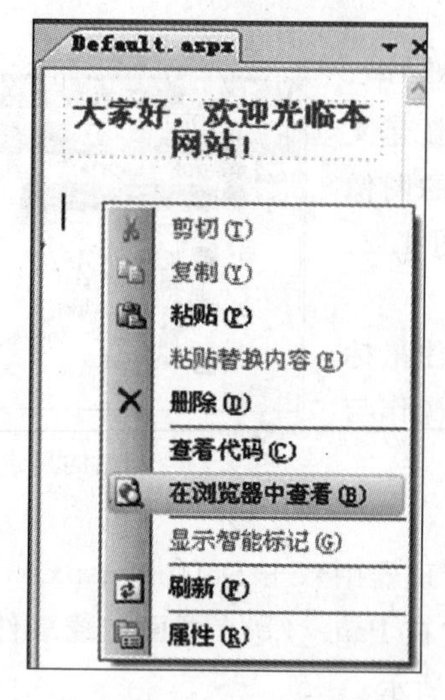

图 1.23　在 Web 窗体中浏览页面

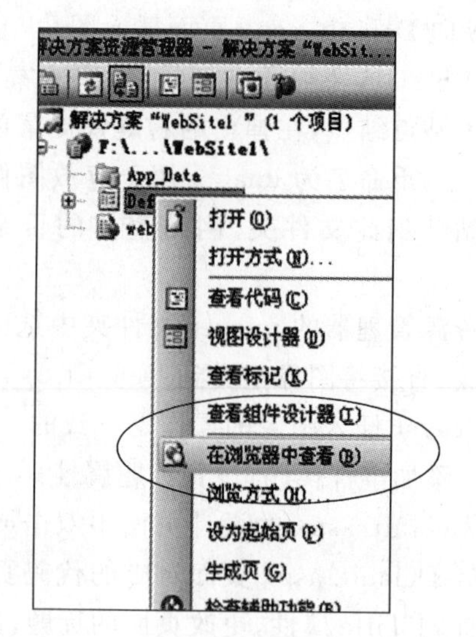

图 1.24　在资源管理器中浏览页面

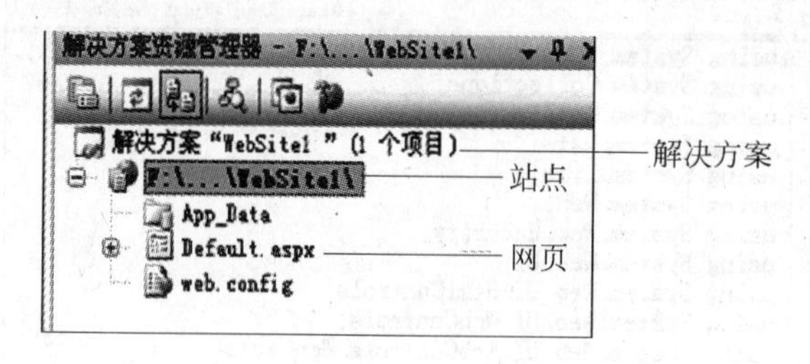

图 1.25　资源管理器面板

① 设计视图：在这种视图中，可以像设计 Windows 应用程序那样，将需要的页面元素从工具箱中添加到页面。

② 拆分视图：这种视图结合了设计视图和源视图的特点，将这两种视图在一个视图中同时显示出来，便于操作。

③ 源视图：在此种视图中可以查看、编辑由系统自动生成的页面代码。

可以单击主窗口底部的“设计”、“拆分”、“源”选项卡来切换视图。

能力测试

1. 具体要求

新建站点 Scene，在站点中添加 index.aspx 页面，要求页面用 3 行 1 列宽 100%、边框粗细 1px、背景颜色为 #FFFF99、对齐方式为居中的表格进行布局，页面的标题为“校园风光”，页面浏览效果如图 1.26 所示。

操作提示：

(1) 新建站点。

(2) 添加 index.aspx 页面。

在资源管理器中选择站点结点，右击选择"添加新项"命令，如图 1.27 所示，在弹出的"添加新项"对话框中选择"Web 窗体"选项，修改页面名称为"index.aspx"，如图 1.28 所示，此种方式可以向网站添加新页面。

图 1.26 index.aspx 页面浏览效果

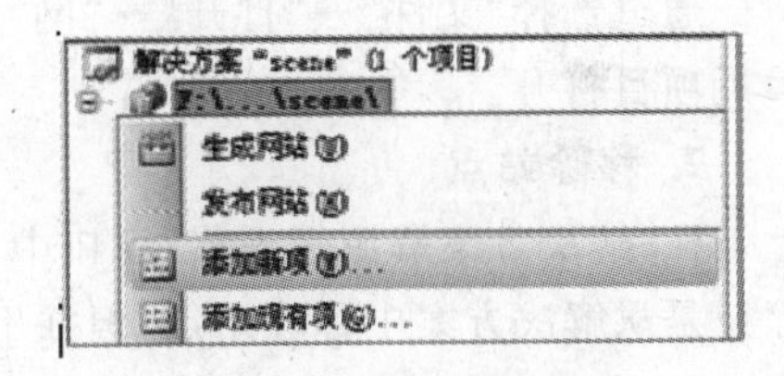

图 1.27 添加 Web 窗体

(3) 向页面添加文字并格式化。

(4) 插入表格布局页面。

表格的插入与 Word、Dreamweaver 类似，选择"表"→"插入表格"命令，按照要求进行相应设置即可，如图 1.29 所示。

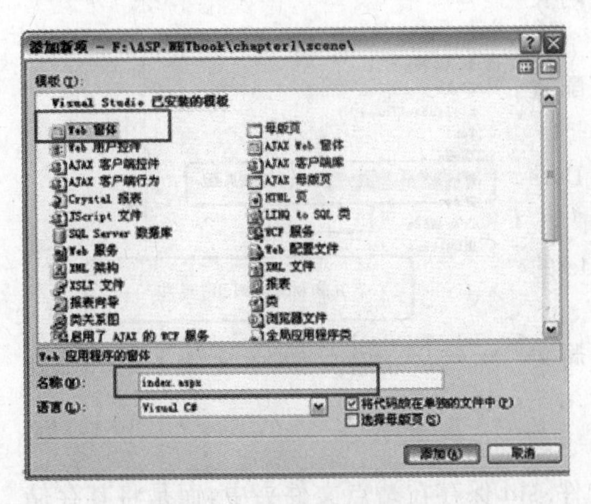

图 1.28 修改页面名称

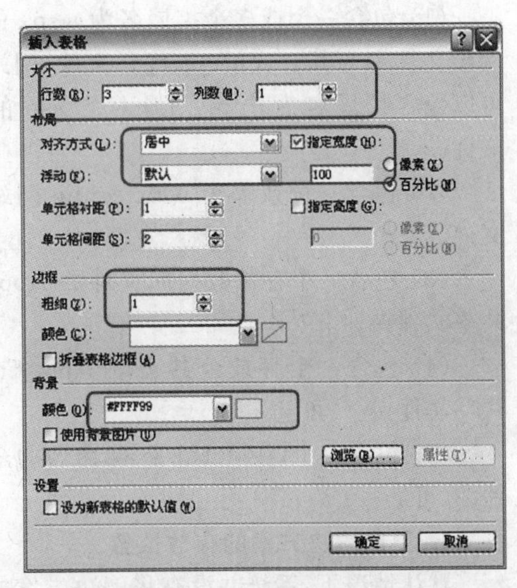

图 1.29 插入表格

(5) 向表格中输入文字、插入图像。

(6) 浏览页面。

2. 自测题

(1) VS 2008 解决方案的扩展名是什么?

(2) 一个 ASP.NET 页面通常可以用两个独立的文件来表示,是哪两个文件?它们的作用是什么?

(3) 在 VS 2008 中静态网页的扩展名是什么?

知识扩展

1. 打开已有站点

通过选择"文件"→"打开"→"网站"命令找到相应的网站打开,也可以通过起始页的最近项目打开。

2. 移除站点

在"解决方案资源管理器"窗口中,选中站点结点,右击可选择"移除"命令,这里的移除只是从解决方案中移除站点,但并不会真正从磁盘中删除站点。

3. 修改页面的标题属性

页面标题属性的设置一种方式是通过代码(Title)实现,另外也可以右击相应的页面,选择"属性"命令,在页面 DOCUMENT 属性面板中,修改标题 Title 的属性为"第一个欢迎页面",如图 1.30 所示。

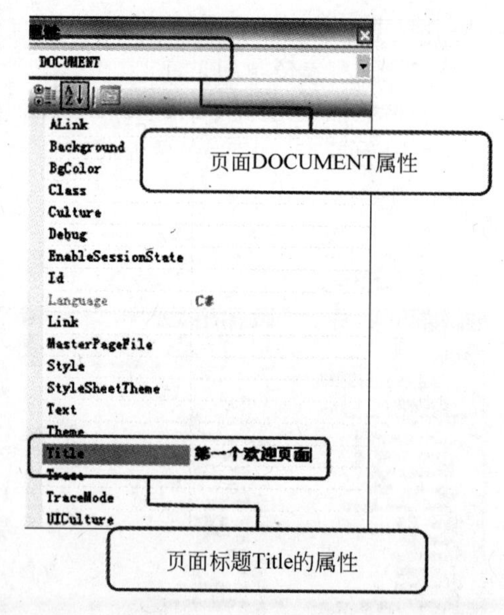

图 1.30 通过 DOCUMENT 修改页面的属性

4. ASP.NET 网站的组成文件

(1) 包含一个或多个扩展名为.aspx 的动态网页文件和与其对应的.cs 代码文件,网站中也可以包含扩展名为.htm、.html 或.asp 的网页文件。

(2) 包含一个或多个 web.config 网站配置文件。

(3) 包含一个存放数据库文件的 App_Data 共享文件夹。

(4) 包含一个存放公共类的 App_Code 的共享文件夹。(可选)

(5) 包含一个以 Global.asax 命名的全局文件。(可选)

5. 更改解决方案的存放位置

默认情况下,系统并没有将解决方案文件.sln 保存在站点文件夹中,而是将其存储在 C:\Documents and Settings\当前系统登录用户名\My Documents\Visual Studio 2008\Projects 文件夹中的同名子文件夹中。此时,可以通过 VS 2008"工具"菜单下的"选项”命令，选择“项目和解决方案”下的“常规”选项，在图 1.31 所示的对话框中更改默认的项目保存位置，使解决方案保存在网站文件夹中。

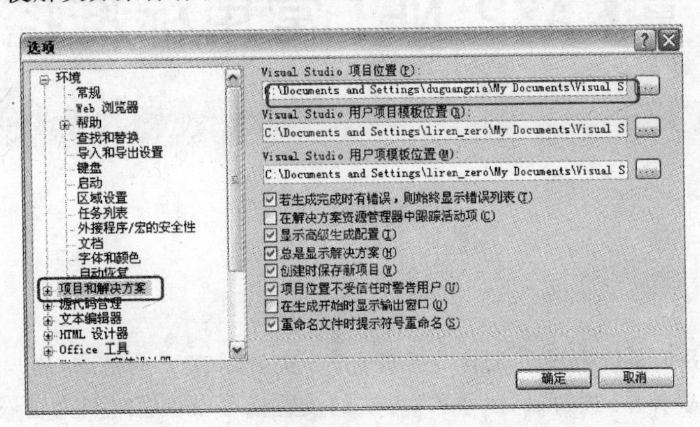

图 1.31　设置 VS 2008 项目的保存位置

提示：在创建网站时，可以先创建解决方案，然后在 VS 2008 的“解决方案资源管理器”中，选择解决方案结点，右击添加网站，这样便于多个网站的同时管理。

第2章 ASP.NET 常用标准控件

在 VS 2008 中系统内置了大量的控件，并分类显示在工具箱中，用户只需将所需控件拖放到 Web 窗体中，通过属性、事件、方法的设置就可以在短时间内轻松开发出功能强大的 Web 应用程序。

ASP.NET 中的这些控件，从整体上分为 HTML(HyperText Markup Language，超文本置标语言)控件和 Web 服务器控件两大类，如图 2.1 所示。

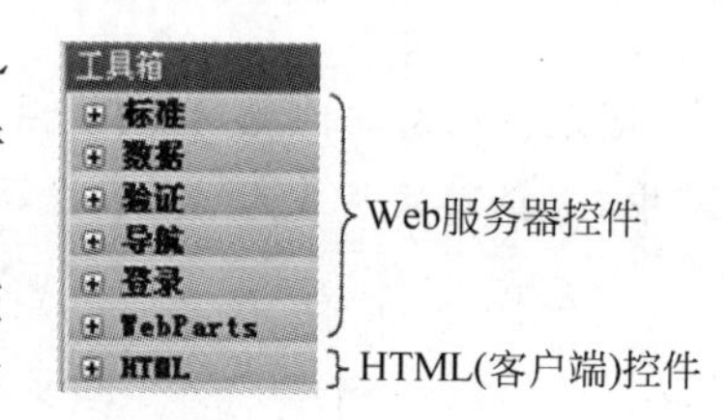

图 2.1　控件的分类

HTML 控件在默认情况下属于客户端(浏览器)控件，服务器无法对其进行控制，HTML 控件在工具箱 HTML 选项卡中。HTML 控件是从 HTML 标记衍生而来的，每个控件对应于 1 个或 1 组 HTML 标记。

在 ASP.NET 工具箱中，除 HTML 选项卡中的控件是客户端控件，其他所有控件都是 Web 服务器控件，服务器控件又可按类型分为标准控件、验证控件、导航控件、数据控件等，本书将介绍服务器控件。

本章将介绍 ASP.NET 中使用频率最高的一组控件——标准控件，包括基本的输入、显示、按钮、选择、图像等控件。

2.1　ASP.NET 文本类型控件

文本类型的控件主要有 Label、TextBox 两个控件。Label 控件主要用于显示信息，TextBox 控件主要的用途是接收输入的信息与显示信息。

1. Label 控件

(1) 描述

Label 控件又称标签控件，它在工具箱中的图标为 A Label ，主要用来显示文本，它不同于静态文本，所显示的文字可以通过程序改变，而且文本的显示位置可以根据需要自我设置。

(2) 属性

① ID 控件ID名称,控件的唯一标识,命名习惯为"lbl+功能名词",例如lblInfo。

② Text 指定Label控件显示的文本。

③ Visible 控件是否可见。True为可见,False为不可见。

2. TextBox控件

(1) 描述

TextBox控件又称文本框控件,图标为 abl TextBox ,主要用于输入或显示文本。

(2) 属性

① ID 文本框控件的ID名称,习惯命名"txt+功能名词",例如txtName。

② Text 文本框控件显示或输入的文本。

③ TextMode 表示文本输入的表现形式。该属性的设置有3种,即单行(SingleLine)、多行(MultiLine)、密码(Password)。

④ MaxLength 文本框中最多允许的字符数。

⑤ ReadOnly 表示控件的内容是否能够修改。True为只读,即不能修改;False反之。

⑥ Rows 多行文本框中显示的行数。

⑦ Wrap 多行文本框内的文本内容是否换行。True允许换行,False不允许换行。

⑧ AutoPostBack 在文本修改后,是否自动向服务器上传数据。True为自动上传数据,False为不自动上传,默认值为False。

(3) 事件

OnTextChanged 当文本框中的内容改变时所触发的事件。

说明: 所有的服务器控件都具有ID属性,ID是控件的唯一标识。绝大部分服务器控件都具有Text属性和Visible属性,Text属性用于获取或设置控件的显示文本,而Visible属性用于设置控件的可见性。

能力目标

熟练掌握文本类型控件的常用属性、事件、方法的设置方法。

具体要求

(1) 能够利用Label控件来显示信息,并会设置相应属性。

(2) 能够利用TextBox控件输入信息,并会修改文本框的相应属性。

实训任务

设计一个模拟的用户登录页面,当用户名文本框为空时,输出"请输入用户名",当输入用户名,按Enter键或单击页面空白处时,则在页面中输出欢迎信息"尊敬的用户×××你好!",如图2.2所示。

【操作步骤】

（1）建立网站

打开 VS 2008 后，选择“文件”→“新建”→“网站”命令，输入网站名称“StudyOnLine”。

（2）设计页面

将 Default.aspx 页面重命名为“Login.aspx”，将 Login.aspx 页面切换到“设计”视图，在页面中插入 1 个文本框控件 TextBox1 和 1 个标签控件 Label1，并在文本框控件前方加上文字说明，如图 2.3 所示。

图 2.2 页面运行效果

Login.aspx

用户名：

[lblInfo]

图 2.3 Web 页“设计”视图

（3）设置对象属性

页面中各控件对象属性设置如表 2.1 所示。

表 2.1 各控件对象的属性设置

控 件	属 性	值	说 明
TextBox1	ID	txtName	文本框 1 的名字
	AutoPostBack	True	文本修改后，数据自动回传给服务器
Label1	ID	lblInfo	标签控件在程序中使用的名字
	Text		标签控件在初始状态不显示文本

（4）编写事件代码

页面加载的事件代码如下。

```
protected void Page_Load(object sender, EventArgs e)  //页面加载事件
{
    this.Title = "文本类型控件学习页面";                 //设置页面标题
    txtName.Focus();                                   //用户名文本框得到焦点
    if (txtName.Text.Trim() == "")                    //当用户名文本框为空时,输出提示信息
    {
        lblInfo.Text = "请输入用户名";
    }
}
//当文本框中文字改变时所触发的事件
protected void txtName_TextChanged(object sender, EventArgs e)
{
```

```
    if (txtName.Text.Trim() == "")
    {
        lblInfo.Text = "请输入用户名";
    }
    else
    {
        lblInfo.Text = "尊敬的用户" + txtName.Text + "你好!";
    }
}
```

(5) 调试运行程序

程序说明:

① 在 ASP.NET 中,字符串连接用"+"。

② Focus() 此方法用于获取光标的焦点。

③ Trim() 为了避免用户输入若干空格来通过程序判断,所以在获取文本框的值时调用 Trim()方法,将字符串前后的空格移除。即从当前 String 对象中移除所有前导空白字符和尾部空白字符,避免空格对程序产生的影响。

④ 在 HTML 中,要将表单中的数据回发到服务器,一般要借助按钮来提交数据。而在 Web 服务器控件中,只需要设置 AutoPostBack 属性值为 True 即可把数据自动回传服务器,省略了按钮。本案例就演示了 AutoPostBack 属性与 OnTextChanged 事件结合使用的方法。

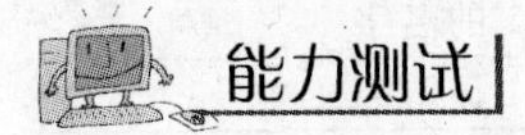

1. 具体要求

创建一个"用户管理"的页面,要求当输入用户名、密码、联系电话、个人描述后,单击"添加"按钮,用户管理信息就会在下方的 Label 控件中显示,程序运行效果如图 2.4 所示。

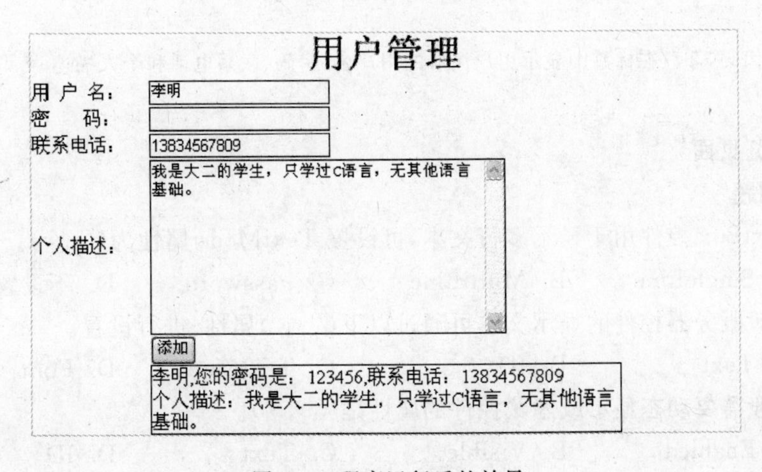

图 2.4 程序运行后的效果

说明：为了把文本框中所输入的信息及时发送到服务器以进行处理，在此案例中提前引入了 Button 控件，Button 控件又称按钮控件，图标为 ab Button ，主要用于提交网页或者完成指定的命令。在此案例中主要用到了 Button 控件的如下属性与事件。

(1) Button 控件的属性

① Text　指定 Button 控件显示的文本。

② ID　控件 ID 名称，控件的唯一标识。

(2) Button 控件的事件

Click　在单击该控件时引发的事件。

【操作步骤】

(1) 创建并设置用户管理页面(UserManage. aspx)

创建站点，并在站点中添加用户管理页面 UserManage. aspx，页面设置如图 2.4 所示。页面中各控件对象的属性设置如表 2.2 所示。

表 2.2　各控件对象的属性设置

控　件	属　性	值	说　　明
TextBox1	ID	txtName	文本框 1 的名字
TextBox2	ID	txtPwd	文本框 2 的名字
TextBox3	ID	txtTel	文本框 3 的名字
TextBox4	ID	txtDescribe	文本框 4 的名字
	TextMode	MultiLine	多行文本模式
Button1	ID	btnOk	按钮 1 的名字
	Text	注册	按钮 1 显示的文本
Label1	ID	lblInfo	标签 1 的名字

(2) 添加按钮的事件

在“设计”视图中双击“添加”按钮，产生 Click 事件，填写相应的代码。

```
protected void btnOk_Click(object sender, EventArgs e)
{
    【代码 3】//在标签中显示用户注册的用户名、密码、联系电话和个人描述
}
```

(3) 浏览页面

2. 自测题

(1) TextBox 控件用于显示多行文本，可设置 TextMode 属性为(　　)。

A. SingleLine　　B. MultiLine　　C. Password　　D. 不设置

(2) 一般服务器控件的显示文本可通过以下(　　)属性，进行设置。

A. Text　　B. ID　　C. TextMode　　D. Font

(3) 一般需要动态显示或隐藏控件的属性是(　　)。

A. Enabled　　B. Visible　　C. Text　　D. ID

(4) 区分 Label 控件与 TextBox 控件的作用。

Label 控件最主要的作用是显示信息，而在后面的第 4 章将介绍的 Response.Write()方法也可以通过编程的方式动态输出文本，而 Label 控件显示文本的位置更方便控制。

在工具箱中的控件，严格地说它们都是“控件类”，只有将工具箱中的控件添加到 Web 页面中，也就是将控件类实例化后，它们才真正变成了页面中的对象。

2.2　按钮类型控件

按钮类型控件主要包括 Button、LinkButton、ImageButton 和 HyperLink 4 个控件，如图 2.5 所示，单击前 3 个后缀为“Button”的控件都可以触发 Click 事件，HyperLink 控件相当于超链接，可以灵活导航到其他页面，不具有 Click 事件。

登录按钮 —— Button(按钮)：将数据回发到服务器。

链接按钮 —— LinkButton(链接按钮)：以超链接形式显示的按钮。

登录 LOGIN —— ImageButton(图像按钮)：以图像形式显示的按钮。

首页 —— HyperLink(超链接)：在页面之间导航的超链接，无单击事件。

图 2.5　按钮类型控件

1. Button 控件

(1) 描述

Button 控件又称按钮控件，图标为 ab Button，它是 ASP.NET 中最为重要的一种按钮控件，主要用于提交网页或者完成指定的命令。

(2) 属性

① ID　控件 ID 名称，命名习惯“btn＋描述功能的词”，例如 btnLogin。

② Text　指定 Button 控件显示的文本。

③ OnClientClick　客户端的单击事件，在触发控件的 Click 事件时所执行的客户端脚本。

④ PostBackUrl　回发地址。

⑤ CausesValidation　表示是否利用验证控件对用户的输入进行验证。

(3) 事件

Click＝"在单击该控件时引发的事件"。

2. ImageButton 控件

(1) 描述

ImageButton 控件称为图像按钮控件，图标为 ImageButton ，也是一类按钮控件，该控件以图像的形式来显示，可以起到页面美化的作用。

(2) 属性

① ID　习惯命名“img＋功能名词”，例如 imgLogin。

② AlternateText　图像不可见时显示的替换文字。

③ ImageUrl　ImageButton 控件中显示的图像路径。

④ PostBackUrl　单击控件时跳转到的超链接地址。

⑤ OnClientClick　在触发控件的 Click 事件时所执行的客户端脚本。

(3) 事件

Click＝"在单击该控件时引发的事件"。

3. LinkButton 控件

(1) 描述

LinkButton 控件又称超链接按钮控件，图标为 LinkButton ，功能与 Button 相似，但该控件是以超链接形式显示的。

(2) 属性

① ID　习惯命名“lbtn＋功能名词”，例如 lbtnBack。

② Text　显示的文本。

③ PostBackUrl　单击控件时跳转到的超链接地址。

④ OnClientClick　在触发控件的 Click 事件时所执行的客户端脚本。

(3) 事件

Click＝"在单击该控件时引发的事件"。

4. HyperLink 控件

(1) 描述

HyperLink 控件又称超链接控件，图标为 LinkButton ，该控件在功能上相当于 HTML 中的“<a href=" "> </a>”标记，其显示形式为超链接。

(2) 属性

① Text　控件中显示的文本。

② NavigateUrl　单击 HyperLink 控件时链接到的 URL。

③ ImageUrl　控件显示的图像路径。

④ Target　单击控件时显示链接到的网页的目标窗口或框架。

能力目标

灵活运用 Button、ImageButton、HyperLink、LinkButton 控件进行程序的设计。

具体要求

(1) 熟练地添加 Button 控件，设置 Button 的常用属性，并能灵活创建 Button 控件的单击事件。

(2) 能够添加 ImageButton 图像按钮的实例，并能设置其 ImageUrl、PostBackUrl 属性。

(3) 创建并设置 LinkButton 控件的属性。

(4) 创建并设置 HyperLink 控件的 Text、NavigateUrl 属性。

(5) 能够区分 4 个按钮类控件的相同与不同之处。

实训任务

利用 LinkButton、Button、HyperLink、ImageButton 控件模拟制作一个欢迎页面，如图 2.6 所示。再制作一个登录页面，如图 2.7 所示。

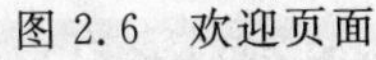
图 2.6 欢迎页面

图 2.7 登录页面

【操作步骤】

(1) 创建站点。

(2) 创建并设置 Welcome.aspx 页面。

在站点中创建 Welcome.aspx 页面，并进行相应的页面设置，如添加背景图像，添加说明文字，并在页面中添加 1 个 LinkButton 控件，设置控件的 ID 为 lbtnLogin，Text 为"欢迎进入网站"，PostBackUrl 属性选择 Login.aspx 页面，页面设置如图 2.6 所示。

(3) 创建并设置 Login.aspx 页面。

在站点中创建 Login.aspx 页面，切换到"设计"视图，插入 2 行 2 列的表格进行页面的布局，在表格的第一行左侧单元格中设置友情链接，并添加 3 个超链接控件 HyperLink，设置 ID 分别为 hykBaiDu、hykSoHu、hykQq，Text 分别为"百度"、"搜狐"、"腾讯"，设置 NavigateUrl 分别为"http://www.baidu.com"、"http://www.sohu.com"、"http://www.qq.com"。

表格右侧设置登录部分，TextBox1 的 ID 为 txtName；TextBox2 的 ID 为 txtPwd；

TextMode为 PassWord。ImageButton1 的 ID 为 ibtnLogin，ImageUrl 属性为登录图像 login.jpg；ImageButton2 的 ID 为 ibtnClear，ImageUrl 属性为清除图像 clear.jpg。

在第二行单元格中添加 Label1 控件的 ID 为 lblInfo，Text 为空；Button1 的 ID 为 btnBack，Text 为“返回”，PostBackUrl 属性选择 Welcome.aspx 页面，页面设置如图 2.7 所示。

单击“登录”按钮所产生的事件代码如下。

```
protected void ibtnLogin_Click(object sender, ImageClickEventArgs e)
{
    lblInfo.Text = "用户名是: " + txtName.Text;
    lblInfo.Text += "<br>密码是: " + txtPwd.Text;
}
```

单击“清除”按钮所产生的事件代码如下。

```
protected void ibtnClear_Click(object sender, ImageClickEventArgs e)
{
    txtName.Text = "";
    txtPwd.Text = "";
    lblInfo.Text = "";
}
```

能力测试

1. 具体要求

设计一个“Web 开发技术在线学习系统”的登录页面。当用户名或密码为空时，在页面中显示“用户名或密码不能为空”；当用户名为“张三”、密码为“123456”时，页面显示“张三，欢迎进入在线学习系统!”；否则在页面中显示“用户名或密码错误”；单击“清空”按钮可以清空文本框中的内容，页面运行效果如图 2.8 所示。

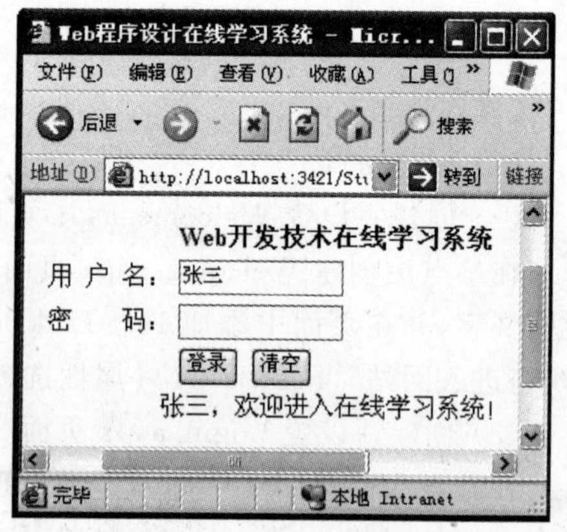

图 2.8 页面运行效果

(1) 建立 StudyOnLine 网站

打开 VS 2008 后，选择“文件”→“新建”→“网站”命令，输入网站名称为“StudyOnLine”。

(2) 设计页面

将 Default.aspx 页面重命名为“Login.aspx”，将 Login.aspx 页面切换到“设计”视图，向页面中添加一个用于布局的 HTML 表格，直接向表格中输入用于表示各控件作用的说明文字；向表格中添加 2 个文本框控件 TextBox1 和 TextBox2，1 个标签控件 Label1，

2个按钮控件Button1、Button2,适当调整各控件的大小和位置,页面设置如图2.8所示。

(3) 设置对象属性

页面中各控件对象属性设置如表2.3所示。

表2.3 各控件对象的属性设置

控 件	属 性	值	说 明
TextBox1	ID	txtName	文本框1的名字
TextBox2	ID	txtPwd	文本框2的名字
	TextMode	Password	文本框2的文本模式
Label1	ID	lblInfo	标签控件在程序中使用的名字
	Text		标签控件在初始状态不显示文本
Button1	ID	btnLogin	按钮1的名字
	Text	登录	按钮1显示的文本
Button2	ID	btnClear	按钮2的名字
	Text	清空	按钮2显示的文本

(4) 编写事件代码

```
//页面加载事件,设置页面标题
protected void Page_Load(object sender, EventArgs e)
{
    this.Title = "Web开发技术在线学习系统";
    txtName.Focus();                          //光标焦点定位在姓名文本框中
}
//双击按钮控件,产生单击事件(Click事件),设置标签控件显示的内容
protected void btnLogin_Click(object sender, EventArgs e)
{
    if (【代码1】)                            //用户名或密码为空
    {
        lblInfo.Text = "用户名或密码不能为空";
    }
    else if (【代码2】)
    {
        lblInfo.Text = txtName.Text + ",欢迎进入在线学习系统!";
    }
    else
    {
        lblInfo.Text = "用户名或密码错误";
    }
}
protected void btnClear_Click(object sender, EventArgs e)
{
  【代码3】                                   //清空用户名和密码文本框中的内容
}
```

2. 自测题

(1) 比较LinkButton控件与HyperLink控件各自的特点。

(2) 比较 Button 控件、ImageButton 控件和 LinkButton 控件的相同与不同之处。

知识扩展

后缀带“Button”的 3 个按钮控件，即 Button 控件、LinkButton 控件、ImageButton 控件，在用户单击时会触发 Click 和 Command 事件。Command 事件可以使用 CommandName 和 CommandArgument 属性来进行事件设置。CommandName 属性表示命令的名称；CommandArgument 属性表示命令的参数。

按钮类控件还有一个非常重要的属性——OnClientClick 属性，此属性用于执行客户端脚本，单击一个按钮时，最先执行的是 OnClientClick 事件，根据 OnClientClick 事件的返回值来决定是否执行 OnClick 事件来回传页面。例如：实现相应的删除功能时，往往需要客户确认，此时就可以为按钮控件添加 OnClientClick 属性“return confirm('确认要删除此条记录吗?')”的脚本；在单击“删除”按钮时，会弹出一个对话框，如图 2.9 所示。当单击“确定”按钮时，才会完成“删除”按钮的 OnClick 事件，此操作大大加强了数据库数据的安全性。

图 2.9 删除对话框

2.3 选择类型控件

RadioButton(单选按钮)控件、RadioButtonList(单选按钮组)控件、CheckBox(复选框)控件、CheckBoxList(复选框组)控件、DropDownList(下拉列表框)控件和 ListBox(列表框)控件都属于选择类型控件。

本节将介绍前 4 个控件，后面 2 个控件将在列表控件中介绍。

选择类控件整体分为两大类：一种是每次只能添加一个选项的控件，如 RadioButton(单选按钮)控件和 CheckBox(复选框)控件；另一种就是以一组或一个列表的形式来显示的集合控件，这一类控件的名称中往往含有“List”，如 RadioButtonList(单选按钮组)控件、CheckBoxList(复选框组)控件、DropDownList(下拉列表框)控件和 ListBox(列表框)控件等。

相关知识

1. RadioButton(单选按钮)控件

(1) 描述

每次只能进行单选的控件，如图 2.10 所示。

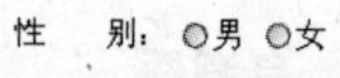

(2) 属性

① ID 习惯命名 rad+功能名词，如 radSex。

② Text 控件旁边的说明文字。

③ Checked True/False(是否被选中)。

性 别：○男 ○女

图 2.10 单选按钮示例

④ GroupName “组名称”,一组只有一个被选中。

⑤ AutoPostBack True/False(自动回发)。

注意:用户可以在页面中添加一组 RadioButton 控件,通过为所有的单选按钮分配相同的 GroupName(组名),来强制执行从给出的所有选项集中仅选择一个选项的操作。

(3) 事件

CheckedChanged="单击时所触发的事件"。

2. RadioButtonList(单选按钮组)控件

(1) 描述

一组单选按钮(RadioButton)的集合,但每次只能选择一项。

列表项添加操作:将单选按钮组添加到页面后,自动显示图 2.11 所示的“RadioButtonList 任务”菜单,其中“选择数据源”命令用于将控件绑定到指定的数据库字段上。选择“编辑项”命令弹出图 2.12 所示的“ListItem 集合编辑器”对话框,单击“添加”按钮可向单选按钮组中添加成员。

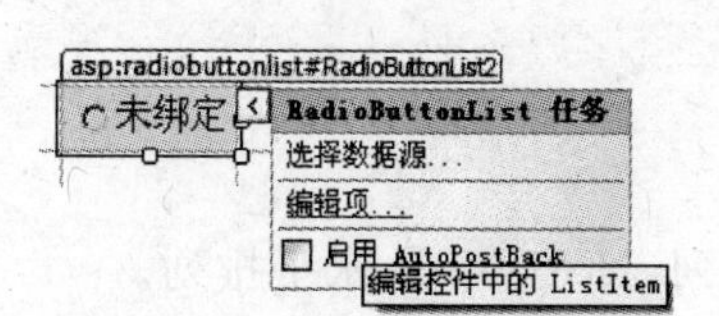

图 2.11 设置 RadioButtonList 包含项

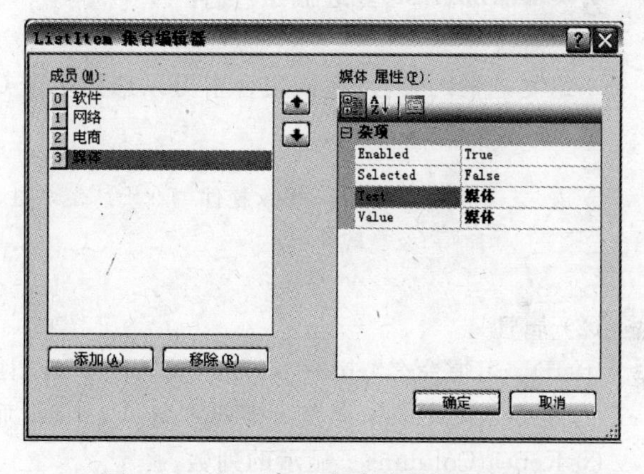

图 2.12 “ListItem 集合编辑器”对话框

(2) 属性

① ID 习惯命名“rabl+功能名词”或“radl+功能名词”,例如 rablSex 或 radlSex。

② Text 控件旁边的说明文字。

③ RepeatDirection Vertical(垂直排列)/Horizontal(水平排列),表示排列方向。

④ SelectedItem 被选定成员项。

⑤ SelectedValue 选定项的值(value)。

- 选项值 控件名称.SelectedItem.Value、控件名称.SelectedValue。
- 选项文本 控件名称.SelectedItem.Text。
- Selected 用于设置或返回成员控件是否处于选中状态。若控件被选中,则该属性值为 True,控件中带有一个黑点标识。

(3) 事件

SelectedIndexChanged="改变选择时触发的事件"。

(4) 方法

ClearSelection()="清空选择"。

3. CheckBox(复选框)控件

(1) 描述

显示为一个可进行多选的控件,如图 2.13 所示。

(2) 属性

① ID　习惯命名"chk+功能名词",例如 chkHobby。

② Text　控件旁边的说明文字。

③ Checked　True/False。

④ GroupName　组名称。

⑤ AutoPostBack　True/False(自动回发)。

(3) 事件

CheckedChanged="单击时所触发的事件"。

4. CheckBoxList(复选框组)控件

(1) 描述

一组复选框的集合,在该集合中可以选择多个 CheckBox 控件,如图 2.14 所示。

爱好：□音乐

图 2.13　CheckBox 控件的外观

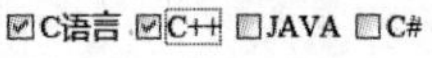

☑C语言 ☑C++ □JAVA □C#

图 2.14　CheckBoxList 控件

(2) 属性

① ID　习惯命名"chkl+功能名词",例如 chklHobby。

② RepeatDirection　表示排列方向,Vertical 垂直排列,Horizontal 水平排列。

③ RepeatColumns　显示的列数。

④ RepeatLayout　Flow/Table,排列布局方式。

⑤ AutoPostBack　自动回发。

(3) 方法

ClearSelection()="清空选择"。

(4) 获取选择项的值

由于复选框组中每一个复选框都可能被选择,所以通常用循环语句判断每个选项是否被选中,并采用字符串累加的方式来获取值。

例如:

```
String str = "";
for(int i = 0;i < CheckBoxList 控件.Items.Count;i ++)      //从第一项循环到最后一项
{
    if(CheckBoxList 控件.Items[i].Selected)               //如果当前项被选中
    {
        str += CheckBoxList 控件.Items[i].Value;
    }
}
```

通过以上的代码，可以总结出以下内容。

① 第 i 项的值：CheckBoxList 控件.Items[i].Value。

② 第 i 项的文本：CheckBoxList 控件.Items[i].Text。

③ CheckBoxList 中的列表项个数：CheckBoxList 控件名称.Items.Count。

能力目标

能够熟练应用选择类型的控件进行页面的设计。

具体要求

(1) 能够在页面中添加单选按钮、单选按钮组、复选框、复选框组控件，并对其进行相关属性的设置。

(2) 能够获取选择性控件选择项的值和文本。

(3) 灵活运用单选按钮组和复选框组。

实训任务

模拟制作一个“在线学习系统”的注册页面 Register.aspx，性别的选择要求用单选按钮实现；专业的选择用单选按钮组来实现；所学语言的选择用复选框组来实现；当单击“注册”按钮时，将设置的信息显示，当单击“清空”按钮时，将页面中的信息进行清空处理，程序运行效果如图 2.15 所示。

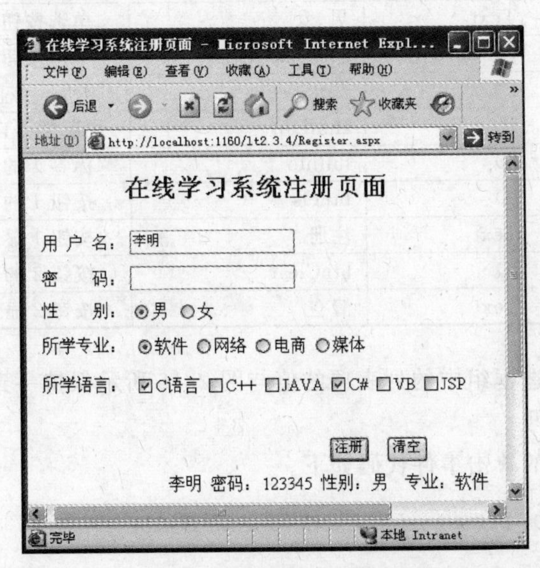

图 2.15　程序运行效果

【操作步骤】

(1) 创建并设置页面

创建站点，并添加注册页面 Register.aspx，页面设计如图 2.16 所示。

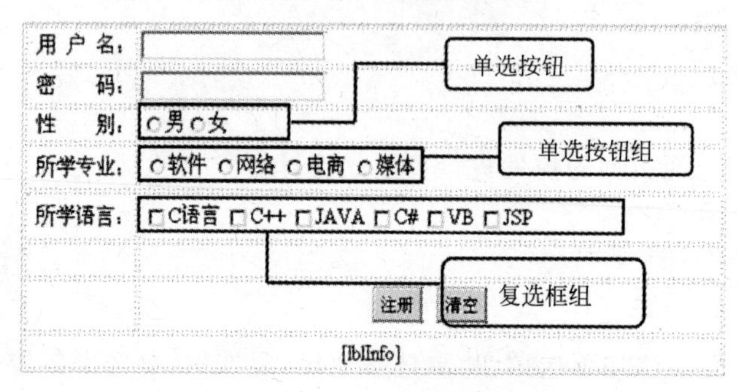

图 2.16 页面设计效果

(2) 设置各控件的属性

各选择控件属性的设置如表 2.4 所示。

表 2.4 各选择控件的属性设置

控 件	属 性	值	说 明
TextBox1	ID	txtName	文本框 1 的名字
TextBox2	ID	txtPwd	文本框 2 的名字
	TextMode	Password	文本框 2 的文本模式
RadioButton1、RadioButton2	ID	RadMale、RadFemale	单选按钮的名字
	Text	男、女	单选按钮的说明文字
	GroupName	sex、sex	单选按钮的所属组名
RadioButtonList1	ID	radlSpec	"所学专业"单选按钮组的名称
CheckBoxList1	ID	chklLan	"所学语言"复选框组的名称
Label1	ID	lblInfo	标签 1 的名字
Button1	ID	btnOk	按钮 1 的名字
	Text	注册	按钮 1 显示的文本
Button2	ID	btnClear	按钮 2 的名字
	Text	清空	按钮 2 显示的文本

单选按钮组和复选框组中的列表项的值与图 2.16 所示保持一致或自行设置也可。

(3) 添加事件代码

添加"注册"按钮的单击事件代码如下。

```
protected void btnOk_Click(object sender, EventArgs e)
{
        string strSex = "",strLan = "";
      //通过单选按钮的选中项来判断性别
      if (RadMale.Checked)
```

```
        {
            strSex = "男";
        }
        else
        {
            strSex = "女";
        }
        //通过循环遍历复选框组中的每一项,来获取"所学语言"中的选择项
        for (int i = 0; i <= chklLan.Items.Count - 1; i++)
        {
            if (chklLan.Items[i].Selected)
            {
                strLan = strLan + chklLan.Items[i].Text + "  ";
            }
        }
        lblInfo.Text = txtName.Text + "  密码: " + txtPwd.Text + "  性
                       别: " + strSex;
        lblInfo.Text += "   专业: " + radlSpec.SelectedItem.Text;
    }
```

"清空"按钮的单击事件代码如下。

```
    protected void btnClear_Click(object sender, EventArgs e)
    {
        txtName.Text = "";
        txtPwd.Text = "";
        RadMale.Checked = false;
        RadFemale.Checked = false;
        radlSpec.ClearSelection();                //清空单选按钮组的选择
        chklLan.ClearSelection();                 //清空复选框组的选择
        lblInfo.Text = "";
    }
```

程序说明：" "为空格符号,字符串累加用"+="表示。

单个的选择按钮是否被选中用"控件名称.Checked"表示,True表示被选中,False表示未选中;选择列表控件即控件名称中带List的控件,如RadioButtonList控件、CheckBoxList控件,表示是否选中,用"控件名称.Items[i].Selected"表示,True表示被选中,False表示未选中。

通过以上的设置,可以看到在判断选择项时,RadioButtonList控件和CheckBoxList控件在使用时比RadioButton控件和CheckBox控件使用起来方便得多,所以建议在程序设计过程中使用RadioButtonList控件和CheckBoxList控件。

能力测试

1. 具体要求

创建"WEB开发技术基础试题"页面(综合运用单选按钮组和复选框组),页面运行效果如图2.17所示。

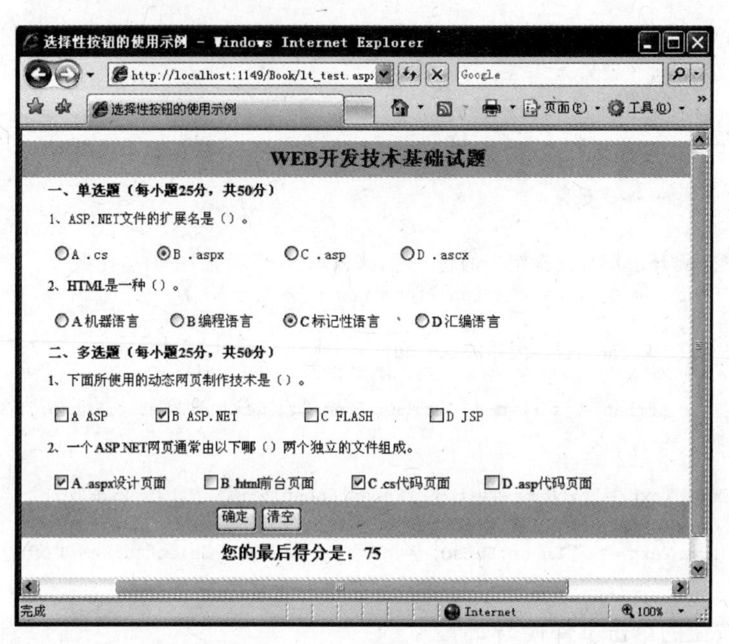

图 2.17　页面运行效果

(1) 创建并设置试题页面(Test.aspx)

利用表格进行页面布局，向相应的单元格中，添加相应的文字说明及控件，页面设计如图 2.17 所示。

(2) 修改相应控件的属性(如表 2.5 所示)

表 2.5　各控件对象的属性设置

控　件	属　性	值	说　明
RadioButtonList1	ID	radl1	单选题第 1 题单选按钮组的名称
RadioButtonList2	ID	radl2	单选题第 2 题单选按钮组的名称
CheckBoxList1	ID	chkl1	多选题第 1 题复选框组的名称
CheckBoxList2	ID	chkl2	多选题第 2 题复选框组的名称
Button1	ID	btnOk	按钮 1 的名称
	Text	确定	按钮 1 的显示文本
Button2	ID	btnClear	按钮 2 的名称
	Text	清空	按钮 2 的显示文本
Label1	ID	lblInfo	标签 1 上 ID
	Text		标签 1 上的显示文本为空

各列表控件的列表项值可参考图 2.17 所示进行设置，也可以自行设置。

(3) 编写事件代码

单击"确定"按钮所产生的单击事件代码如下。

```
protected void btnOk_Click(object sender, EventArgs e)
{
    int score = 0;
```

```
    if (radl1.Items[1].Selected == true)           //判断单选按钮列表1第二项是否被选中
    {
        score += 25;
    }
    if (【代码 1】)                                  //判断单选按钮列表2第三项是否被选中
    {
        score += 25;
    }
    if (chkl1.Items[0].Selected == true && chkl1.Items[1].Selected == true && chkl1.
        Items[2].Selected == false &&chkl1.Items[3].Selected == true)
                                    //判断复选框列表1第一项、第二项和第四项是否被同时选中
    {
        score += 25;
    }
    if (【代码 2】)                          //判断复选框列表2第一项和第三项是否被同时选中
    {
        score += 25;
    }
    lblResult.Text = "您的最后得分是: " + score.ToString();
}
```

单击"清空"按钮所产生的事件代码如下。

```
protected void btnClear_Click(object sender, EventArgs e)
{
    radl1.ClearSelection();                    //清除单选按钮组一的选择
    radl2.ClearSelection();
    【代码 3】;                                 //清除复选框组一的选择
    【代码 4】;                                 //清除复选框组二的选择
    lblResult.Text = "";
}
```

程序说明：ToString()方法可以将数据类型的变量转换为字符串类型。

2. 自测题

(1) 简述 RadioButton 控件与 RadioButtonList 控件的不同使用方法。

(2) 简述 CheckBox 控件与 CheckBoxList 控件的区别。

2.4 列表控件

RadioButtonList 控件、CheckBoxList 控件、DropDownList 控件、ListBox 控件既属于选择类型控件又属于列表控件，这4个控件有一个典型的特点就是控件名称中都含有"List"。前两个控件在2.3节已经介绍过了，这里只介绍 DropDownList 和 ListBox 两个控件。

1. DropDownList(下拉列表框)控件

(1) 描述

DropDownList 控件又称下拉列表框,控件外观如图 2.18 所示。该控件在工具箱中的图标为 DropDownList,此控件一次只能选择一个列表项,其他列表项一直保持隐藏状态,而且在列表框中只显示选定的选项,它的作用相当于 RadioButtonList 控件。

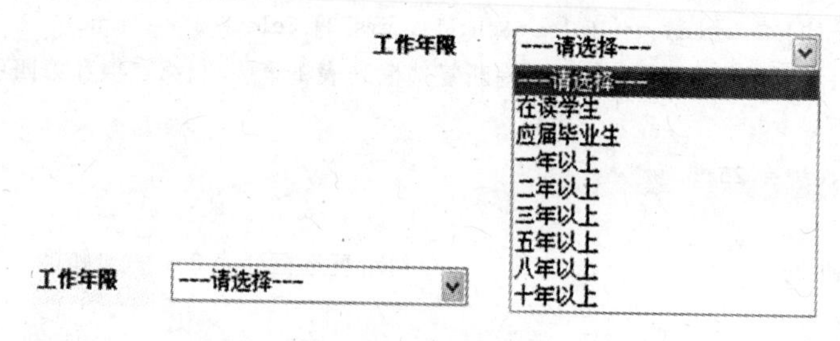

图 2.18 DropDownList 控件的外观

(2) 属性

① ID 命名习惯"ddl+功能名词"或"drop+功能名词",例如 ddlClass。

② Items 列表控件项的集合。

③ SelectedItem 表示该控件中被选定的成员项。

④ SelectedValue 表示该控件中选定项的值。

⑤ AutoPostBack 自动回发。

⑥ 当前项的选项值 控件名称.SelectedItem.Value 或控件名称.SelectedValue。

⑦ 当前项的选项文本 控件名称.SelectedItem.Text。

(3) 事件

SelectedIndexChanged="改变选择时所触发的事件",此事件往往与 AutoPostBack 属性结合起来使用。

2. ListBox(列表框)控件

(1) 描述

ListBox 控件又称列表控件,图标为 ListBox,此控件一次可以显示多项,用户可以选择一项或多项。如果列表项的总数超出可以显示的项数,则 ListBox 控件会自动添加滚动条,它的作用相当于复选框组。

(2) 属性

① ID 命名习惯 lst+功能名词,例如 lstWork。

② AutoPostBack 自动回发。

③ SelectionMode Single(单选)/Multiple(多选)。

④ Rows 显示的行数。

⑤ SelectedIndex 获得所选项的索引。

⑥ Items 列表框中的列表项，例如 Items[0]。

(3) 事件

SelectedIndexChanged＝"改变选择时所触发的事件"。

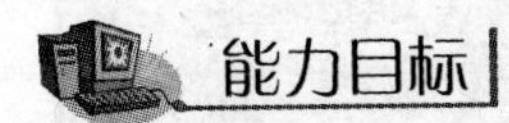

能力目标

掌握列表控件的属性、事件和方法的基本用法。

具体要求

(1) 利用 DropDownList 选择相应的数据。

(2) 能够应用 DropDownList 控件的 SelectedIndexChanged 事件。

(3) 使用列表框显示和移动数据。

实训任务

1. 利用 DropDownList 选择数据和应用其事件

利用 DropDownList 选择相应的学历，程序运行效果如图 2.19 所示。

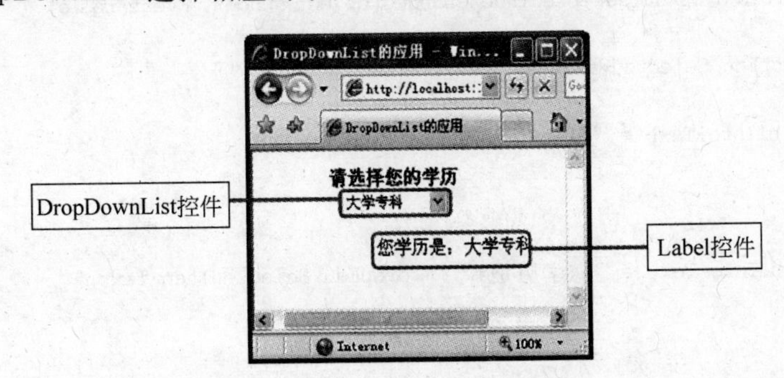

图 2.19 DropDownList 的应用

【操作步骤】

(1) 创建并设置页面

创建站点，并在站点中添加页面，在页面中添加 1 个 DropDownList 控件和 1 个 Label 控件，各控件对象的属性设置如表 2.6 所示。

表 2.6 各控件对象的属性设置

控 件	属 性	值	说 明
DropDownList1	ID	dropEdu	下拉列表框的名字
	AutoPostBack	True	自动回发到服务器
Label1	ID	lblInfo	标签控件的名字
	Text		标签中文字为空

设置 DropDownList 控件的列表项，选择控件右上角的智能标签“DropDownList 任务”列表，从中选择“编辑项”命令，添加列表项的值如图 2.20 和图 2.21 所示。

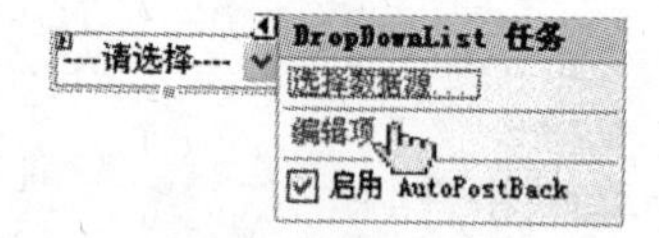

图 2.20　设置 DropDownList 控件的列表项

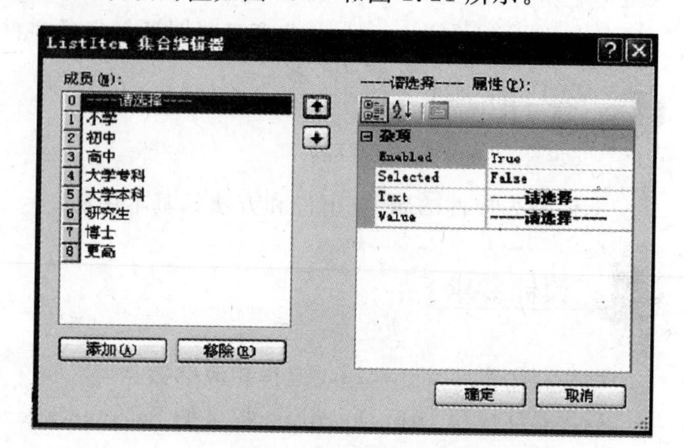

图 2.21　设置 DropDownList 的集合编辑器

(2) 添加事件

下拉列表框中选项发生改变时所触发的事件过程代码如下。

```
protected void dropEdu_SelectedIndexChanged(object sender, EventArgs e)
{
    if (dropEdu.SelectedValue == "----请选择----")
    {
        lblInfo.Text = "请选择您的学历!";
    }
    else
    {
        lblInfo.Text = "您学历是: " + dropEdu.SelectedItem.Text;
    }
}
```

2. 使用列表框显示数据

在文本框中输入所喜欢的水果，并将其显示在列表框中，程序运行效果如图 2.22 所示。

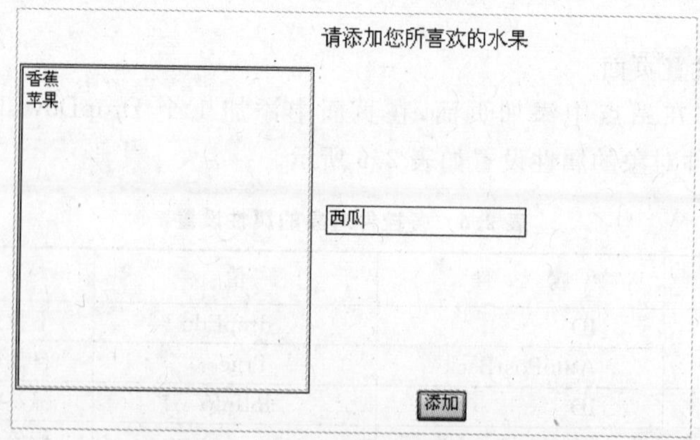

图 2.22　ListBox 控件显示移动数据

【操作步骤】

(1) 创建并设置页面(页面设计参照图 2.22)

页面中各控件对象相应的属性设置如表 2.7 所示。

表 2.7 各控件对象的属性设置

控件	属性	值	说明
ListBox1	ID	lstFruit	列表框 1 的 ID
TextBox1	ID	txtFruit	文本框 1 的 ID
Button1	ID	btnAdd	按钮 1 的 ID

(2) 添加事件代码

```
protected void btnAdd_Click(object sender, EventArgs e)
{
    lstFruit.Items.Add(txtFruit.Text);
    txtFruit.Text = "";
}
```

能力测试

1. 具体要求

设计一个小计算器,能够进行基本的加、减、乘、除运算即可,程序运行效果如图 2.23 所示。

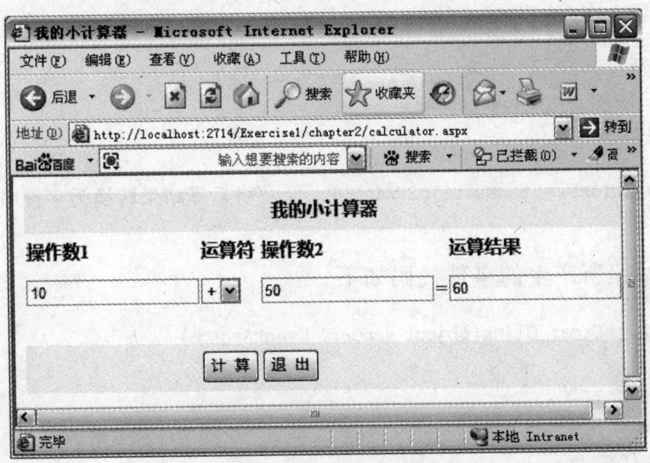

图 2.23 页面运行效果

【操作步骤】

(1) 创建并设置页面

创建计算器页面,页面设计如图 2.23 所示,在页面中用表格进行页面布局,并在表格相应位置添加文字说明和控件。操作数 1、操作数 2 和运算结果 3 项用文本框 TextBox 控件进行处理,运算符号用 DropDownList 下拉列表框设置,在页面再添加 2 个按钮分别用于完成计算功能和退出功能。

（2）添加事件代码

```
//页面加载时所触发的事件
protected void Page_Load(object sender, EventArgs e)
{
    this.Title = "我的小计算器";
    txtResult.ReadOnly = true;                    //设置文本框为只读文本框
}
```

单击"计算"按钮时所触发的事件如下。

```
protected void btnCount_Click(object sender, EventArgs e)
{
    float fNum1 = 0, fNum2 = 0, fResult = 0; //声明3个变量
    fNum1 = float.Parse(txtNum1.Text);   //将文本框中的字符串数据转换为单精度浮点数
    fNum2 = float.Parse(txtNum2.Text);
    string strOpe = 【代码1】;            //获取下拉列表框中选中的值
    switch (strOpe)                      //根据不同的运算符进行不同的运算
    {
        case "+":
            fResult = fNum1 + fNum2;
            break;
        case "-":
            fResult = fNum1 - fNum2;
            break;
        case "*":
            fResult = fNum1 * fNum2;
            break;
        case "/":
            fResult = fNum1/fNum2;
            break;
    }
    txtResult.Text = fResult.ToString();    //将运算结果转换为字符串由文本框输出
}
```

单击"清空"按钮所产生的事件代码如下。

```
protected void btnClear_Click(object sender, EventArgs e)
{
    txtNum1.Text = "";
    txtNum2.Text = "";
    txtResult.Text = "";
}
```

程序说明：类型转换归纳起来有以下的3种常用的方法。

（1）字符串类型→数据类型

```
Parse()方法
```

语法格式：

```
目标数值类型.Parse(字符串型表达式);
```

例如：

```
int x = int.Parse("123");
float y = float.Parse("123.3");
```

(2) 数据类型→字符串类型

ToString()方法

语法格式：

```
变量名称.ToString();
```

例如：

```
int x = 123;
String s = x.ToString();
```

(3) 数据类型⇆字符串类型

Convert()类提供的方法

语法格式：

```
Convert.To数据类型(字符串);
```

例如：

```
Convert.ToInt32("-123");
Convert.ToDateTime(日期格式字符串);
Convert.ToBoolean(字符串);
Convert.ToString(DateTime.Now);
```

2. 自测题

(1) 控制 DropDownList 控件是否能自动回传的属性是（　　）。

A. AutoPostBack　B. Enabled　C. Visible　D. PostBack

(2) 比较 DropDownList 控件和 ListBox 控件的相同与不同之处。

知识扩展

RadioButton(单选按钮)和CheckBox(复选框)表示选中的状态用Checked属性来设置。

RadioButtonList(单选按钮组)、CheckBoxList(复选框组)、DropDownList(下拉列表框)和ListBox(列表框)4个控件中都含有“list”，这4个控件在表示每一列表项时，用控件名称.Items[i]表示，在表示选中的状态时用Selected属性表示，当Selected属性为True时被选中、为False时表示未被选中。

RadioButtonList(单选按钮组)和DropDownList(下拉列表框)，在编程时，用SelectedItem表示选定项，可以用“控件名称.SelectedItem.Text”表示被选定的文本，用“控件名称.SelectedItem.Value”或“控件名称.SelectedValue”表示选定项的值。

2.5 容器控件

(1) 容器控件内可以包含其他控件。

(2) 容器控件的主要用途之一：通过将控件放置在容器控件中并设置容器控件的属性，可以一次更改一组控件的可见性。

容器控件分为：

① Panel 控件(面板控件)：将其中一组控件作为整体处理，常用 Visible 属性，Visible="True(显示)/False(隐藏)"。

② PlaceHolder 控件：保留位置，动态添加控件。

相关知识

Panel 控件(面板控件)功能与属性如下。

(1) 描述

Panel 控件是一个可以存放其他控件和静态文本的容器。

(2) 属性

① Visible　控制控件是否可见，True 可见，False 不可见。

② Enable　控制控件是否可用，True 可用，False 不可用。

能力目标

掌握 Panel 控件的使用方法。

具体要求

(1) 掌握 Panel 控件的用法。

(2) 能够熟练应用 Panel 控件的 Visible 属性进行程序设计。

实训任务

利用容器(Panel)控件实现用户注册，Panel1 控件存放"用户使用协议"；Panel2 用于输入用户信息；Panel3 显示用户注册信息；Panel4 是显示用户注册失败内容。整个程序的执行流程是：当在 Panel1 中选中"同意"单选按钮时进入 Panel2 用户注册信息页面，用户信息添加完毕，进入 Panel3 页面显示注册信息；当在 Panel1 中选中"不同意"单选按钮时，执行 Panel4 中的内容。设计效果图如图 2.24 所示。

【操作步骤】

(1) 建立并设计 Web 页面

创建站点，并在站点中添加注册页面，整个页面由 4 个 Panel 控件组成，如图 2.24 所示。

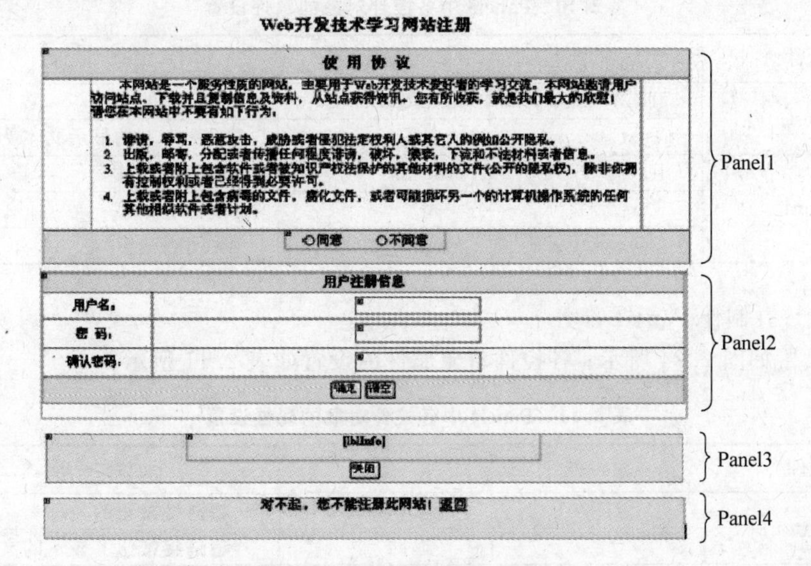

图 2.24 学习注册页面设计效果图

(2) 设计并制作 Panel1 部分

在 Panel1 中添加一个 3 行 1 列的表格，参照图 2.24 所示，在相应的单元格中添加文字说明，在第 3 个单元格中添加单选按钮组，按钮组属性设置如表 2.8 所示。

表 2.8 RadioButtonList1 的属性设置

控 件	属 性	值	说 明
RadioButtonList1	ID	rbdlAgree	单选按钮组的名称
	AutoPostBack	True	单选按钮组的信息自动回发

(3) 设计并制作 Panel2 部分

在 Panel2 中插入一个 5 行 2 列的表格用于页面布局，并在相应的单元格中输入文字说明及 Web 服务器控件，如图 2.24 所示。Panel2 中各控件对象的属性设置如表 2.9 所示。

表 2.9 Panel2 中各控件对象的属性设置

控 件	属 性	值	说 明
TextBox1	ID	txtName	用户名文本框的名称
TextBox2、TextBox3	ID	txtPwd、txtRePwd	文本框 2 与文本框 3 的名称
	TextMode	Password	文本框 2 与文本框 3 的类型为密码
Button1、Button2	ID	btnOk、btnClear	确认按钮与清空按钮的名称
	Text	确认、清空	按钮上显示的文字

(4) 设置并制作 Panel3 部分

Panel3 的设置如图 2.24 所示；各控件对象的属性设置如表 2.10 所示。

表 2.10 Panel3 中各控件对象的属性设置

控　件	属　　性	值	说　　明
Label1	ID	lblInfo	标签 1 的名称
	Text		标签 1 上的显示文本为空
Button1	ID	btnClose	按钮的名称
	Text	关闭	按钮上文字
	OnClientClick	window.close()	关闭当前窗口

(5) 设计并制作 Panel4 部分

页面设置如图 2.24 所示；各控件对象属性的设置如表 2.11 所示。

表 2.11 Panel4 中各控件对象的属性设置

控　件	属　性	值	说　　明
LinkButton1	ID	lbtnBack	超链接按钮的名称
	Text	返回	超链接按钮上显示的文本

(6) 添加事件代码

页面加载时所触发的事件代码如下。

```
protected void Page_Load(object sender, EventArgs e)
{
    if (!IsPostBack)
    {
        //页面第一次加载时,Panel1 可见,Panel2、Panel3、Panel4 不可见
        Panel1.Visible = true;
        Panel2.Visible = false;
        Panel3.Visible = false;
        Panel4.Visible = false;
    }
}
```

在 Panel1 中单击单选按钮组中的选项发生改变时所触发的事件代码如下。

```
protected void rbdlAgree_SelectedIndexChanged(object sender, EventArgs e)
{
    if (rbdlAgree.SelectedItem.Value == "同意")
    {
        Panel1.Visible = false;
        Panel2.Visible = true;
        Panel3.Visible = false;
    }
    else if (rbdlAgree.SelectedItem.Value == "不同意")
    {
        Panel1.Visible = false;
        Panel2.Visible = false;
        Panel3.Visible = true;
    }
}
```

在 Panel2 中单击“确定”按钮所触发的事件代码如下。

```
protected void btnOk_Click(object sender, EventArgs e)
{
    Panel1.Visible = false;
    Panel2.Visible = false;
    Panel3.Visible = false;
    Panel4.Visible = true;
    lblInfo.Text = "你的用户名是: " + txtName.Text + "< br >" + "你的密码是: " +
                txtPwd.Text + "请您记住!";
}
```

在 Panel2 中单击“清空”按钮所触发的事件代码如下。

```
protected void btnClear_Click(object sender, EventArgs e)
{
    txtName.Text = "";
    txtPwd.Text = "";
    txtRePwd.Text = "";
}
```

在 Panel4 中单击 LinkButton 按钮时所触发的事件代码如下。

```
protected void lbtnBack_Click(object sender, EventArgs e)
{
    Panel1.Visible = true;
    Panel2.Visible = false;
    Panel3.Visible = false;
    Panel4.Visible = false;
}
```

能力测试

1. 具体要求

利用 Panel 控件制作一个简单的课程表查询页面，在 Panel1 中利用 DropDownList 设置所要查看课程表的班级，在 Panel2、Panel3、Panel4 中分别显示 08 级软件一班、08 级软件二班、08 级软件三班的课程表，在 Panel1 中选择哪个班级，哪个班级的课程表就会显示，例如当选择“08 级软件一班”时，就会显示该班的课程表，页面运行效果如图 2.25 和图 2.26 所示。

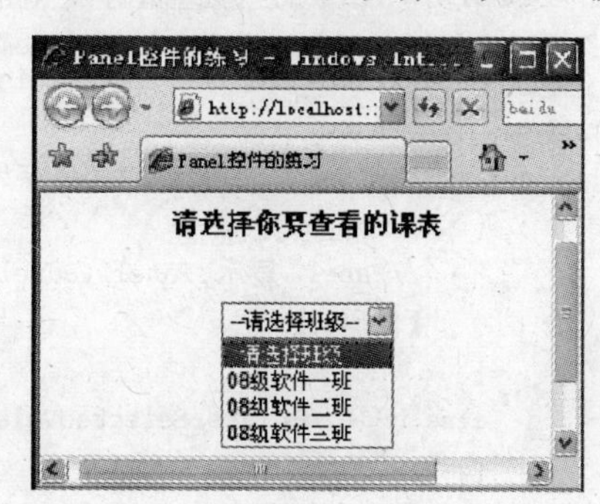

图 2.25　Panel1 中的内容

(1) 创建并设置页面

创建页面，在页面中添加 Panel1、Panel2、Panel3、Panel4 4 个 Panel 控件，并在 Panel1 中添加一个 DropDownList 控件，ID 为 dropClass，设置 AutoPostBack 属性为 True，并为其添加列表项值，

如图 2.25 所示。在 Panel2、Panel3、Panel4 中分别用表格布局，添加相应的课程信息。

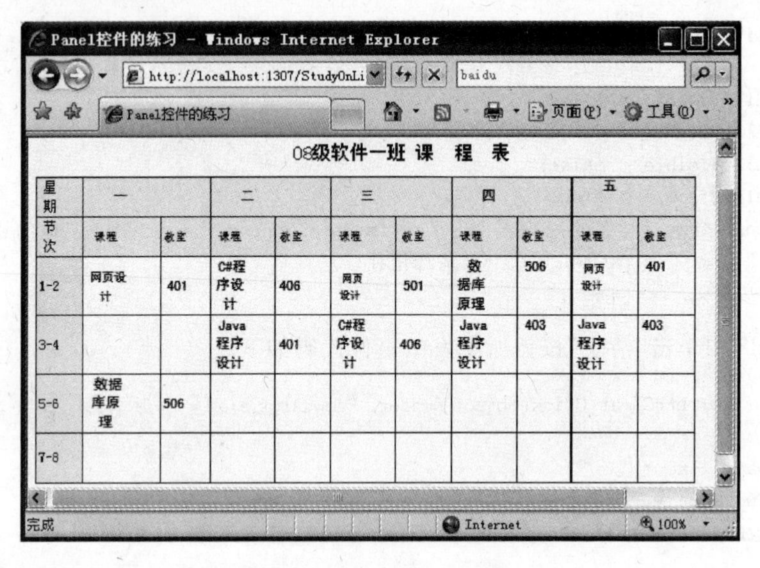

08级软件一班 课 程 表

星期	一		二		三		四		五	
节次	课程	教室	课程	教室	课程	教室	课程	教室	课程	教室
1-2	网页设计	401	C#程序设计	406	网页设计	501	数据库原理	506	网页设计	401
3-4			Java程序设计	401	C#程序设计	406	Java程序设计	403	Java程序设计	403
5-6	数据库原理	506								
7-8										

图 2.26　Panel2 中的内容

(2) 添加事件代码

具体的代码如下。

```
protected void Page_Load(object sender, EventArgs e)
{
    this.Title = "Panel 控件的练习";
    if (!IsPostBack)                                //页面首次加载
    {
        //Panel1 显示,Panel2、Panel3、Panel4 隐藏
        Panel1.Visible = true;
        Panel2.Visible = false;
        Panel3.Visible = false;
        Panel4.Visible = false;
    }
}
```

DropDownList 改变选择时发生的事件代码如下。

```
protected void dropClass_SelectedIndexChanged(object sender, EventArgs e)
{
    if (dropClass.SelectedValue == "08 级软件一班")
    {
        //Panel2 显示,Panel1,Panel3,Panel4 隐藏
        【代码 1】
    }
    else if (dropClass.SelectedValue == "08 级软件二班")
    {
        //Panel3 显示,Panel1,Panel2,Panel4 隐藏
        【代码 2】
```

```
    }
    else if (dropClass.SelectedValue == "08级软件三班")
    {
        //Panel4 显示,Panel1,Panel2,Panel3 隐藏
        【代码 3】
    }
}
```

程序说明：一般 AutoPostBack 属性设置为 True 和 SelectedIndexChanged 事件结合起来使用。

2. 自测题

(1) 控制 Panel 控件中的内容整体显示或隐藏需设置(　　)属性的值为 True。

A. AutoPostBack　B. Enabled　C. Visible　D. PostBack

(2) 简述 Panel 控件的作用。

2.6 上传控件与图像控件

1. FileUpLoad(文件上传)控件

(1) 描述

文件上传(FileUpLoad)控件如图 2.27 所示，是用于将文件从本地计算机上传到远程 Web 服务器的控件，且 FileUpLoad 控件具有更高的效率和安全性，该控件的图标为 FileUpload 。

请上传照片 [　　　　] 浏览...

图 2.27 上传控件

(2) 属性

① FileName　用于获取上传文件的名称。

② PostedFile　获取上传文件的基本信息。

例如，FileUpLoad 控件. PostedFile. ContentLength 用于获取上传文件的大小。FileUpLoad 控件. PostedFile. ContentType 用于获取上传文件的类型。

(3) 方法

SaveAs()方法用于保存上传文件。

上传文件的基本操作：例如上传控件的 ID 为 fulFileUp，上传控件的存放位置在 upload 文件夹中，一般的操作步骤如下。

```
if (fulFileUp.HasFile)                              //判断上传控件中是否包含文件
{
    string strFileName = fulFileUp.FileName;    //获取上传文件的名称
    string strWebFilePath = Server.MapPath("upload/" + strFileName);
                                                    //服务器端图像文件所存放的路径
    fulFileUp.SaveAs(webPath);                      //保存文件
}
else
```

```
{
    //无包含文件进行的操作
}
```

2. Image 控件(图像控件)

(1) 描述

Image 控件又称图像控件,图标为 Image,主要用于显示用户的图像,人们上网时经常会看到图 2.28 所示的商品等的图像列表,这里的图像部分都是用 Image 控件与数据库相连,动态添加的。

(2) 属性

① ImageUrl 图像文件的路径。

② AlternateText 在图像无法显示时该控件显示的替换文字。

③ ImageAlign Center/Left/Right,设置图像的水平对齐方式。

④ Height 图像的高度。

⑤ Width 图像的宽度。

注意:Image 控件不支持任何事件,例如 Image 控件不响应单击事件。

图 2.28 图像列表

能力目标

(1) 能够利用 FileUpLoad 控件实现文件的上传。

(2) 能够掌握 Image 控件的作用与操作方法。

具体要求

(1) 能够灵活运用 FileUpLoad 控件的 FileName、PostedFile 属性获取上传文件的相关属性。

(2) 能够利用 FileUpLoad 控件的 SaveAs()方法实现上传文件的保存操作。

(3) 能够对 Image 图像控件的 ImageUrl、AlternateText 相关属性的进行设置。

实训任务

使用 FileUpLoad 控件上传图像文件到 Web 服务器,并将图像文件在 Image 控件中显示出来,同时要显示出文件上传的相关提示信息。

程序启动后,由于没有上传图像,所以此时 Image 控件显示出替换文本"尚未上传图像",如图 2.29 所示;图像文件上传成功,提示"文件上传成功",并在 Image 控件中显示出图像,如图 2.30 所示;图像文件上传失败时,要给出具体的原因,例如,没有选择上传的文件、文件类型不正确、文件已存在等。

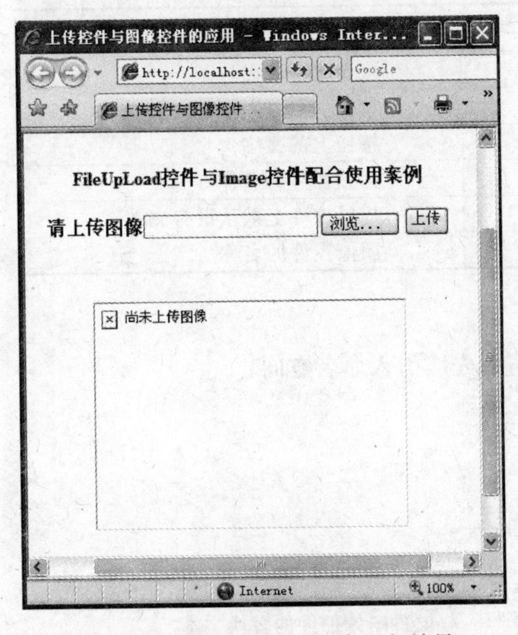

图 2.29 未上传图像时程序运行效果

图 2.30 上传图像成功时程序运行效果

【操作步骤】

(1) 创建并设置 Web 页面

创建站点,并在站点中添加页面 lt_FileImage.aspx,在站点中与网页同一级目录中创建 upload 文件夹用于存放上传到服务器端的图像文件。

(2) 添加控件并设置其属性

在 Web 页面中,插入一个 4 行 1 列的表格用于页面布局,在表格的相应位置添加文字说明和控件,页面设置如图 2.31 所示,Web 页面各控件对象的属性设置如表 2.12 所示。

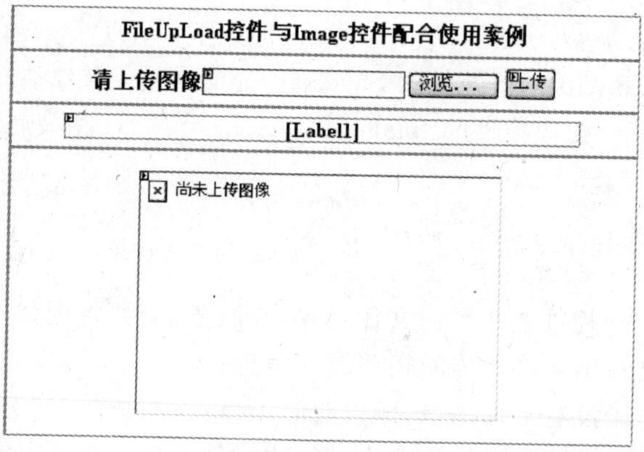

FileUpLoad控件与Image控件配合使用案例

请上传图像 浏览... 上传

[Label1]

尚未上传图像

图 2.31　设计 Web 页面

表 2.12　Web 页面各控件对象的属性设置

控　　件	属　性	值	说　　明
FileUpLoad1	ID	fulFileUp	上传控件的名称
Button1	ID	btnUp	按钮的名称
	Text	上传	按钮上的文字
Label1	ID	lblInfo	标签控件的名称
	Text		标签控件上默认没有文本
Image	ID	imgShow	图像控件的名称

(3) 编写事件代码

在程序中要用到 File 类,故在编写代码前,首先应引入命名空间:

```
using System.IO;
```

页面载入时执行的事件代码如下。

```
protected void Page_Load(object sender, EventArgs e)
{
    this.Title = "上传控件与图像控件的应用";
    imgShow.AlternateText = "尚未上传图像";  //设置图像控件的替换文本
}
```

"上传"按钮被单击时,所触发的事件代码如下。

```
protected void btnUp_Click(object sender, EventArgs e)
{
    if (fulFileUp.HasFile)                          //判断上传控件中是否包含文件
    {
        string strFileName = fulFileUp.FileName;  //获取上传文件的名称
        string strWebFilePath = Server.MapPath("upload/" + strFileName);
                                                    //服务器端图像文件所存放的路径
        string strFileType = fulFileUp.PostedFile.ContentType;  //获取上传文件的类型
        if (strFileType == "image/bmp" || strFileType == "image/pjpeg" || strFileType
            == "image/gif")  //判断上传文件的扩展名
        {
```

```
                if (!File.Exists(strWebFilePath))  //如果文件不存在
                {
                    fulFileUp.SaveAs(strWebFilePath);  //按照指定的服务器路径将文件保存
                    imgShow.ImageUrl = "upload/" + strFileName;
                                                       //在 Image 控件中显示所上传图像
                    imgShow.Width = 200;          //指定图像控件的宽度
                    imgShow.Height = 150;         //指定图像控件的高度
                    lblInfo.Text = "文件上传成功!";
                }
                else
                {
                    lblInfo.Text = "文件已存在!";
                }
            }
            else
            {
                lblInfo.Text = "文件类型不符合要求,只能上传".bmp、.jpg、.gif 格式的文件!"";
            }
        }
        else
        {
            lblInfo.Text = "请选择要上传的文件!";
        }
    }
```

程序说明：Server.MapPath()方法是指返回与服务器端指定的虚拟路径相对应的物理文件路径。

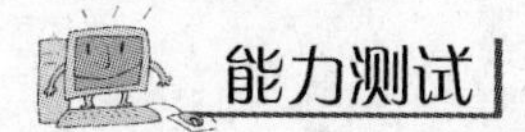

1. 具体要求

利用上传控件，将任意类型的文件上传到服务器根目录下的 upload 文件夹下，并在页面中显示出上传文件的名称、文件的类型和文件的大小，程序运行效果如图 2.32 所示。

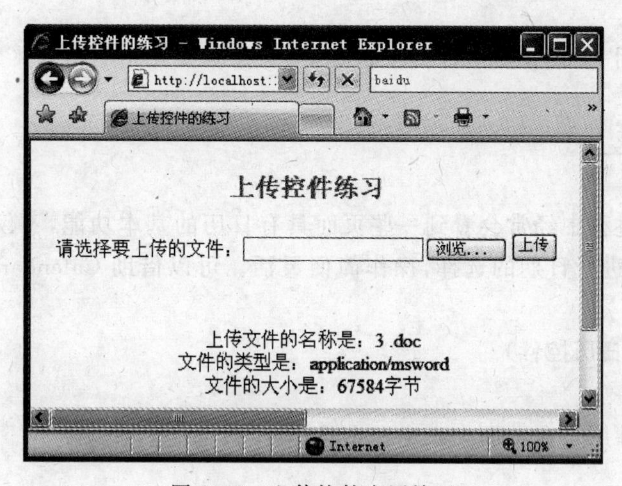

图 2.32 上传控件应用练习

(1) 创建并设置页面

在网站中创建页面,并在页面中添加表格进行页面布局,在表格的相应位置添加控件并设计其属性,页面设计参照图 2.32;页面各控件对象的属性设置如表 2.13 所示。

表 2.13 页面各控件对象的属性设置

控件	属性	值	说明
FileUpLoad1	ID	fulUp	上传控件的名称
Button1	ID	btnUp	按钮的名称
	Text	上传	按钮上的文字
Label1	ID	lblInfo	标签控件的名称
	Text		标签控件上默认没有文本

(2) 添加"上传"按钮的事件代码

```
protected void btnUp_Click(object sender, EventArgs e)
{
    if (【代码 1】)                                  //上传控件中是否含有要上传的文件
    {
        string webPath = Server.MapPath("upload/" + fulUp.FileName);
                                                     //获取服务器端路径
        【代码 2】;                                   //将上传文件保存到服务器指定路径下
        lblInfo.Text = "上传文件的名称是: " +【代码 3】;
        lblInfo.Text += "<br/>文件的类型是: " + fulUp.PostedFile.ContentType;
        lblInfo.Text += "<br/>文件的大小是: " + 【代码 4】+ "字节";
    }
    else
    {
        lblInfo.Text = "请选择要上传的文件!";
    }
}
```

2. 自测题

简述如何使用 FileUpLoad 控件上传文件,并控制文件大小和文件类型。

知识扩展

在网站浏览过程中经常会看到一些页面具有日历的基本功能,不仅可以显示当前日期,还可以直观地进行日期的选择,操作简便灵活。可以借助 Calendar 日历控件来实现此功能。

1. Calendar(日历控件)

(1) 描述

Calendar 控件用于在页面中产生一个日历,图标为 Calendar 。

（2）属性

① SelectedDate　获取或设置选定的日期。

② TodaysDate　今天的日期值。

③ VisibleDate　控件上显示的月份的日期。

④ ShowTitle　表示是否显示标题部分。

（3）事件

SelectionChanged　单击控件选择一天、一周或整月时发生。

（4）样式修改

① 可在选中 Calendar 控件的时候，通过“属性”面板的“样式”选项进行修改，如图 2.33 所示。

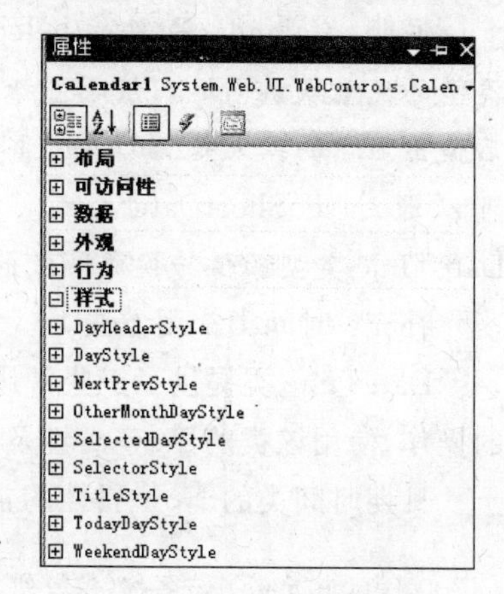

图 2.33　Calendar 控件的样式属性

② 可以套用现有样式，如图 2.34 所示，通过 Calendar 控件右上角的智能标签选择“自动套用格式”命令，选择合适的样式。

举例：利用日历控件获取选中的日期，并通过标签控件显示在页面上，文件运行效果如图 2.35 所示。

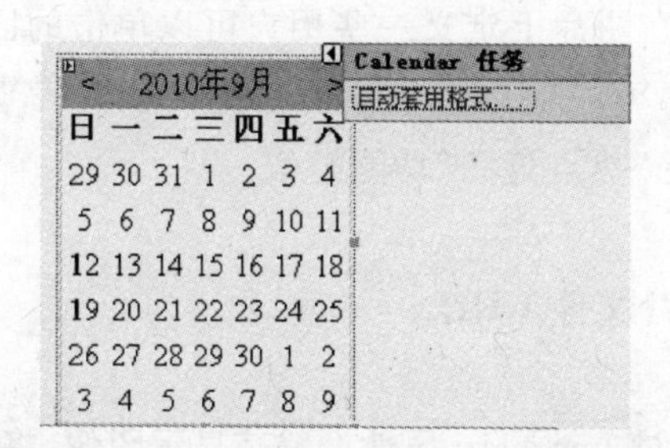

图 2.34　Calendar 控件的自动套用格式

图 2.35　文件运行效果

在站点中创建页面，并向页面中添加 Calendar 日历控件和 Label 控件，Label 的 ID 为 lblDate。

双击 Calendar 控件，产生 SelectionChanged 事件，事件代码如下。

```
protected void Calendar1_SelectionChanged(object sender, EventArgs e)
    {
      lblDate.Text = "您当前选择的日期是"
                    + Calendar1.SelectedDate.ToShortDateString(); }
```

说明：Calendar 控件的 SelectedDate 属性返回的是一个 DateTime 类型的变量，这种类型的变量默认的返回值既包括日期也包括时间，所以如果直接用 ToString()方法转换后输出显示的结果是“2010-9-11 0:00:00”的形式，如果希望单独返回日期，不显示时间，可以通过 ToShortDateString()方法来实现。ToShortDateString()方法会把一个 DateTime 类型的值转换成等效的短日期形式的字符串形式。

补充：时间类常用方法。

DateTime 类提供了一些常用的日期时间方法与属性，以下是以当前日期时间为参照的操作，使用该类的 Now 属性及其方法。

日期时间类的 Now 属性的常用方法格式是：

```
DateTime.Now.方法名称(参数列表)
```

常用方法：

示例	示例结果
DateTime.Now.ToLongDateString()	2010年9月11日
DateTime.Now.ToLongTimeString()	20:02:32
DateTime.Now.ToShortDateString()	2010-9-11
DateTime.Now.ToShortTimeString()	20:04

2. ImageMap 控件

(1) 描述

图像控件除了有 Image 控件外，还有一个 ImageMap(图像地图)控件，图标为 ImageMap 。

ImageMap 控件可以创建一个图片，并允许在图片上定义一些用户可以单击的区域，这些区域称为“作用点”或“热点”，每个作用点都可以是一个单独的超链接或回发事件。ImageMap 控件的这个功能与 Dreamweaver 中的“热点地图”功能类似。

(2) 属性

① ImageUrl　设置 ImageMap 控件中的图片文件 URL。

② HotSpots　设置热点集合。

操作方式：向页面中添加 ImageMap 控件，通过 ImageUrl 属性设置其显示图像，将光标定位在属性窗口的 HotSpots 栏，单击右侧的“浏览”按钮，在“添加”按钮的下拉列表中选择作用点类型，如图 2.36 所示，作用点分为 CircleHotSpot(圆形)、RectangleHotSpot(矩形)、PolygonHotSpot(多边形)。

作用点不同，设置的参数也不同，如圆形作用点需要在外观区域设置半径值与圆心坐标(Radius、x、y)；而矩形作用点需设置其距页面底端、左侧、右侧和顶端的距离(Bottom、Left、Right、Top)。

3. 用户控件

描述：在 ASP.NET 中除了有内置的控件外，用户还可以根据自己的需要自己定制

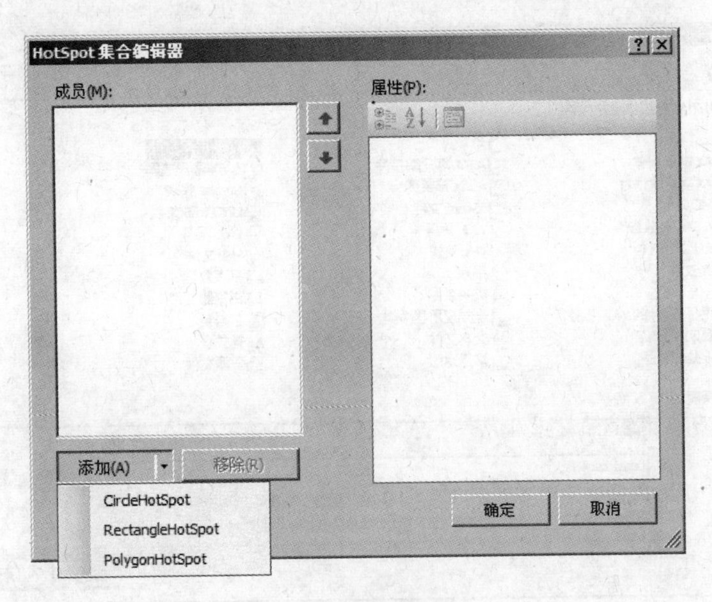

图 2.36 设置热点集合

具有事件处理能力的 Web 用户控件，这种控件称为用户控件。用户控件创建后，可以在“设计”视图中将其添加到.aspx 页面中，这将使程序开发效率大大提高。用户控件往往用于制作网站中多个页面共用的部分，如网站导航、网站的登录部分等。

用户控件的特点：

(1) 用户控件的扩展名为.ascx。

(2) 在用户控件文件中不能包括<html>、<form>、<body>等标签元素。

操作方法：

(1) 添加新项时，选择“Web 用户控件”。

(2) 设置 Web 用户控件页的界面，并添加事件代码。

(3) 将 Web 用户控件添加(拖曳)到普通.aspx 页面。

举例：制作一个模拟的用户登录自定义控件，并将其添加到网站的首页 index aspx 中。

【操作步骤】

(1) 创建一个网站。

(2) 创建“Web 用户控件”。在站点中，创建一个登录的“Web 用户控件”Login.ascx，如图 2.37 所示，单击“添加”按钮即可。

(3) 设置用户控件。切换到用户自定义控件的“设计”视图，并对页面进行设置，如图 2.38 所示，用户名文本框的 ID 为 txtName，密码文本框的 ID 为 txtPwd，“登录”按钮的 ID 为 btnLogin，“清空”按钮的 ID 为 btnClear。

(4) 添加自定义控件的事件代码，具体如下。

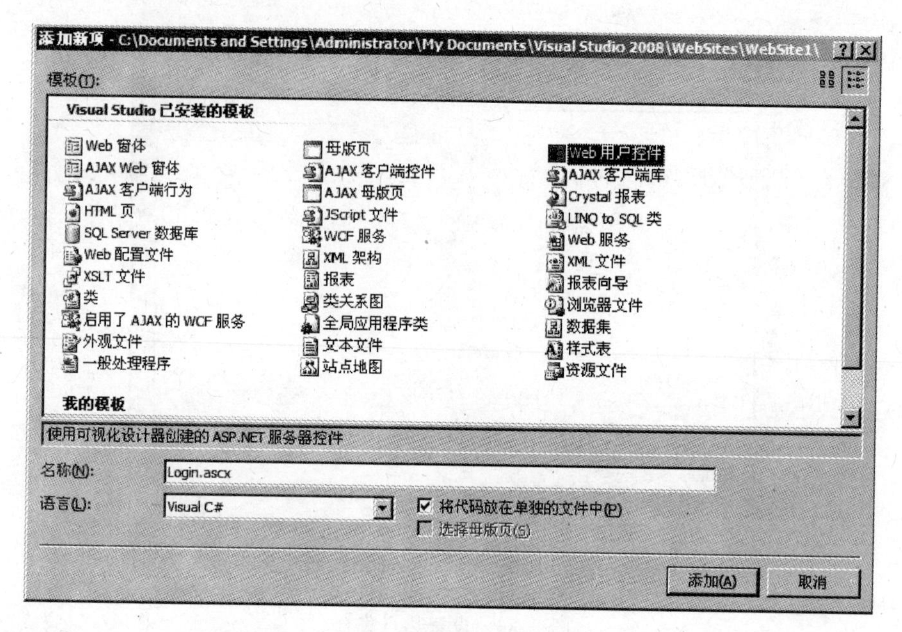

图 2.37　创建自定义控件

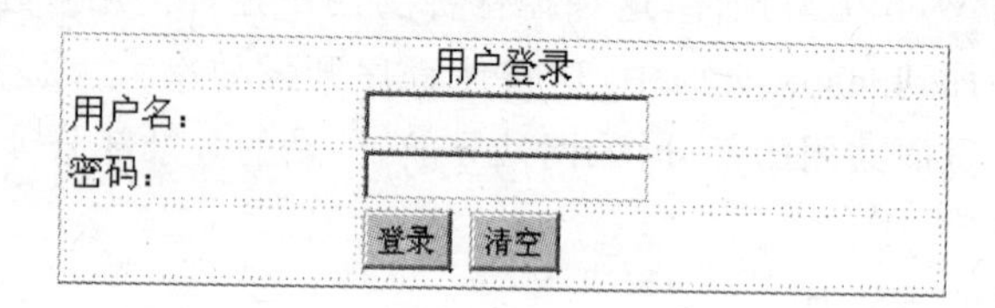

图 2.38　用户自定义控件

```
//"登录"按钮的单击事件代码
protected void btnLogin_Click(object sender, EventArgs e)
{
    if (txtName.Text == "" || txtPwd.Text == "")
    {
        Response.Write("<script>alert('用户名或密码不能为空');</script>");
    }
    else if (txtName.Text == "liming" && txtPwd.Text == "123456")
    {
        Response.Write("<script>alert('登录成功');</script>");
    }
    else
    {
        Response.Write("<script>alert('用户名或密码错误');</script>");
    }
}
//"清空"按钮的单击事件代码
protected void btnClear_Click(object sender, EventArgs e)
```

```
{
    txtName.Text = "";
    txtPwd.Text = "";
}
```

(5) 添加自定义控件到网站的首页 index.aspx 页面。在站点中创建页面 index.aspx,并将其打开,从 VS 2008 右侧的“解决方案资源管理器”中,将 Login.ascx 控件直接拖曳到页面中即可引用。

第3章 数据验证控件

在 Web 交互环境中，经常需要对用户输入的数据进行有效性验证，而本章要介绍的验证控件就为开发人员提供了一种简单有效的验证途径。验证控件主要包括 RequiredFieldValidator（必需项验证）控件、RangeValidator（范围验证）控件、RegularExpressionValidator（格式验证）控件、CompareValidator（比较验证）控件、CustomValidator（自定义验证）控件和 ValidationSummary（验证总结）控件。

验证控件都位于工具箱的“验证”组内，如图 3.1 所示。

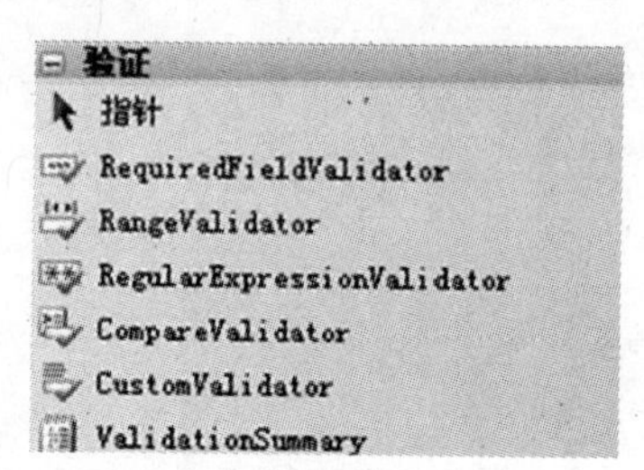

图 3.1　验证控件

3.1　必需项验证控件

必需项验证控件正常情况下在页面中是不显示的，只有在出现了输入错误时，才会在控件中显示出错提示信息。在页面布局时，一般可将必需项验证控件放置在被验证控件的旁边。

相关知识

(1) 描述

必需项验证控件，用于文本框的非空验证，图标为 RequiredFieldValidator。

(2) 属性

① ControlToValidate　被验证控件的 ID 属性的值，该属性指定验证控件对哪一个控件的输入值进行验证。例如：

```
this.RequiredFieldValidator1.ControlToValidate = txtName;
```

② ErrorMessage　验证不合法时出现的错误信息。

③ IsValid　获取一个布尔值(True 或 False)，用于表示验证是否通过。

④ Display　设置错误信息的显示方式(Static/Dynamic/None)，默认为 Static。

Static 即静态占用固定空间，无论是否显示验证控件的出错信息，验证控件都会占有其文本宽度的位置空间；Dynamic 即动态占用空间，当验证通过不显示验证信息时不占用空间；None 即不显示错误信息。

⑤ InitialValue　设置或获取验证控件的初始值。

注意： InitialValue 仅指示不希望用户在输入控件中输入的值。当验证执行时，如果输入控件包含该值，则其验证失败。

能力目标

能够检验文本框等控件中的数据是否为空。

具体要求

(1) 能够添加必需项验证控件。

(2) 会设置必需项验证控件的 ControlToValidate、ErrorMessage、InitialValue 等属性。

实训任务

创建一个模拟的用户登录页面，要求用户名、身份证号两项内容必须填写，同时要求在专业下拉列表框中必须选择一个专业，否则出现错误提示，如图 3.2 所示；当页面通过验证时的运行效果如图 3.3 所示。

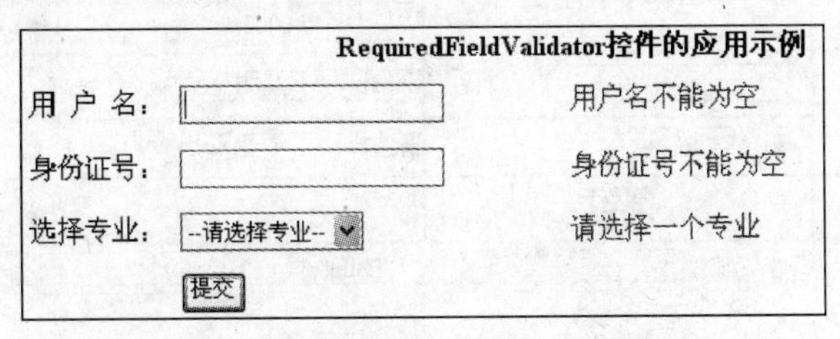

图 3.2　验证未通过时的页面效果图

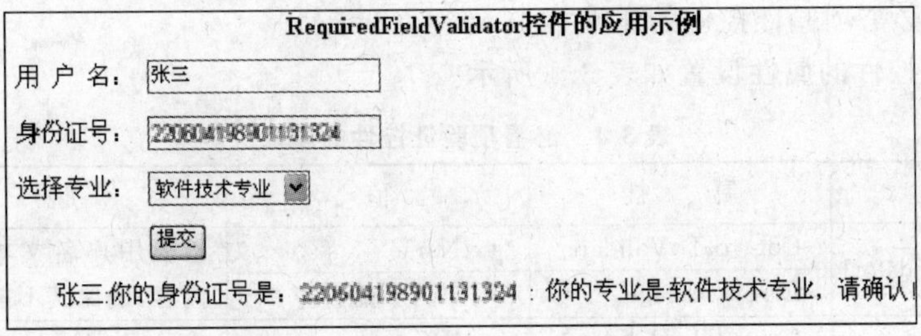

RequiredFieldValidator控件的应用示例

用 户 名：张三

身份证号：220604198901131324

选择专业：软件技术专业

提交

张三:你的身份证号是：220604198901131324 ;你的专业是:软件技术专业，请确认!

图 3.3　验证通过时的页面效果图

【操作步骤】

(1) 创建并设置页面

创建站点，并在网站中添加登录页面，页面设计如图 3.2 所示。

页面各控件的属性设置：用户名文本框 ID 为 txtName；身份证号文本框 ID 为 txtIDCard；专业下拉列表框 DropDownList1 的 ID 为 ddlSpec，专业列表值如图 3.4 所示；按钮 Button1 的 ID 为 btnOk，Text 为“提交”；标签 Lable1 的 ID 为 lblInfo。

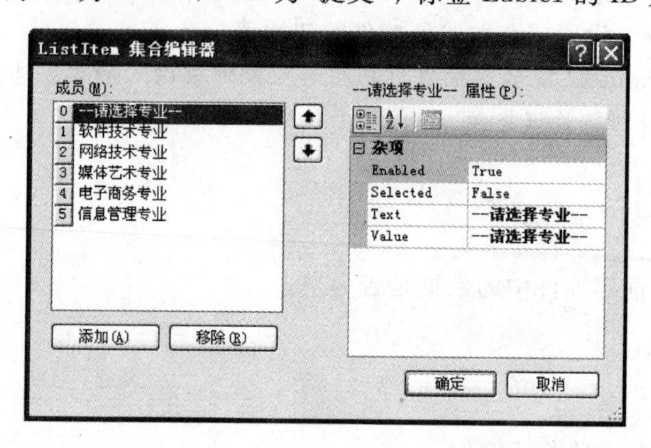

图 3.4 DropDownList 的列表值

(2) 添加必需项验证控件

从工具箱的“验证”选项卡中找到 RequiredFieldValidator，并将其拖曳到用户名文本框的右侧单元格中，同样的方法为身份证号文本框(txtIDCard)和选择专业下拉列表框(ddlSpec)添加必需项验证控件，如图 3.5 所示。

RequiredFieldValidator控件的应用示例		
用 户 名：		用户名不能为空
身份证号：		身份证号不能为空
选择专业：	--请选择专业--	请选择一个专业
	提交	
	[lblInfo]	

图 3.5 页面设计效果

(3) 设置必需项验证控件的属性

必需验证控件的属性设置如表 3.1 所示。

表 3.1 必需项验证控件的属性

控 件	属 性	值	说 明
RequiredFieldValidator1	ControlToValidate	txtName	检验用户名文本框中输入的内容，确保其不能为空
	ErrorMessage	用户名不能为空	
RequiredFieldValidator2	ControlToValidate	txtIDCard	检验身份证号文本框中输入的内容不能为空
	ErrorMessage	身份证号不能为空	
RequiredFieldValidator3	ControlToValidate	ddlSpec	当未选择专业或选择“--请选择专业--”时显示错误信息“请选择一个专业”
	InitialValue	--请选择专业--	
	ErrorMessage	请选择一个专业	

(4) 在浏览器中查看页面

当执行验证时，若验证控件的初始值(InitialValue属性值)没有改变，则导致验证失败。InitialValue的初始默认值为空字符串。本程序中，当对下拉列表框控件进行验证时，如果InitialValue属性值与下拉列表框的提示项值相同时，则未通过验证；反之则通过验证。

能力测试

1. 具体要求

创建一个虚拟的用户注册页面，页面的用户名、密码、确认密码和电子邮箱不能为空，用户名、密码和确认密码为空时的错误信息分别为“用户名不能为空”、“密码不能为空”、“确认密码不能为空”；当电子邮箱为空时，错误信息要求为一个红色的“*”符号提示，程序设计页面如图3.6所示。

说明：重点设置RequiredFieldValidator控件的ControlToValidate和ErrorMessage属性。

用户注册页面		
用户名：		用户名不能为空
密码：		密码不能为空
确认密码：		确认密码不能为空
电子邮箱：		*
出生日期：		
	注册	

图3.6　程序设计页面

2. 自测题

验证输入控件的值不能为空，使用________验证控件。

知识扩展

验证控件的Text属性和ErrorMessage属性都用于表示验证失败时显示的出错信息。如果一个验证控件同时设置了这两个属性，那么在验证失败时会以Text的值为主，当Text属性值为空时，才会显示ErrorMessage中的信息。

ErrorMessage中的值可以在验证总结控件(ValidationSummary)中显示，而Text中的值不可以。

3.2　比较验证控件

相关知识

(1) 描述

将输入控件的值与常数或其他输入控件中的值进行比较，以确定这两个值是否与由比较运算符(= =、! =、<、>等)指定的关系匹配，图标为 CompareValidator 。

(2) 属性

① ControlToValidate　被验证控件的ID值。

② ControlToCompare　要比较控件的ID值。

③ ErrorMessage　验证不合法时出现的错误信息。

④ Type　设置比较数据类型,默认值为string。只有是同一数据类型的数据才能进行比较。

⑤ ValueToCompare　设置要比较的值。

⑥ Operator　指定要比较的关系。

Operator即设置验证中使用的比较操作运算符,如NotEqual为不等于,GreaterThan为大于,GreaterThanEqual为大于或等于,DataTypeCheck为只对数据类型进行比较,默认值为Equal即相等。

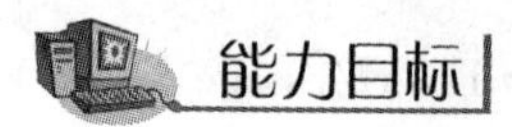

能力目标

会使用比较验证控件进行相应数据或相应控件间指定关系的比较。

具体要求

(1) 添加并设置比较验证控件。

(2) 能够利用验证控件进行指定控件之间的比较,即会设置ControlToValidate、ControlToCompare、ErrorMessage等相关属性。

(3) 能够利用验证控件进行指定值之间的比较,即会设置ControlToValidate、ValueToCompare、Operator、Type、ErrorMessage等相关属性。

实训任务

设计一个模拟的用户注册页面,要求用户名、密码都不能为空,密码必须与确认密码相同,出生日期的格式必须是日期格式,作品数量大于5。当页面验证通过时,程序运行效果如图3.7所示;当页面验证未通过时,程序运行效果如图3.8所示。

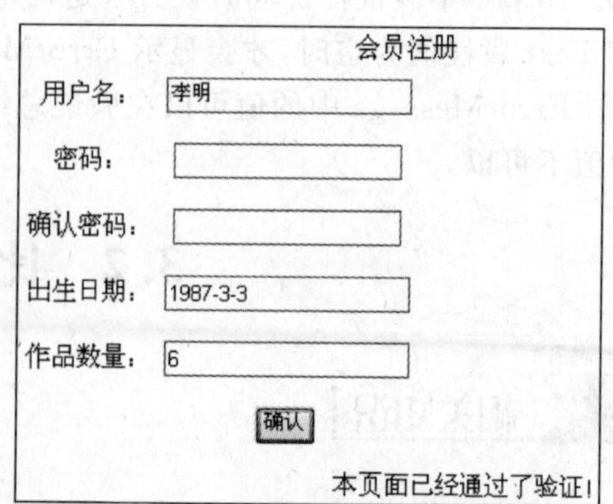

图3.7　通过验证的运行效果

【操作步骤】

(1) 设计页面

新建一个ASP.NET网站,创建会员注册页面,并切换到"设计"视图,向页面插入一个7行3列的表格,添加5个文本框,控件ID分别为txtName、txtPwd、txtRePwd、txtBirthDay、txtNum,1个btnOk按钮,1个lblInfo标签控件,3个必需项验证控件,3个比较验证控件,程序页面设计效果如图3.9所示。

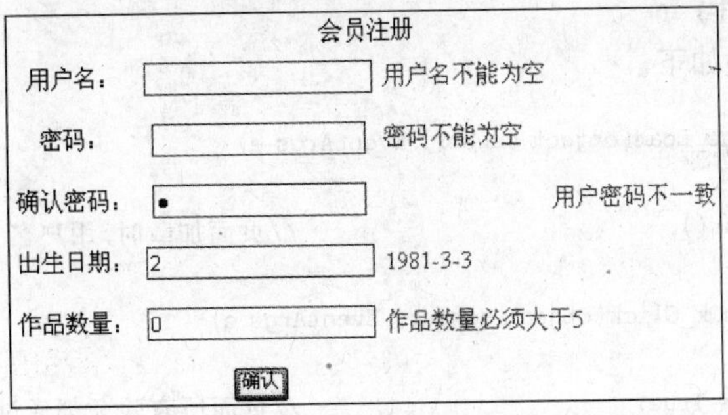

会员注册
用户名： 用户名不能为空
密码： 密码不能为空
确认密码： ● 用户密码不一致
出生日期： 2 1981-3-3
作品数量： 0 作品数量必须大于5
确认

图 3.8 未通过验证的运行效果

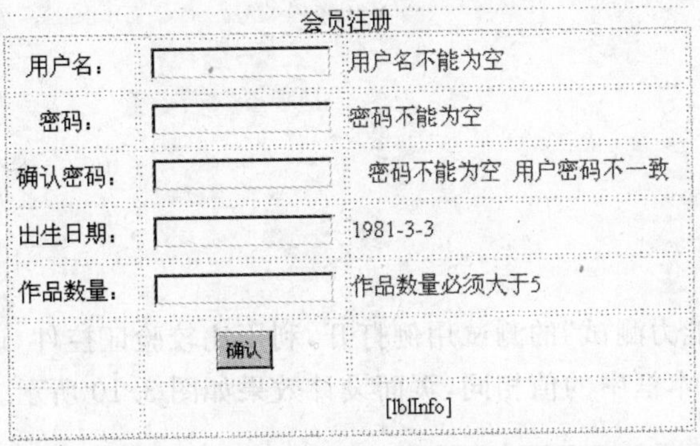

会员注册
用户名： 用户名不能为空
密码： 密码不能为空
确认密码： 密码不能为空 用户密码不一致
出生日期： 1981-3-3
作品数量： 作品数量必须大于5
确认
[lblInfo]

图 3.9 注册页面的设计效果

（2）设置对象属性

页面中必需项验证控件的设置方法与 3.1 节所讲的方式一致，这里不再重复。以下主要介绍比较验证控件属性的设置，如表 3.2 所示。

表 3.2 比较验证控件的属性设置

控 件	属 性	值	说 明
CompareValidator1	ControlToValidate	txtRepwd	设置要验证的控件 ID
	ControlToCompare	txtPwd	设置要进行比较的控件的 ID
	ErrorMessage	密码不一致	显示的出错信息
CompareValidator2	ControlToValidate	txtBirthDay	设置要验证的出生日期文件框的 ID
	ErrorMessage	日期格式应为“1981-3-3”	显示的出错信息
	Operator	DataTypeCheck	对值进行数据类型验证
	Type	Date	进行日期比较
CompareValidator3	ControlToValidate	txtNum	设置要验证的作品总数文本框的 ID
	Operator	GreaterThan	大于
	Type	Integer	整型
	ValueToCompare	5	要比较的值是 5

（3）编写事件代码

编写的具体代码如下。

```
protected void Page_Load(object sender, EventArgs e)
{
    txtName.Focus();                        //页面加载时,用户名文本框得到焦点
}
protected void btnOk_Click(object sender, EventArgs e)
{
    if(IsValid == True)                     //页面所有验证都通过
    {
     lblInfo.Text = "本页面已经通过了验证!";  //通过验证后在标签中显示的信息
    }
}
```

能力测试

1. 具体要求

将3.1节中的“能力测试”的测试用例打开，利用比较验证控件，设置确认密码文本框中的值必须与密码文本框中的值相同，页面设计效果如图3.10所示。

用户注册页面

用户名： 用户名不能为空

密码： 密码不能为空

确认密码： 确认密码不能为空 确认密码必须与密码保持一致

电子邮箱： *

出生日期：

注册

图3.10 注册页面的设计效果

2. 自测题

CompareValidator的Operator属性可以提供哪几种比较方式？

知识扩展

将验证控件的Operator属性设置为DataTypeCheck运算符时，将指定用户输入数据与Type属性指定的数据进行比较，若无法将该值转换为Type指定的类型，则验证失败。使用DataTypeCheck运算符时，将忽略ControlToCompare和ValueToCompare属性设置。

比较控件，若同时设置了ControlToCompare属性和ValueToCompare两个属性，则ControlToCompare属性优先。

3.3 格式验证控件

相关知识

(1) 描述

格式验证控件用于验证输入的数据格式是否匹配某种特定的规则(正则表达式),例如可以对邮编、电子邮箱、网址等进行格式验证,控件图标为 RegularExpressionValidator。

(2) 属性

① ControlToValidate　被验证控件的 ID 属性的值。

② ErrorMessage　验证不合法时出现的错误信息。

③ ValidationExpression　正则表达式,指定输入内容所要遵循的格式规则。

能力目标

会利用格式验证控件进行数据格式的检验。

具体要求

(1) 能够添加格式验证控件,并能设置其 ControlToValidate、ValidationExpression、ErrorMessage 等属性。

(2) 能够利用格式验证控件对电子邮箱、URL、身份证号、邮编等进行格式验证。

实训任务

设计一个模拟的企业注册页面,要求使用格式验证控件(RegularExpressionValidator)对公司的 URL、公司邮箱、公司邮编进行格式验证,使用必需项验证控件对公司名称、公司邮箱进行必需项验证。

【操作步骤】

(1) 设计 Web 页面

新建一个 ASP. NET 网站,将由系统自动创建的 Default. aspx 页面重命名为"CompanyRegister. aspx",将页面切换到"设计"视图,并向页面中添加 HTML 表格进行页面的布局,适当调整行列数;向表格中添加必要的控件和说明文字;添加 5 个文本框、2 个按钮、4 个 Label、2 个必需项控件、3 个格式验证控件,页面设计效果如图 3.11 所示。

(2) 设置对象属性

参照表 3.3 进行页面各控件属性的设置。

企业注册		
公司名称：		公司名称不能为空
公司URL：		公司URL格式不正确
公司邮箱：		请留下邮箱账号　公司邮箱格式不正确
公司地址		
公司邮编		公司邮编格式不正确
	确定　清空	
	[lblComName]	
	[lblComUrl]	
	[lblComEmail]	
	[lblComAddress]	

图 3.11　页面设计效果

表 3.3　页面各控件的属性设置

控　件	属　性	值	说　明
TextBox1～TextBox5	ID	txtComName txtComUrl txtComEmail txtComAddress txtPostalcode	公司名称文本框 ID 公司 URL 文本框 ID 公司邮箱文本框 ID 公司地址文本框 ID 公司邮编文本框 ID
Button1、Button2	ID	btnOk btnClear	按钮 1 的 ID 按钮 2 的 ID
	Text	确定 清空	按钮 1 的文本 按钮 2 的文本
RequiredFieldValidator1、RequiredFieldValidator2	ErrorMessage	公司名称必需填写 请留下邮箱账号	必需项验证控件 1、2 的出错信息
	ControlToValidate	txtComName txtComEmail	检验公司名称文本框、公司邮箱文本框是否为空
RegularExpressionValidator1～RegularExpressionValidator3	ErrorMessage	公司 URL 格式不正确 公司邮箱格式不正确 公司邮编格式不正确	格式验证控件中的出错信息
	ControlToValidate	txtComUrl txtComEmail txtPostalCode	格式验证控件 1～3 分别对公司 URL、公司邮箱、公司邮编进行检验
	ValidationExpression	选择“Internet Url” 选择“Internet 电子邮件地址” 选择“中华人民共和国邮政编码”	选择格式验证控件的验证格式即正则表达式
Label1～Label4	ID	lblComName lblComUrl lblComEmail lblComAddress	4 个 Label 各自的 ID

(3) 编写事件代码

页面加载时所触发的事件代码如下。

```
protected void Page_Load(object sender, EventArgs e)
{//将光标定位于公司名称文本框
    txtComName.Focus();
}
```

单击“确定”按钮时所触发的事件代码如下。

```
protected void btnOk_Click(object sender, EventArgs e)
{ //在 Label 控件中显示相应的内容
    lblComName.Text = "公司名称：" + txtComName.Text;
    lblComUrl.Text = "公司 URL：" + txtComUrl.Text;
    lblComEmail.Text = "公司邮箱：" + txtComEmail.Text;
    lblComAddress.Text = "公司地址" + txtComAddress.Text + "  : : :公
                        司邮编" + txtPostalCode.Text ;
}
```

单击“清空”按钮所触发的事件代码如下。

```
protected void btnClear_Click(object sender, EventArgs e)
{   //清空所有文本框中的值
    txtComName.Text = "";
    txtComUrl.Text = "";
    txtComEmail.Text = "";
    txtComAddress.Text = "";
    txtPostalCode.Text = "";
}
```

能力测试

1. 具体要求

将 3.2 节中的测试用例继续进行修改，利用格式验证控件，检验电子邮箱文本框中输入的内容格式是否合理，页面设计效果如图 3.12 所示。

用户注册页面		
用户名：		用户名不能为空
密码：		密码不能为空
确认密码：		确认密码不能为空　确认密码必须与密码保持一致
电子邮箱：		*　邮箱格式不正确
出生日期：		
	注册	

图 3.12　页面设计效果

程序设计提示：

(1) 在电子邮箱文本框后面添加格式验证控件。

(2) 重点设置格式验证控件 ControlToValidate、ErrorMessage 和 ValidationExpression

3 个属性。

2. 自测题

(1) 要对输入的数据进行检查，以下(　　)情况需要使用正则表达式验证控件。

A. 输入的数值不能为空　　　　B. 输入的数值在 1～12 之间

C. 比较两次输入的密码是否相同　　D. 检验身份证、电子邮箱地址

(2) 比较数据验证控件中 ErrorMessage 属性和 Text 属性的区别。

知识扩展

使用 RegularExpressionValidator 表达式时，需注意如果输入控件的值为空，则不调用任何验证函数就可以通过验证，所以通常情况下，需要必需项验证控件的配合，以避免用户跳过某项的输入。

正则表达式的构成：一般由正常字符和通配符(元字符)组成。

常用的正则表达式的通配符如下。

(1) [] 设置一个字符集，[0-9]表示只能输入 0～9 之间的任意单个字符。

(2) {} 设置字符的个数，{n}表示只能输入 n 个字符。

(3) | 表示多选一。

(4) 。 表示任意一个字符。

(5) \w 表示包括下划线的任何单个字符。

3.4 范围验证控件与验证总结控件

相关知识

1. 范围验证控件

(1) 描述

范围验证控件用于检验输入控件的值是否在指定的范围内，图标为 RangeValidator 。

(2) 属性

① ControlToValidate 指向被验证的输入控件的 ID。

② MinimumValue 设置或返回验证范围的最小值。

③ MaximumValue 设置或返回要验证范围的最大值。

④ ErrorMessage/Text 错误信息文本。

⑤ Type 用来设置要比较的值的数据类型。范围验证控件支持 5 种数据类型，分别是字符串数据类型(String)、32 位有符号整数数据类型(Integer)、双精度浮点数数据类型(Double)、日期数据类型(Date)、货币数据类型(Currency)。

⑥ Display 设置错误信息的显示方式(Static/Dynamic/None)，默认为 Static。

2. 验证总结控件

(1) 描述

验证总结控件主要用于将页面上所有验证控件的错误信息以列表的形式集中显示出来，如图 3.13 所示，控件图标为 ValidationSummary 。

(2) 属性

① DisplayMode　错误信息的显示模式。

② HeaderText　显示在摘要上方的标题文本。

③ ShowMessageBox　是否以弹出对话框的方式显示所有验证控件的错误信息。

④ ShowSummary　通过该属性的设置可以控制 ValidationSummary 控件是显示还是隐藏。

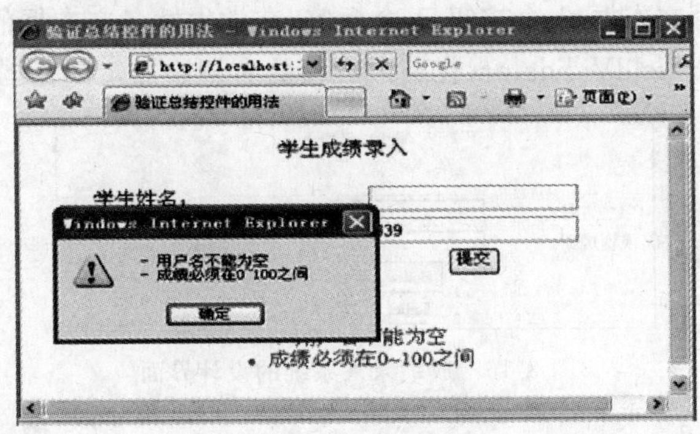

图 3.13　验证总结控件

能力目标

利用范围验证控件进行数据范围验证，能够利用验证总结控件汇总所有的验证错误信息。

具体要求

(1) 能够添加并设置范围验证控件或验证总结控件。

(2) 能够熟练设置范围验证控件的 ControlToValidate、MinimumValue、Type、ErrorMessage 等属性。

(3) 会应用验证总结控件，并能够设置 DisplayMode、ShowSummary、ShowMessageBox 等属性。

实训任务

1. 使用范围验证控件并设置其属性

利用范围验证控件 RangeValidator 检验学生输入的英语成绩是否在 0～100 之间，当用户输入数据通过验证时，页面就会显示相应的输入信息，如图 3.14 所示。若用户输入的数据没有通过验证，页面则显示图 3.15 所示的效果。

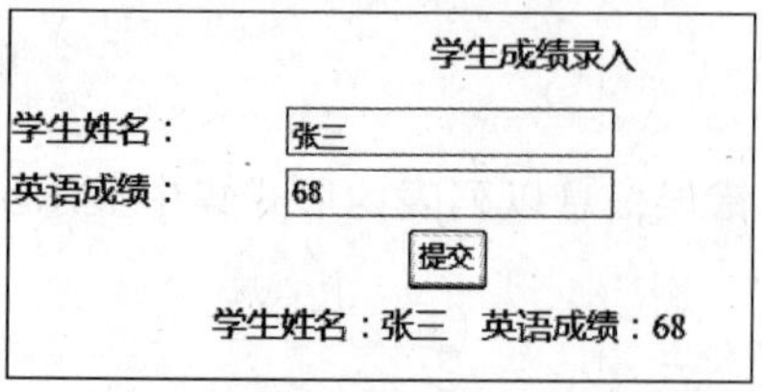

图 3.14　验证通过后的页面运行效果

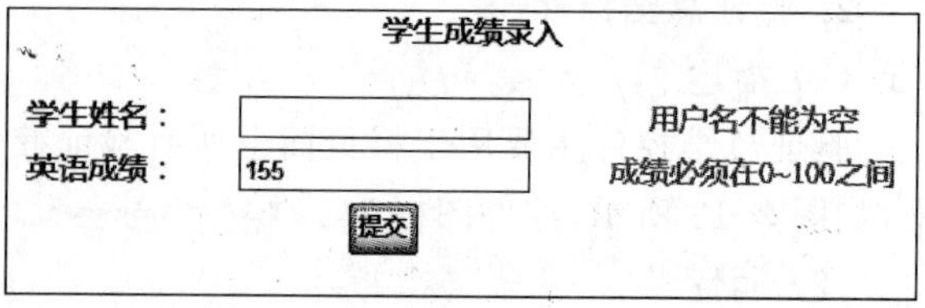

图 3.15　验证未通过时的页面运行效果

【操作步骤】

(1) 设计 Web 页面

新建一个 ASP.NET 网站，向默认的 Default.aspx 页面中添加必要的控件及说明，如图 3.16 所示：2 个文本框，1 个按钮，1 个标签，在学生姓名文本框的右侧添加 1 个必需项验证控件 RequiredFieldValidator，在英语成绩的右侧添加 1 个范围验证控件。

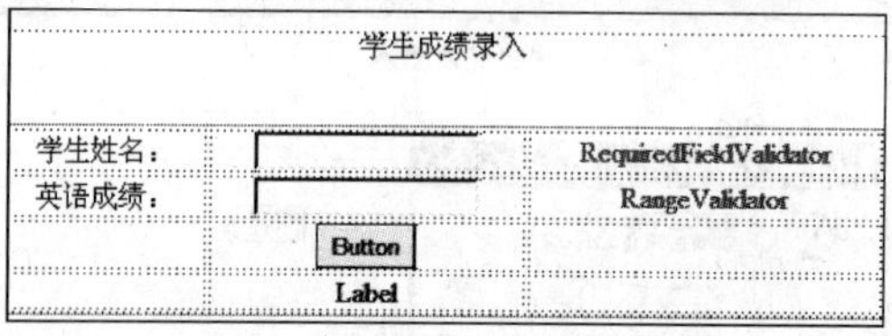

图 3.16　成绩录入系统的设计界面

(2) 设置对象属性

页面各控件的属性设置如表 3.4 所示。

表 3.4　页面各控件的属性设置

控　　件	属　　性	值	说　　明
TextBox1、TextBox2	ID	txtName、txtEnglish	文本框的 ID
Button1	ID	txtOk	按钮的 ID
	Text	提交	按钮上显示的文字
Label1	ID	lblInfo	标签的名称
	Text		标签显示文本初始值为空
RequiredFieldValidator1	ControlToValidate	txtName	设置要验证的控件 ID
	ErrorMessage	用户名不能为空	显示的出错信息
RangeValidator1	ControlToValidate	txtEnglisth	指定验证控件的验证对象
	ErrorMessage	成绩必须在 0～100 之间	显示的出错信息
	MinimumValue	0	最小值为 0
	MaxmumValue	100	最大值为 100
	Type	Double	进行浮点型比较

(3) 编写事件代码

```
protected void btnOk_Click(object sender, EventArgs e)
{
  if(IsValid == True)                    //验证通过时显示出输入信息
```

```
{
lblInfo.Text = "学生姓名：" + txtName.Text + "    英语成绩：" +
        txtPwd.Text; }
}
```

2. 使用验证总结控件并设置其属性

要求利用验证总结控件以弹出对话框的形式显示页面中所有验证控件的出错信息，页面运行效果如图 3.17 所示。

图 3.17 页面的运行效果

【操作步骤】

(1) 修改对象属性

上面例子中的所有验证控件的 Display 属性均使用默认值 Static，即所有验证控件的出错信息都会在控件所在位置静态显示，这里需要修改为 None，以此来隐藏各验证控件显示的出错信息。

(2) 添加验证总结控件

将工具箱“验证”选项卡中的 ValidatorSummary 控件拖曳到页面下方，如图 3.18 所示。

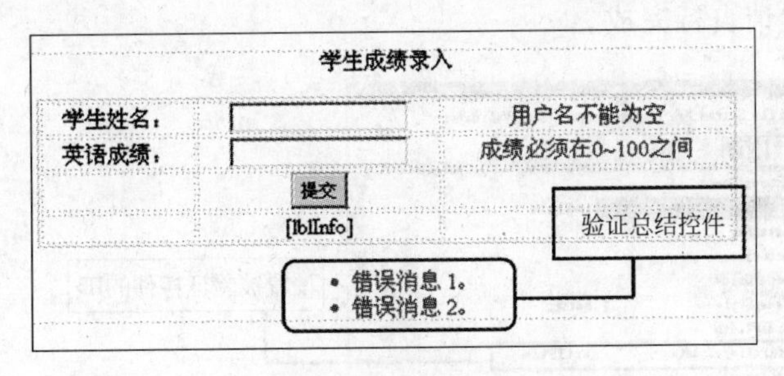

图 3.18 页面的设计效果

(3) 设置验证总结控件的属性(表 3.5)

表 3.5 验证总结控件的属性设置

控 件	属 性	值
ValidationSummary1	HeaderText	设置显示在摘要上方的标量文本
	ShowMessageBox	True
	ShowSummary	False

注意：将此例中的 ShowMessageBox 属性改为 False，而将 ShowSummary 属性改为 True，观察一下显示情况。

能力测试

设计一个模拟的“作品评分系统”的评分页面，综合运用本章的验证控件，页面设计如图 3.19 所示。

	作品评分系统	
选手的姓名：		选手姓名不能为空
选手的身份证号：		身份证号不能为空　身份证格式不正确
主题表现得分：		主题得分不能为空　单项得分是0~25之间的整数
艺术表现得分：		艺术表现得分不能为空　单项得分是0~25之间的整数
创意得分		创意得分不能为空　单项得分是0~25之间的整数
技术表现得分		技术得分不能为空　单项得分是0~25之间的整数
	提交　重写	
	[lblResult]	

图 3.19　作品评分系统的设计页面

此案例中用到了必填验证控件和格式验证控件，此部分内容前面章节已介绍过，这里请各位同学自行完成，若有需要可以参考源代码。本案例主要强调范围验证控件的用法，此案例中的 4 个范围验证控件的设置整体是一致的，所以这里仅以“主题表现得分”文本框所对应的范围验证控件为例进行说明，该控件的具体设置如图 3.20 所示。其他 3 个范围验证控件的设置请自行完成。

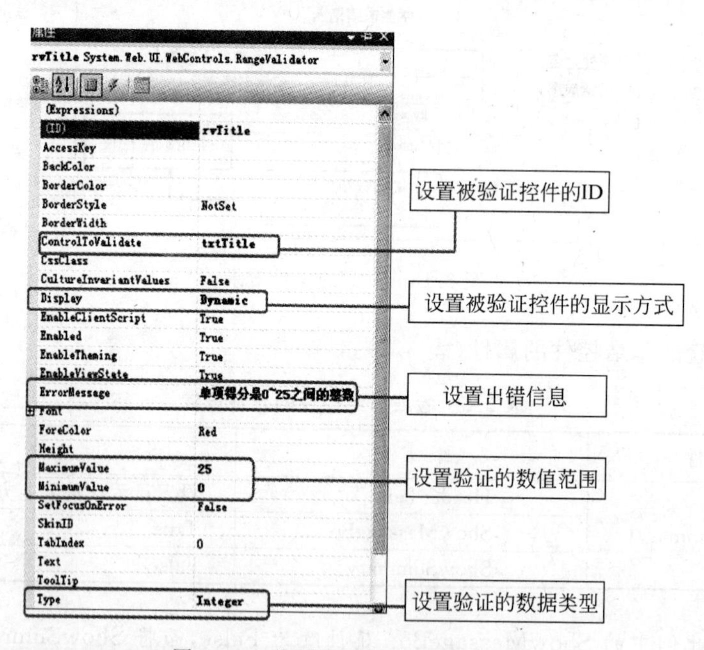

图 3.20　范围验证控件的属性设置

注意：为了使页面验证控件的错误信息在不显示时，不占用额外的页面空间，影响页面的美观，这里可以将页面中的所有验证控件的 Display 属性设置为 Dynamic。

第4章 ASP.NET 内置对象

在动态交互式网页的设计开发中，最主要的是要实现数据的保存、传递、输出等操作，而这就要用到 ASP.NET 的内置对象。ASP.NET 中提供了多个内置对象，例如 Response、Request、Session 等，这些内置对象都是全局对象，也就是说在程序任何位置都无须创建就可以使用。

每个对象都有其自身的属性、事件和方法。其中属性用来描述对象的静态特征；事件是对象发送的消息，以发出信号通知对象操作的发生；方法反映了对象的行为，是对象的动态特征。

（1）访问对象属性的语法

```
对象名.属性名
```

例如：

```
Page.IsPostBack
```

（2）访问对象方法的语法

```
对象名.方法名(参数表)
```

例如：

```
Response.Write("你好")
```

（3）对象事件处理程序的语法

```
对象名_事件名(参数)
```

例如：

```
protected void Page_Load(object sender, EventArgs e)
{
    this.Title = "内置对象的应用";
}
```

4.1 Page 对象

Page 对象是由 System.Web.UI 命名空间中的 Page 类来实现的，Page 类与扩展名为.aspx 的文件相关联，这些文件在运行时被编译成 Page 对象，并缓存在服务器内存中。

在访问 Page 对象的属性时可以使用 this 关键字。例如，Page. IsValid 可以写成 this. IsValid，在 C# 中 this 关键字表示当前在其中执行代码的类的特定实例。

相关知识

1. Page 对象的常用属性

(1) IsPostBack：该属性返回一个逻辑值，表示页面是为响应客户端回发而再次加载的，False 表示首次加载而非回发。

(2) IsValid：表示页面上的所有控件是否通过验证，通过为 True，否则为 False。

2. 常用事件

Load 事件：页面每次加载，都会首先触发 Load 加载事件，并执行 Page_Load 方法，也就是说在 Web 窗体的生命周期内可能多次执行 Page_Load 方法。

3. 常用方法

DataBind()：将数据源绑定到被调用的服务器控件及所有子控件中。

能力目标

掌握 Page 对象的用法。

具体要求

(1) 掌握理解 Page 对象的 Page_Load 事件。

(2) 掌握 Page 对象的 IsPostBack 属性的用法。

实训任务

新建一个网页，要求第一次加载该页面时，网页标题显示“这是初次加载的页面!”，Image 控件隐藏，如图 4.1 所示。单击“刷新”按钮后，网页标题改为“服务器回发后产生的刷新!”，Image 控件显示，如图 4.2 所示。

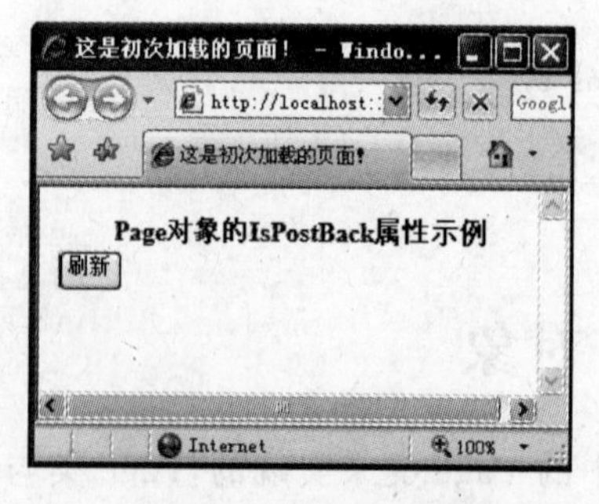

图 4.1 页面首次加载

图 4.2 服务器回发后再转入的页面

【操作步骤】

(1) 设计 Web 页面

创建站点,并在站点中创建 Default.aspx 页面,在页面中插入一个 3 行 1 列的表格,并在第一个的单元格中输入相应的说明文字。

在当前站点中,创建 images 文件夹,并复制一张图像如 1.jpg 到 images 文件夹中。

(2) 添加控件并设置其属性

在表格的第二个单元格中添加按钮控件,在第三个单元格中添加 Image 控件,各控件对象的属性设置如表 4.1 所示。

表 4.1 各控件对象的属性设置

控 件	属 性	值	说 明
Button1	ID	btnRefresh	按钮 1 的名称
	Text	刷新	按钮 1 的文本
Image1	ImageUrl	images/1.jpg(图像源路径)	选择要显示的图像路径

(3) 添加事件代码

```
protected void Page_Load(object sender, EventArgs e)
{
    this.Title = "这是初次加载的页面!";
    if (!IsPostBack)                                    //页面首次被加载
    {
        Image1.Visible = false;
    }
    else
    {
        this.Title = "服务器回发后产生的刷新!";
        Image1.Visible = true;
    }
}
```

能力测试

自测题

(1) 利用 Page 对象的________属性可以检查页面是否为服务器回转页面。

(2) 如果页面验证成功,需设置 Page 对象的________属性值为 True。

知识扩展

Page 对象除了最常用的 Page_Load 事件外,还有 Page_Init 事件和 Page_UnLoad 事件也是较为常用的事件。

(1) Page_Init 事件:该事件在页面服务器控件初始化时被触发,也就是说该事件主要用来完成系统所需的一些初始化操作,开发者一般不能随意改变其内容,该事件在

Web 窗体的生命周期内只能执行一次。

(2) Page_UnLoad 事件：在服务器控件从内存中卸载时发生，该事件执行所有的清理工作，如关闭文件、关闭数据库连接等。

4.2 Response 对象

Response 对象主要用于向浏览器输出信息。它可以直接发送信息给浏览器，可以在页面中跳转，还可以在页面间传递参数。

相关知识

Response 对象常用的方法如下。

1. Response.Write()(向客户端浏览器输出信息)

语法格式：

```
Response.Write(字符串);
```

例如：

(1) 向浏览器输出文字信息

```
Response.Write("大家好,欢迎光临本网站");
```

(2) 向浏览器输出带格式的文字信息

```
Response.Write("<font face=黑体 size=4 color=blue>我是黑体蓝色的哟!</font><br><br>");
```

(3) 输出 C#的方法或属性的值(输出变量的值)

```
Response.Write(DateTime.Now.ToString() + "<br><br>");
```

(4) 向浏览器输出带超链接的文字信息

```
Response.Write("<a href='http://www.baidu.com'>访问百度</a><br><br>");
```

(5) 向浏览器写入包含有脚本的文字信息

```
Response.Write("<script>window.close();</script>");
```

2. Response.Redirect()(页面重新定向，也就是实现页面之间的跳转)

语法格式：

```
Response.Redirect(url);
```

例如：

```
Response.Redirect("Login.aspx");
Response.Redirect("http://www.baidu.com");
```

页面跳转的同时传递变量。

语法格式：

```
Response.Redirect("URL?变量名 = " + 值);
```

例如：

```
//将文本框中输入的值以 name 为变量名称传送给目标页面 list.aspx
Response.Redirect("list.aspx?name = " + txtName.Text);
```

此种利用 HTTP 查询字符串的方式，传递变量，会使传递信息显示在地址栏中，存在着一定的安全隐患。

当变量值传递到目标页面后，用 Request 对象就可以读取，Request 对象将在 4.3 节介绍。

能力目标

(1) 会熟练应用 Response 对象输出信息。
(2) 会灵活运用 Response 对象进行页面间的跳转。

具体要求

(1) 掌握 Response.Write()方法的应用。
(2) 掌握 Response.Redirect()方法的应用。
(3) 能够利用 Response 对象传递变量。

实训任务

创建一个虚拟的用户登录页面，当输入的用户名为"张明"、密码为"654321"时，单击"登录"按钮跳转到 Manage.aspx 页面，并在 Manage.aspx 页面显示出欢迎信息；当用户名或密码错误时弹出对话框提示"用户名或密码错误!"，程序运行流程及设计界面如图 4.3 所示。

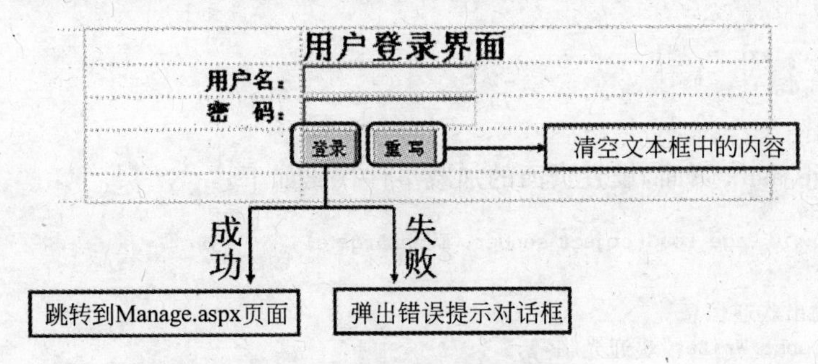

图 4.3　程序运行流程示意图

【操作步骤】

(1) 创建并设置页面

创建站点，在站点中添加 Login.aspx 页面和 Manage.aspx 页面，Login.aspx 页面中添加 4 行 2 列的表格进行页面布局，在表格的相应单元格中添加说明文字和控件。

Login.aspx页面中各控件的属性设置如表4.2所示。

表4.2 Login.aspx页面中各控件的属性

控　件	属　性	值	说　明
TextBox1	ID	txtName	文本框1的名称
TextBox2	ID	txtPwd	文本框2的名称
	TextMode	PassWord	文本框2的类型
Button1	ID	btnLogin	按钮1的名称
	Text	登录	按钮1上的文本
Button2	ID	btnReset	按钮2的名称
	Text	重写	按钮2上的文本

(2) 添加事件代码

在Login.aspx页面，添加"登录"按钮的单击事件代码如下。

```
protected void btnLogin_Click(object sender, EventArgs e)
{
    if (txtName.Text == "张明" && txtPwd.Text == "654321")
    {
        //用户名和密码正确时,页面跳转到管理页面 Manage.aspx 中
        Response.Redirect("Manage.aspx");
    }
    else
    {
      //用户名、密码错误时,给出错误提示
        Response.Write("<script>alert('用户名或密码错误!');</script>");
    }
}
```

在Login.aspx页面，添加"重写"按钮的单击事件代码如下。

```
protected void btnReset_Click(object sender, EventArgs e)
{
    txtName.Text = "";
    txtPwd.Text = "";
}
```

在Manage.aspx页面，设置页面的加载事件代码如下。

```
protected void Page_Load(object sender, EventArgs e)
{
    //输出欢迎信息
    Response.Write("欢迎光临");
}
```

能力测试

1. 具体要求

在网站登录页面，如图4.4所示，选择不同的用户可以跳转到不同的页面，在不同的

用户子页面，可以根据不同的用户输出不同的欢迎文本，并且在用户子页面可以通过子页面的“返回”按钮返回登录页，如图 4.6 所示；网站整体的页面组织关系如图 4.5 所示。

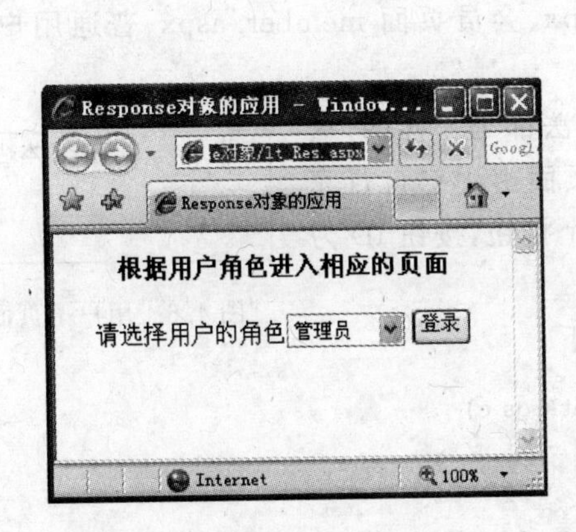

图 4.4 网站首页 index.aspx

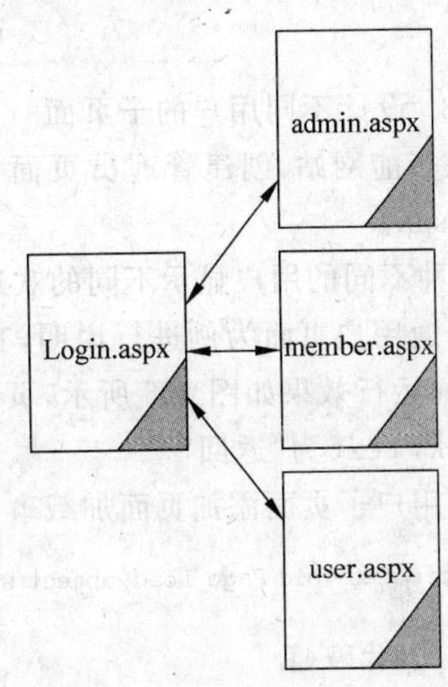

图 4.5 网站的页面结构关系

【操作步骤】

(1) 创建并设置网站首页

创建网站，并添加网站首页 index.aspx，页面设置如图 4.4 所示。

设置首页各控件的相应属性如表 4.3 所示。

表 4.3 各控件对象的属性设置

控 件	属 性	值	说 明
DropDownList1	ID	dropUser	下拉列表框的 ID
Button1	ID	btnOk	按钮的 ID
	Text	登录	按钮上的文字

DropDownList 控件中的列表文本与值相同，分别是管理员、会员、普通用户。

(2) 为首页添加事件代码

为首页的“登录”按钮添加单击事件代码如下。

```
protected void btnOk_Click(object sender, EventArgs e)
{
        if (dropUser.SelectedItem.Text == "管理员")
        {
            【代码 1】;                              //跳转到管理员页面
        }
        else if (dropUser.SelectedItem.Text == "会员")
        {
            【代码 2】;                              //跳转到会员页面
        }
        else
```

```
        {
            【代码 3】;                               //跳转到普通用户页面
        }
    }
```

(3) 设计不同用户的子页面

在当前网站,创建管理员页面 admin.aspx、会员页面 member.aspx、普通用户页面 user.aspx。

3 种不同的用户显示不同的欢迎文本,方法都是一样的,这里以普通用户页面为例进行说明,其他两个页面由用户自行完成,页面运行效果如图 4.6 所示,页面添加 1 个按钮,按钮 ID 为 btnBack,Text 为"返回"。

普通用户,欢迎光临本站!

返回

图 4.6 用户子页面

为用户子页面添加页面加载事件代码如下。

```
protected void Page_Load(object sender, EventArgs e)
{
    【代码 4】;                               //输出欢迎文本
}
```

"返回"按钮的事件代码如下。

```
protected void btnBack_Click(object sender, EventArgs e)
{
    【代码 5】;                               //返回网站首页 index.aspx
}
```

2. 自测题

(1) 使用________方法可以在不同页面之间实现跳转,也可以实现从一个网页地址跳转到另一个网页地址。

(2) Response 和 Page 等内置对象在使用时是否需要实例化?为什么?

知识扩展

Response 对象常见的方法,还有如下两个。

(1) Response.End():停止执行页面。

语法格式:

```
Response.End();
```

例如:

```
Response.Write("欢迎光临");
Response.End();
Response.Write("我的网站");
```

页面中只会显示"欢迎光临",而不会显示"欢迎光临我的网站",End 方法常被用来进行程序调试。

(2) Response.WriteFile():向浏览器输出文件,如文本文档。

4.3 Request 对象

Request 对象继承于 System.Web 命名空间中的 HttpRequest 类，主要的功能用于获取客户端的信息，具体地说可以获取 Web 表单中提交的信息、URL 中的附加信息或用户的 Cookie 信息，也可以获取客户端的浏览器的种类、IP 地址等信息。

Request 对象往往与 Response 对象两者结合起来进行应用。Response 对象一般用于页面间的跳转且传递变量，而 Request 对象主要用于接收信息。

利用 Request 对象，可以读取其他页面提交过来的数据。提交的数据有两种形式：一种是通过 Form 表单提交过来的；另一种是通过超级链接后面的参数变量提交过来的，两种方式都可以利用 Request 对象获取。

Request 对象有 3 种获取常用数据的方式：Request.QueryString、Request.Form、Request。其中第 3 种方式是前两种方式的一个缩写，可以取代前两种方式。

1. Request.QueryString 数据集合

(1) 作用

获取 HTTP 查询字符串变量集合（URL 中的附加信息）即 URL 中“?”之后传递的参数变量。

(2) 语法

```
Request.QueryString[字符串];
```

(3) 举例

① Login.aspx 页面。

```
Response.Redirect("Welcome.aspx name = " + txtName.Text);
```

② Welcome.aspx 页面。

```
Label.Text = Request.QueryString["name"].ToString();
```

以上的方式也可以直接用 Request 方式来代替。例如，将 Welcome.aspx 页面的语句改为

```
Label.Text = Request["name"].ToString();
```

2. Request.Form 数据集合

(1) 说明

获取窗体变量集合，即可接收服务器控件或 HTML 控件（文本框、单选按钮、复选框）中的信息。

(2) 语法

```
Request.Form[字符串];
```

例如：

```
lblName.Text = Request.Form["txtName"];
```

以上的两种形式都可以归结为Request["变量名"]的形式。

3. Request对象常用属性

(1) UserAgent：获取客户端浏览器的版本信息。

(2) UserHostAddress：获取客户端主机的IP地址。

(3) UserHostName：获取客户端的DNS名称。

(4) PhysicalApplicationPath：传回目前请求网页在Server端的真实路径。

(5) ServerVariables：获取服务器端的环境变量。

(6) Browser：获取客户端浏览器的信息，如类型、版本号。

Browser属性还包含众多的子属性，Type返回客户端浏览器的名称版本；Version返回客户端浏览器的版本号；Platform返回客户端所使用的操作系统等。

能力目标

能够灵活运用Request对象实现数据的接收。

具体要求

(1) 能够灵活运用Request对象的QueryString数据集合接收数据。

(2) 能够应用Request.Form获取窗体变量集合。

(3) 能够利用Request对象获取页面间传送的值。

实训任务

1. 设计登录页面

设计一个登录页面Login.aspx，如图4.7所示，当在文本框中输入用户名，单击“提交”按钮时，跳转到网站子页面main.aspx，在子页面接收用户名，并判断用户名是否为空，当为空时弹出提示对话框，如图4.8所示，单击“确定”按钮返回登录页面；当用户名不为空时，则在main.aspx页面输出欢迎信息“××，你好!”。

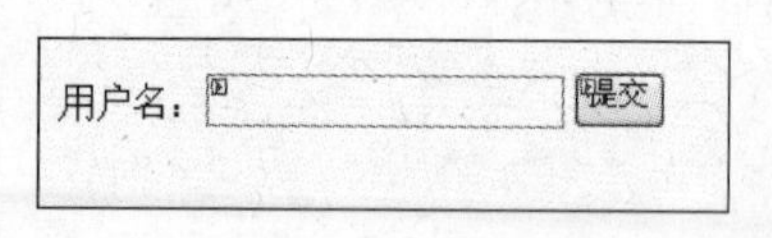

图4.7　登录页面

图4.8　弹出对话框

【操作步骤】

(1) 创建并设置登录页面(Login.aspx)

创建登录页面Login.aspx，页面设置如图4.7所示，文本框ID为txtName，按钮ID为btnOk，Text为“提交”。

"提交"按钮的单击事件代码如下。

```
protected void btnOk_Click(object sender, EventArgs e)
{
  Response.Redirect("main.aspx?name = " + txtName.Text);  //页面跳转,并传递参数变量
}
```

(2) 创建并设置子页面(main.aspx)

子页面无须任何界面设置,子页面的加载事件代码如下。

```
protected void Page_Load(object sender, EventArgs e)
{
        string strName = Request.QueryString["name"];                    //获取用户名
        if (strName == ""||strName == null)
        {
            Response.Write("< script > alert('用户名为空,请返回登录页面输入');
                       window.location.href('Login.aspx');</script >");
                                                          //弹出提示对话框,并重定向到登录页面

        }
        else
        {
              Response.Write(strName + ",你好!");                      //输出欢迎信息
        }
}
```

2. 利用 Request 对象获取信息,并输出到页面

利用 Request 对象获取客户端的相关信息,例如获取客户端主机 IP 地址,客户端所使用的操作系统和客户端所使用的浏览器的名称及版本等,并利用 Response 对象输出到页面。页面运行效果如图 4.9 所示。

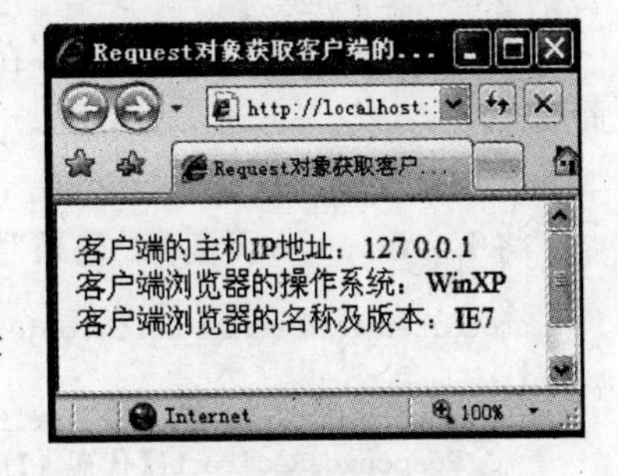

图 4.9　页面运行效果

【操作步骤】

(1) 创建页面

在站点中创建页面,页面"设计"视图不用进行任何设置。

(2) 添加事件代码

页面加载时所触发的事件代码如下。

```
protected void Page_Load(object sender, EventArgs e)
{
    Response.Write("客户端的主机 IP 地址: " + Request.UserHostAddress + "< br >");
    Response.Write("客户端浏览器的操作系统: " + Request.Browser.Platform + "< br >");
    Response.Write("客户端浏览器的名称及版本: " + Request.Browser.Type);
}
```

能力测试

1. 具体要求

将 4.2 节能力测试中的用例进行改进,图 4.10 所示是网站的改进结构。在 4.2 节

中，通过 Login. aspx 页面可以分别跳转到 admin. aspx、member. aspx 和 user. aspx 3 个不同的页面，并在不同的页面显示不同的内容，本例将其改为由 Login. aspx 页面跳转到同一个页面 Manage. aspx，并在此页面中根据角色的不一样显示不同的内容，这种用法在实际的程序设计中经常用到，因为这样可以省去很多不必要的重复性工作。

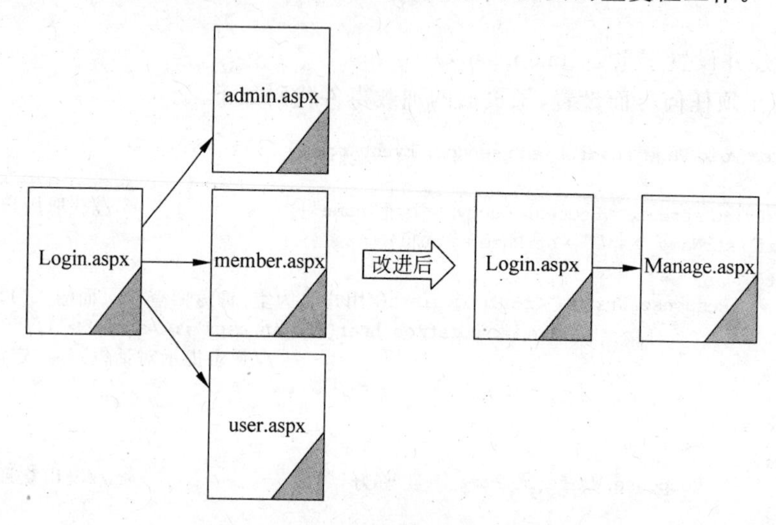

图 4.10　网站结构修改后的示意图

【操作步骤】

(1) 创建页面

Login. aspx 页面设计不变，在当前站点创建 Manage. aspx 页面，删除其余的 3 个页面。

(2) 添加事件代码

将 Login. aspx 页面的“登录”按钮的单击事件改为如下形式。

```
protected void btnOk_Click(object sender, EventArgs e)
{
    string strType = dropUser.SelectedValue;                    //获取用户的类型
    Response.Redirect(【代码 1】);  //跳转到 Manage.aspx 页面并传递用户类型参数
}
```

在 Manage. aspx 页面的页面加载事件中添加如下代码。

```
protected void Page_Load(object sender, EventArgs e)
{
    if (!IsPostBack)
    {
        string strRole = 【代码 2】;        //利用 Request 对象获取 URL 中的参数
        Response.Write(strRole + "您好!");                    //输出欢迎信息
    }
}
```

通过以上的改进，可以看到不仅网站的页面减少了，而且代码也大大简化了。

2. 自测题

(1) 简述如何利用 Request 对象获取客户端浏览器信息。

(2) 简述 Request 对象如何结合 Response 对象实现页面之间信息的传递。

4.4 Session 对象

Session 对象继承于 System.Web.SessionState 类,一般叫做会话对象,存储在服务器端。Session 对象主要用于用户私有信息在网站页面之间的传递。例如管理员登录后,可以用 Session 对象保存用户名、用户级别,进而根据用户级别、用户名进行相关的操作,如图 4.11 所示,管理员和学生分别与服务器创建会话,并利用 SessionID(会话编号)来区别会话,各自的 Session 会话之间是独立的,互不干扰的,各用户的信息是私有的。

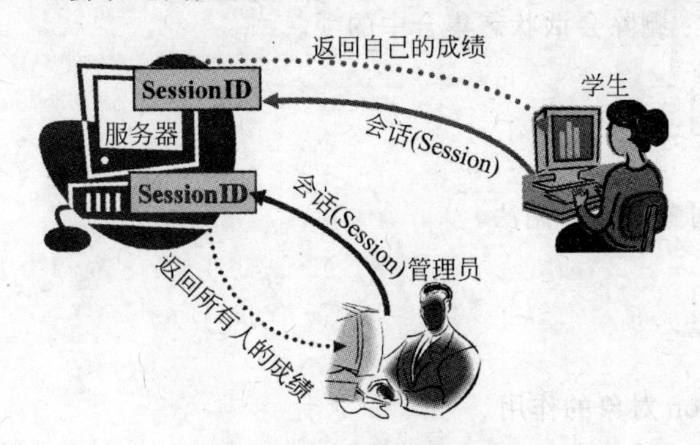

图 4.11 模拟成绩查询系统

综上 Session 对象有两个主要的特点。

Session 对象是用户私有的,只能自己访问,别人无权访问,其他人可以有自己的 Session 变量,各 Session 变量彼此之间互不相关。

Session 变量在网站的某个页面被创建,那么该网站的所有页面都可以操作 Session 变量,即 Session 对象保存的信息在整个网站内都有效。

1. 使用方法

(1) 保存 Session 信息

```
Session["Session 名字"] = 值;
```

或

```
Session.Add("Session 名字",值);
```

(2) 读取 Session 信息

```
变量 = Session["Session 名字"]
```

例如:

```
//将文本框 txtName 中的值存储到 Session["name"]中
```

```
        Session["name"] = txtName.Text;
//将 Session["name"]的值读取到文本框 txtUser 中
        txtUser.Text = Session["name"].ToString();
```

2. Session 对象的常用属性

(1) SessionID：获取唯一标识 Session 的值。

(2) TimeOut：设置 Session 对象的超时时间(以分钟为单位)。

3. Session 对象的常用方法

(1) Abandon()：取消当前会话。

(2) Clear()：清除所有的 Session 对象变量，但不结束会话。

(3) Remove()：删除会话状态集合中的项。

能力目标

掌握 Session 对象的基本用法。

具体要求

(1) 理解 Session 对象的作用。

(2) 掌握 Session 对象存储、读取信息的方式。

实训任务

创建一个虚拟用户的登录页面 Login.aspx，当输入用户名和密码后，单击“确定”按钮跳转到 Welcome.aspx 页面，并在 Welcome.aspx 页面中显示出相应的用户名、密码，程序运行效果如图 4.12 和图 4.13 所示。

图 4.12 用户登录页面

图 4.13 欢迎页面

【操作步骤】

(1) 设计登录界面

创建一个网站，添加登录页面 Login.aspx，向页面中添加表格进行页面布局，在相应的单元格中输入说明文字，添加 2 个文本框 TextBox1、TextBox2 和 1 个按钮控件 Button1。

(2) 设置对象属性

TextBox1 的 ID 为 txtName，TextBox2 的 ID 为 txtPwd，TextMode 属性为 Password；设置 Button 控件的 ID 为 btnOk，Text 为"登录"。

(3) 设置登录页面的按钮单击事件

```
protected void btnOk_Click(object sender, EventArgs e)
{
  Session["name"] = txtName.Text;                    //使用 Session 对象保存用户名
  Session["pwd"] = txtPwd.Text;                      //使用 Session 对象保存密码
  Response.Redirect("Welcome.aspx");
}
```

(4) 设置欢迎页面的页面加载事件

```
protected void Page_Load(object sender, EventArgs e)
{
  string name = Session["name"].ToString();      //读取 Session["name"]的值,即获取用户名
  string pwd = Session["pwd"].ToString();        //读取 Session["pwd"]的值,即获取密码
  Response.Write(name + "你好,你的密码是: " + pwd);
}
```

能力测试

1. 具体要求

将 4.3 节中能力测试用例进一步改进，通过 Response 对象在 URL 中传递参数，可以看到数据会在地址栏里显示，这样不利于信息的安全性。同时也可以看到 Response 的跳转语句在传递参数时经常容易写错，这里利用 Session 对象进行改进。

程序修改如下。

4.3 节中的能力测试页面设计无须修改，修改 Login.aspx 页面中"登录"按钮的单击事件。

```
protected void btnOk_Click(object sender, EventArgs e)
{
    【代码 1】;                                    //利用 Session 对象获取用户的类型
    Response.Redirect("Manage.aspx");             //跳转到 Manage.aspx 页面
}
```

修改 Manage.aspx 页面的加载事件代码如下。

```
protected void Page_Load(object sender, EventArgs e)
{
        if (!IsPostBack)
        {
              string strRole = 【代码 2】;          //利用 Session 对象获取用户类型
```

```
            Response.Write(strRole + "您好!");  //输出欢迎信息
        }
    }
```

2. 自测题

简述 Session 对象与 Request 对象的使用方法及其区别。

知识扩展

Session 对象事件如下。

(1) Start 事件：在创建会话时发生。

(2) End 事件：在会话结束时发生。

说明：Session_End 事件并不是用户在客户端关闭浏览器就会触发此事件，因为关闭浏览器的行为是一种典型的客户端行为，是不会被通知到服务器端的。Session_End 事件只有在服务器重新启动、用户调用 Session_Abandon()方法或虽未执行任何操作但 Session.Timeout 超时时才会被触发。

4.5 Application 对象

Application 对象又称为应用程序对象，主要用来存储应用程序数据，且存储的数据在整个应用程序中共享，简而言之，Application 对象是全局多用户共享的对象，如图 4.14 所示。

Application 对象和 Session 对象都可在服务器端保存数据或对象，使用方法和常用属性、方法也基本相同。但 Application 对象中保存的信息是为所有来访的客户端浏览器共享的，而 Session 对象保存的数据则是仅为特定的来访者使用的。

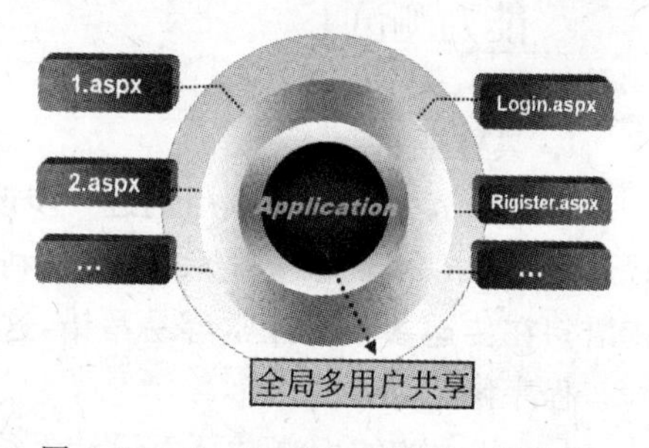

图 4.14 Application 对象的工作特点

相关知识

1. Application 对象的用法

(1) 存储 Application 信息

```
Application["对象名"] = 值;
```

或

```
Application.Add("对象名",值);
```

(2) 读取 Application 信息

```
变量 = Application["对象名"]`
```

例如：

```
Application["say"] = txtSay.Text;
lblInfo.Text = Application["say"].ToString();
```

注意：Application["对象名"]的返回值是一个 Object 对象类型的数据，操作时应该注意数据类型的转换。

2. Application 对象的常用方法

(1) Add()：增加一个新的 Application 对象变量。

(2) Clear()：清除所有的 Application 对象变量。

(3) Lock()：锁定 Application 对象。

(4) Set()：重新设置 Application 对象变量的值。

(5) UnLock()：解除对 Application 对象的锁定。

注意：由于 Application 对象中存放的信息是全局多用户共享的，有可能发生在同一时间内多个用户同时操作同一个 Application 对象的情况，这时就可能造成相互干扰的错误。Application 对象增加了 Lock()加锁方法和 UnLock()解锁两个方法。

3. Application 对象的操作步骤

```
Application.Lock();                                        //加锁
  操作 Application 对象
Application.UnLock();                                      //解锁
```

由于 Application 对象全局多用户共享，所以它的最典型应用就是应用在聊天室系统、留言板系统。

能够灵活运用 Application 对象。

(1) 理解 Application 对象的工作原理。

(2) 掌握 Application 对象存储数据、读取数据的方法。

(3) 掌握 Application 对象 Lock()和 UnLock()方法的应用。

1. 设计聊天室

利用 Application 对象设计一个小的聊天室，程序的执行效果如图 4.15 所示。

【操作步骤】

(1) 创建并设计 Web 页面

创建站点，并在站点中添加聊天页面 talk.aspx，在当前页面插入一个 5 行 2 列的表格进行页面布局，在相应的单元格中插入说明文字和控件，页面设计如图 4.16 所示。

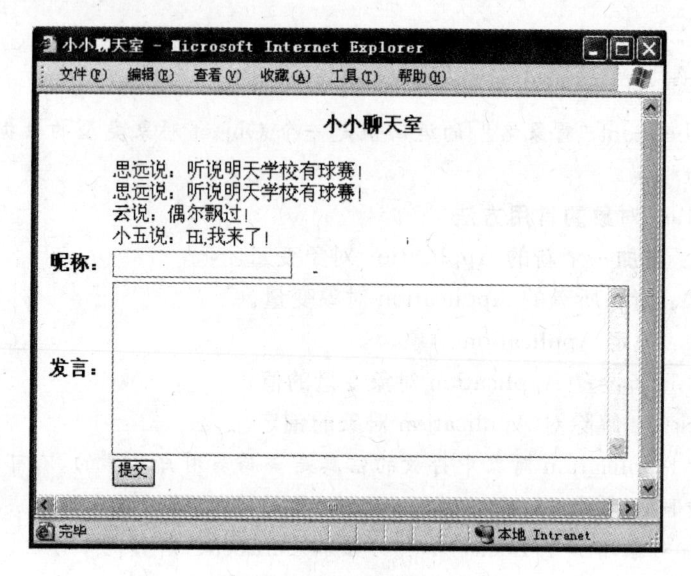

图 4.15　页面的运行效果

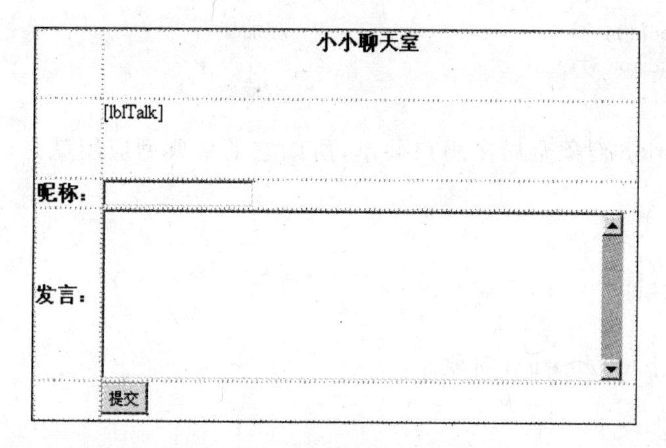

图 4.16　聊天室的设计页面

页面各控件的属性设置如表 4.4 所示。

表 4.4　页面各控件的属性

控　　件	属　性	值	说　　明
Label1	ID	lblTalk	标签的名称
	Text		标签上默认文本为空
TextBox1、TextBox2	ID	txtTitle、txtTalk	文本框的名称
Button1、Button2	ID	btnOk	按钮的名称
	Text	提交	按钮上的文本

(2) 添加事件代码

页面加载事件代码如下。

```
protected void Page_Load(object sender, EventArgs e)
```

```
{
    if (Application["talk"] != null)            //聊天记录不为空,则将其显示
    {
        lblTalk.Text = Application["talk"].ToString();
    }
}
```

“提交”按钮的单击事件代码如下。

```
protected void btnOk_Click(object sender, EventArgs e)
{
    Application.Lock();                         //加锁
    //保存聊天记录
    Application["talk"] = txtTitle.Text + "说: " + txtTalk.Text + "<br>" +
                          Application["talk"];
    Application.UnLock();                       //解锁
    txtTitle.Text = "";
    txtTalk.Text = "";
    lblTalk.Text = (string)Application["talk"];  //聊天记录用Label控件显示出来
}
```

2. 设计一个能统计当前在线人数和历史访问人数的网站

使用Application对象、Session对象再结合全局配置文件Global.asax设计一个能统计当前在线人数和历史访问人数的网站,网站页面运行效果如图4.17所示。

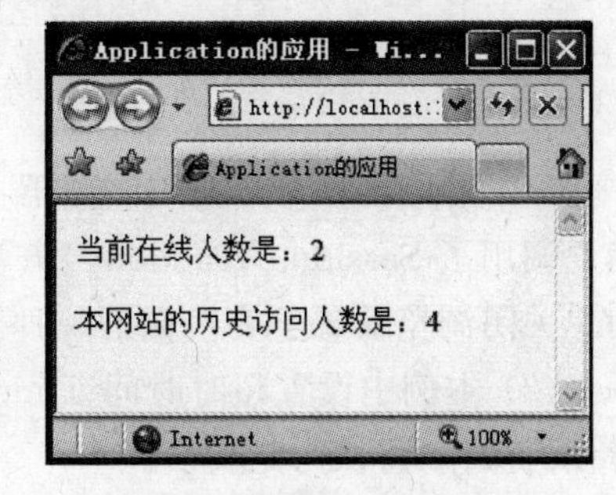

图4.17　Application的应用

【操作步骤】

(1) 创建全局应用程序类文件

打开VS 2008,创建站点,为网站添加全局应用程序类文件。在解决方案中,右击网站结点,在弹出的快捷菜单中选择“添加新项”命令,在VS 2008已安装的模板下选择“全局应用程序类”,单击“添加”按钮即可。

Global.asax文件不产生用户界面,也不响应单个页面的请求,主要是负责处理Application、Session对象的Start(开始)和End(结束)等事件。

(2) 事件代码的编写

Application对象的Start事件被触发时执行的事件代码如下。

```
void Application_Start(object sender, EventArgs e)
{
    // 在应用程序启动时运行的代码
    Application["online"] = 0;                  //当前在线人数
    Application["total"] = 0;                   //历史访问总人数
}
```

Session对象的Start事件被触发时执行的事件代码如下。

```
void Session_Start(object sender, EventArgs e)
```

```
{
    // 在新会话启动时运行的代码
    Session.TimeOut = 10;  //设置超时时间为 10 分钟,超时之后相当于离线
    Application.Lock();
    //当用户访问站点时在线人数加 1
    Application["online"] = (int)Application["online"] + 1;
    //  当用户访问站点时历史访问人数加 1
    Application["total"] = (int)Application["total"] + 1;
    Application.UnLock();
}
```

Session 对象的 End 事件被触发时执行的事件过程代码如下。

```
void Session_End(object sender, EventArgs e)
{
    // 在会话结束时运行的代码
    // 注意: 只有在 web.config 文件中的 sessionstate 模式设置为
    // InProc 时,才会引发 Session_End 事件.如果会话模式设置为 StateServer
    // 或 SQLServer,则不会引发该事件
    Application.Lock();
    //当用户离开站点时,在线人数减 1
    Application["online"] = (int)Application["online"] - 1;
    Application.UnLock();
}
```

程序说明：

(1) 用户在客户端关闭浏览器并不能触发 Session 对象的 End 事件，该事件只能在用户调用了 Session.Abandon()方法、服务器重启或用户连接超时的情况下才会触发。用户关闭浏览器属于客户端的一种正常行为，不会被提交到服务器。

(2) 本例中设置超时时间 TimeOut 为 10 分钟，也就是说用户在 10 分钟之内没有进行任何操作，将认为是离线。

(3) 无论新用户登录，还是老用户退出，Application 对象中的值只有在页面刷新后才能更新。

能力测试

自测题

(1) 说明 Application 对象与 Session 对象的区别。

(2) 简述利用 Application 对象存取变量的方法。

知识扩展

Cookie 对象是用户在访问 Web 网站时，在自己的硬盘中保存的一些信息，实际上是一个字符串或一个标志。Cookie 保存的信息往往位于客户硬盘的 Windows 临时文件夹

中的 Cookie 文件夹内。

Cookie 对象与 Session 对象、Application 对象都可以用于保存数据，它们最大的区别在于，Session 对象和 Application 对象保存的数据都存储在服务器端，而 Cookie 对象的所有信息存在于客户端。

4.6 Server 对象

Server 对象是 HttpServerUtility 类的一个实例，主要用于访问服务器本身的相关信息。

1. Server 对象的常用方法

(1) Server. Execute("路径")：跳转到路径指定的另一页面，在另一页面执行完毕后返回当前页继续执行。

(2) Server. Transfer("路径")：终止当前页的执行，并为当前请求开始执行路径指定的新页面。

(3) Server. MapPath("虚拟路径字符串")：返回与服务器上指定的虚拟路径相对应的物理文件路径。

注意：Server. Execute()方法、Server. Transfer()方法与 Response. Redirect()方法都能够实现网站内部页面之间的跳转。

不同的是 Response. Redirect()方法不仅可以实现站内页面之间的跳转，还可以跳转到外部网站的相关页面。

使用 Server. Transfer()方法实现同一应用程序下不同页面间的重定向可以避免不必要的客户端页面重定向。它比 Response. Redirect()方法性能要高，并且 Server. Transfer()方法具有允许目的页从源页中读取控件值和公共属性值的优点。

2. Server 对象的常用属性

(1) MachineName：获取服务器的计算机名称。

(2) ScriptTimeOut：设置请求超时的时间(以秒为单位)。

掌握 Server 对象的用法。

(1) 掌握 Server 对象的跳转方法。

(2) 理解 Server 对象的 Transfer()方法、Execute()方法、Response. Redirect()方法的区别。

(3) 能够应用 Server 对象的 MapPath()方法。

(4) 能够利用 Server 对象获取服务器的相关信息。

1. 创建页面并掌握 Server 对象的 Execute()方法和 Transfer()方法

创建 Default.aspx 页面,如图 4.18 所示,在该页面添加 2 个按钮,分别调用 Server 对象的 Execute()方法和 Transfer()方法重定向到 Second.aspx 页面,在 Second.aspx 页面动态输出"欢迎当代大学生",程序的运行效果如图 4.19 和图 4.20 所示。

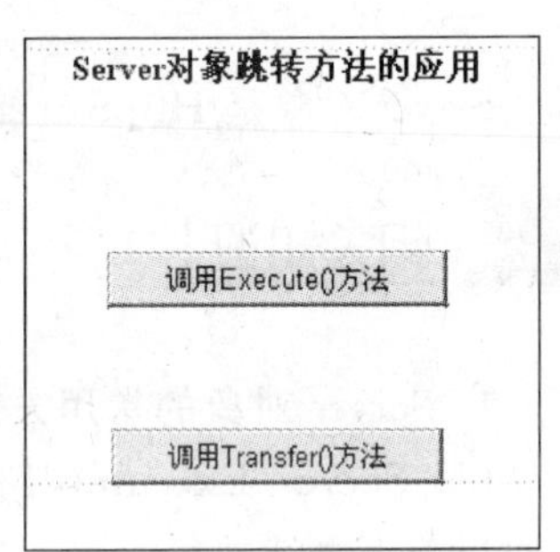

图 4.18 Default.aspx 页面的设计效果

【操作步骤】

(1) 设计并设置 Web 页面

创建站点,并在站点中添加 Default.aspx 和 Second.aspx 两个页面,Default.aspx 页面的设计如图 4.18 所示,页面各控件的属性设置如表 4.5 所示。

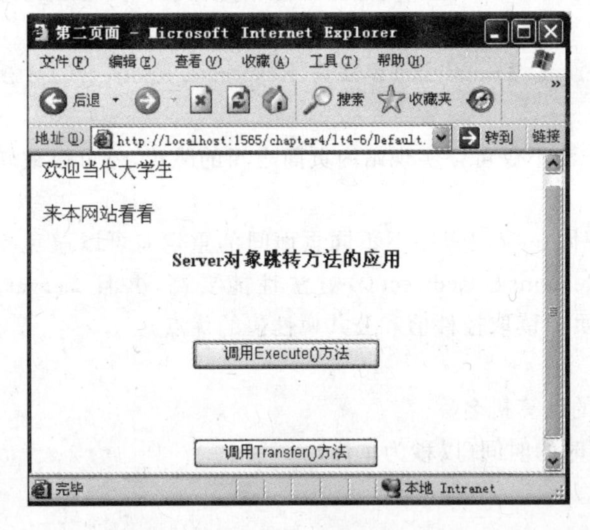

图 4.19 Execute()方法运行效果

图 4.20 Transfer()方法运行效果

表 4.5 页面各控件的属性

控 件	属 性	值	说 明
Button1	ID	btnExecute	按钮 1 的名称
	Text	调用 Execute()方法	按钮 1 上的文本
Button2	ID	btnTransfer	按钮 2 的名称
	Text	调用 Transfer()方法	按钮 2 上的文本

(2) 添加代码

在 Default.aspx 页面单击“调用 Execute()方法”按钮所触发的事件代码如下。

```
protected void btnExecute_Click(object sender, EventArgs e)
{
    Response.Write("欢迎");
    Server.Execute("second.aspx");                //跳转到 Second.aspx 页面
    Response.Write("来本网站看看");
}
```

在 Default.aspx 页面单击“调用 Transfer()方法”按钮所触发的事件代码如下。

```
protected void btnTransfer_Click(object sender, EventArgs e)
{
    Response.Write("欢迎");
    Server.Transfer("second.aspx");               //跳转到 Second.aspx 页面
    Response.Write("来本网站看看");
}
```

在 Second.aspx 页面的加载事件代码如下。

```
protected void Page_Load(object sender, EventArgs e)
{
    Response.Write("当代大学生");
}
```

程序说明：Server.Execute()方法与 Server.Transfer()方法两者最大的不同就是 Execute()方法跳转完毕会返回到原页面继续执行，而 Transfer()方法跳转后不再返回原页面。

2. 设计包含 Login.aspx 和 Manage.aspx 页面的网站

设计一个包含 Login.aspx 和 Manage.aspx 两个页面的网站，要求用户只能通过 Login.aspx 页面，如图 4.21 所示，输入合法的用户名 admin 和密码 123456 之后才能打开 Manage.aspx 页面，此时会在 Manage.aspx 页面显示欢迎信息，如图 4.22 所示，当用户名或密码错误时弹出图 4.23 所示的对话框。而当用户绕开登录页面，直接运行 Manage.aspx 管理页面时，会弹出图 4.24 所示的对话框。

图 4.21 登录页面

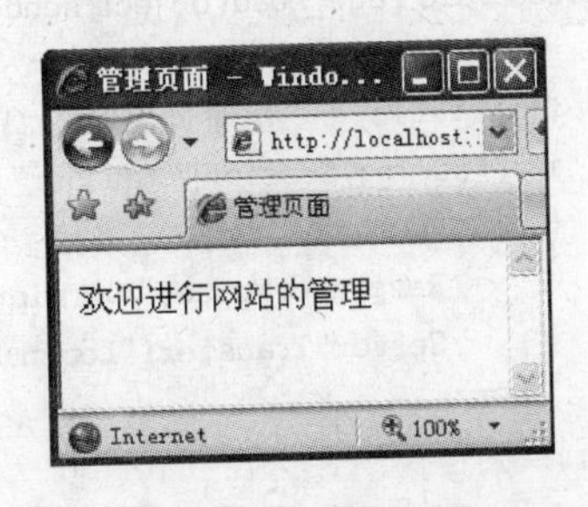

图 4.22 管理页面

图 4.23 用户名或密码错误时弹出的对话框

图 4.24 跳过登录页面弹出的对话框

【操作步骤】

(1) 设计程序界面

创建一个网站，添加 Login.aspx 页面，向页面中添加表格进行页面布局，在相应的单元格中输入说明文字，添加 2 个文本框 TextBox1、TextBox2 和 1 个按钮控件 Button1，页面设计如图 4.21 所示。

(2) 设置对象属性

TextBox1 的 ID 为 txtName；TextBox2 的 ID 为 txtPwd，TextMode 的属性为 Password；设置 Button 控件的 ID 为 btnOk，Text 为“登录”。

(3) 设置页面的事件代码

设置登录页面“确定”按钮的单击事件代码如下。

```
protected void btnOk_Click(object sender, EventArgs e)
{
    if (txtName.Text.Trim() == "admin" && txtPwd.Text.Trim() == "123456")
    {
        Session["manager"] = "manager";
        Response.Redirect("Manage.aspx");
    }
    else
    {
        Response.Write("< script > alert('登录信息错误,请重新登录');</script >");
    }
}
```

设置 Manage.aspx 页面的页面加载事件代码如下。

```
protected void Page_Load(object sender, EventArgs e)
{
    this.Title = "管理页面";
    if ((string)Session["manager"] ! = "manager")
    {
        Response.Write("< script > alert('请先登录,再进行管理!')</script >");
        Server.Transfer("Login.aspx");
                                    //使用 Server.Transfer 重定向到 Login.aspx 页面
    }
    Response.Write("欢迎进行网站的管理");
}
```

程序说明：本例在 Manage.aspx 页面中，当 Session["manager"]! ="manager"条件成立时，页面重定向需要采用 Server.Transfer()方法，因为 Response.Redirect()方法不能保存原页面的信息，即不能弹出提示对话框。另外，仔细观察一下地址栏之中显示的地址，调用 Server.Transfer()方法执行页面重定向，但地址栏仍然显示的是原页面的地址，而 Response.Redirect()方法则直接重定向到目标页面，显示的也是目标页的地址。

能力测试

自测题

说明 Server 对象的 Execute()方法、Transfer()方法与 Response 对象的 Redirect()方法的区别。

知识扩展

对字符串的编码和解码方法如下。

1. HTML 格式的编码(HtmlEncode)与解码(HtmlDecode)

(1) HTML 格式的编码(HtmlEncode)

由于浏览器对 HTML 标记代码进行解释执行，所以对于像<p align="center">这一段居中对齐</p>的 HTML 标记都转换成相应的格式再显示出来。但在某些情况下，需要在浏览器中输出 HTML 标记，而不是将显示为对象的格式，此时需要进行相应的 HTML 编码。

在 ASP.NET 中可以使用 Server 对象的 HtmlEncode()方法对字符串进行编码。

HTML 格式的编码语法格式如下。

```
Server.HtmlEncode(变量或字符串)
```

(2) HTML 格式的解码(HtmlDecode)

对于经过编码处理的字符串数据，若希望将内容正确显示到页面中，自然需要进行一次解码处理。

HTML 格式的解码语法格式如下。

```
Server.HtmlDecode(变量或字符串)
```

例如：

```
string str = Server.HtmlEncode("<b>我加粗了哟!</b>");
Response.Write("HTML 编码后的: " + str);
Response.Write("<br> HTML 解码后的: " + Server.HtmlDecode(str));
```

运行效果：

```
HTML 编码后的: <b>我加粗了哟!</b>
HTML 解码后的: 我加粗了哟!
```

2. URL格式的编码(UrlEncode)与解码(UrlDecode)

若URL地址书写错误或使用"?"通过URL地址传送给下一页面的查询字符串中包含除字母、数字外的符号(如"#"、"&"、空格、逗号等)时,为了避免不同的浏览器解释错误,这时需要对URL进行编码处理。对于编码后的字符串数据,若希望将内容正确地显示到页面中,自然又需要一次解码。

例如:

```
string str = Server.UrlEncode("http://Login.aspx");
Response.Write("Url格式编码后: " + str);
Response.Write("<br>Url格式解码后: " + Server.UrlDecode(str));
```

运行效果:

```
Url格式编码后: http%3a%2f%2fLogin.aspx
Url格式解码后: http://Login.aspx
```

编码实际上是将除字母和数字以外的符号替换成某种特殊的符号;而解码实际上是将这种特殊的符号还原为本来面目。

第5章 利用数据控件访问数据库

作为一个网站或一个应用程序，它的核心内容就在于对数据库的操作。在 ASP .NET 中对数据库的操作，从大的方面来说一般分为两种方式，一种是直接利用数据控件对数据库进行操作；另外一种就是采用手写代码的方式对数据库实现更加灵活的操作。

本章主要介绍第一种借助数据控件的操作方式，此种方式，用户甚至无须书写任何代码就可以实现对数据库的操作。

数据控件本身就是 ASP. NET 中封装好的对数据源可直接进行访问显示等相关操作的一组控件，这些控件被放置在 VS 2008 工具箱的“数据”选项卡中。

数据控件整体上分为数据源控件和数据绑定控件两种，在 VS 2008 中又增加一种数据分页控件，如图 5.1 所示。从图 5.1 中也可以发现数据源控件是以 DataSource 结尾的一组控件，使用它们可以对数据库创建连接，并对数据库执行插入、删除、编辑、查询等操作。数据绑定控件主要用于配合数据源控件对数据库进行浏览、编辑、删除等操作，它最主要的特点是可以显示操作结果。

图 5.1 数据控件的分类

简单地说，数据源控件用于从数据源中检索数据，数据绑定控件用于显示数据，两者的关系可以通过图 5.2 来表示。数据源控件可以直接访问数据库，并提取出相关数据，但不可以在网站页面中显示数据。要在页面中显示数据源中的数据：一种方式是借助于其他服务器控件；另一种方式就是与数据绑定控件配合，由数据绑定控件显示操作结果。

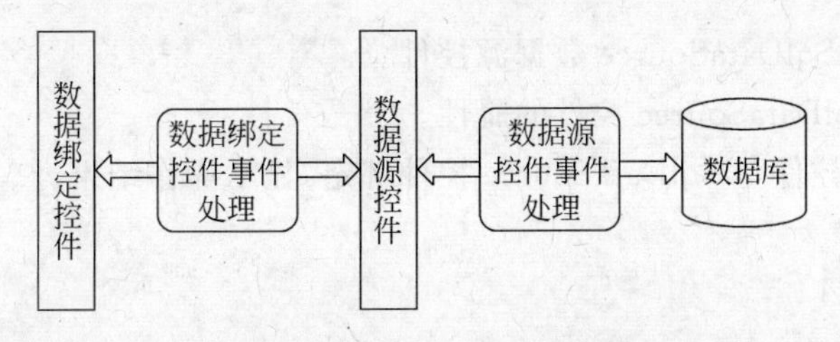

图 5.2 数据绑定控件与数据源控件的关系

5.1 数据源控件

数据源控件仅作为 ASP.NET 与数据库之间的桥梁，它可以从不同的数据源中获取数据，但不具有在页面中显示所检索数据的能力。在 ASP.NET 中有 5 个数据源控件，每个数据源控件的名字都以 DataSource 结尾，如 SqlDataSource、AccessDataSource 等。利用不同的数据源控件可以非常简单地对不同的数据源进行操作，如图 5.3 所示。

AccessDataSource —处理→ Microsoft Access
SqlDataSource —处理→ SQL Server、Oracle
XmlDataSource —处理→ XML文件
SiteMapDataSource —处理→ SiteMap文件
ObjectDataSource —处理→ 对象文件

图 5.3 数据源控件的作用

数据源控件的存在可以大大减少了在程序开发过程中所编写代码的数量，使面向数据库进行程序开发变得较为简单、准确。

相关知识

数据源控件工作的基础就是必须要有数据源，SqlDataSource 数据源控件是专门为连接 Microsoft SQL Server 数据库而设计的。该控件还能建立与 Oracle、ODBC、OLEDB 等数据库的连接，并对这些数据库执行查询、插入、编辑、删除、分页、排序、筛选等操作。

数据源控件的使用方法一般分为如下几个基本步骤。

(1) 创建到数据源的连接。

(2) 配置 SQL 语句。

(3) 将数据源绑定到服务器控件上。

具体操作请参照下面的案例。

能力目标

利用 SqlDataSource 数据源控件配合服务器控件对 SQL 数据库进行基本操作。

具体要求

(1) 能够添加 SqlDataSource 数据源控件。

(2) 会设置 SqlDataSource 控件的属性。

(3) 将服务器控件与 SqlDataSource 控件绑定，显示操作结果。

实训任务

1. 显示学校的所有部门并根据用户选择显示信息

利用数据源控件配合服务器控件 ListBox，将 student 数据库中，学校所有的部门显示出来，根据用户所选择的部门显示出相应的提示信息，程序运行效果如图 5.4 所示。

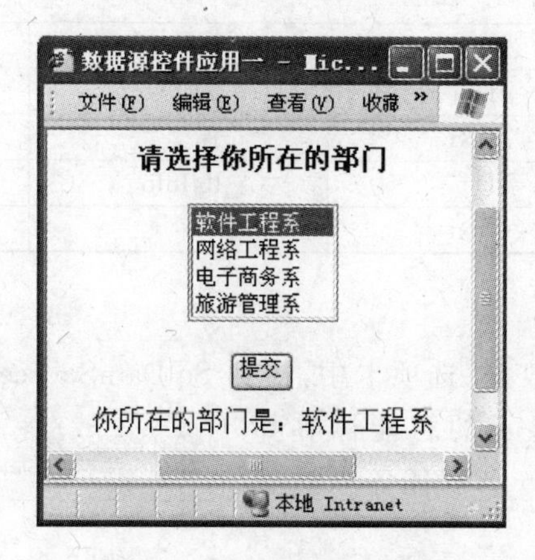

图 5.4　数据源控件的应用

【操作步骤】

(1) 创建 student 数据库

创建 student 数据库，并在数据库中添加学校部门表 tb_Dept，该表设计如表 5.1 所示。

表 5.1　学校部门表 tb_Dept

字 段 名	数据类型	允许为空	描　述
deptId	int	否	部门编号，自动增长
deptName	nchar(20)	否	部门名称

向表中输入数据，如图 5.5 所示。

(2) 设计 Web 页面

创建站点，并添加 Web 页面，在 Web 页面中插入一个 4 行 1 列的表格，在表格相应的单元格中输入说明文字，并添加相应的控件，Web 页面设置如图 5.6 所示。

表 - dbo.tb_Dept

deptId	deptName
1	软件工程系
2	网络工程系
3	电子商务系
4	旅游管理系
5	媒体艺术系
6	英语系

图 5.5　部门信息表中的数据

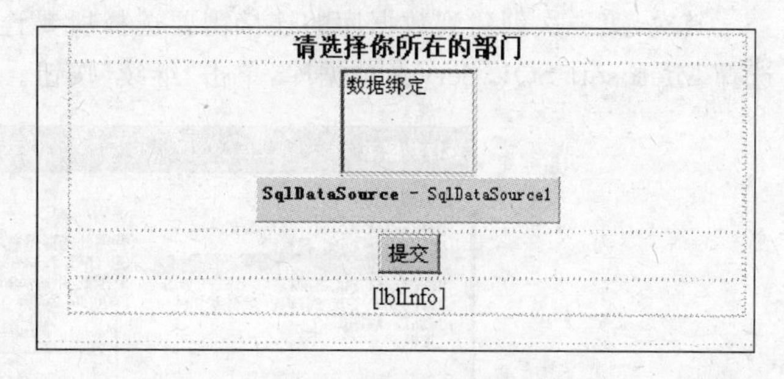

图 5.6　Web 页面设置

(3) 控件对象的属性设置

页面各控件对象的属性设置请参考表 5.2。

表 5.2 页面各控件对象的属性设置

控 件	属 性	值	说 明
ListBox1	ID	lbDept	ListBox1 的名称
Button1	ID	btnOk	按钮 1 的名称
	Text	提交	按钮 1 上的文本
Label1	ID	lblInfo	标签 1 的名称
	Text		标签控件默认无文本

(4) 配置数据源

从 VS 2008 工具箱"数据"选项卡中，找到 SqlDataSource 控件，并将其添加到页面上，通过该控件右上角显示的智能标签如图 5.7 所示，从"SqlDataSource"任务中选择"配置数据源"命令。

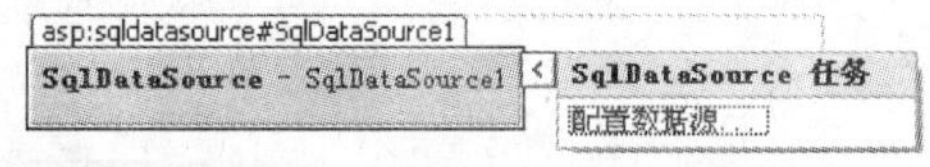

图 5.7 选择配置数据源命令

通过数据源向导创建数据源控件到数据库的连接。

首先，新建连接，在"配置数据源"的对话框中，单击"新建连接"按钮，如图 5.8 所示。

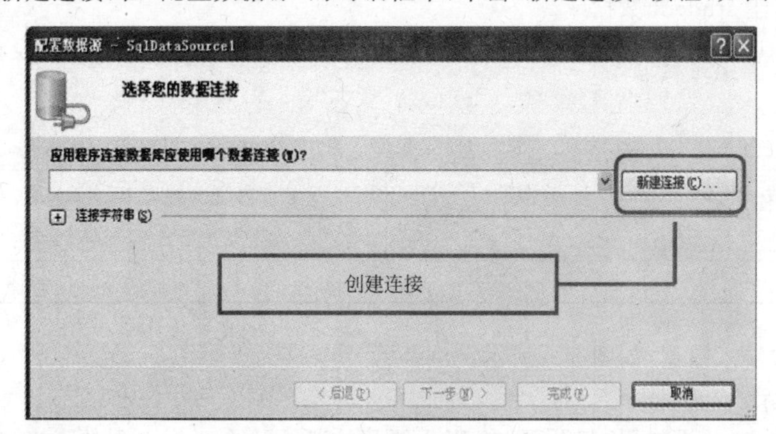

图 5.8 新建连接

其次，第一次创建到数据库的连接需要选择所要连接的数据库类型，如图 5.9 所示，选择 Microsoft SQL Server 数据库，单击"继续"按钮。

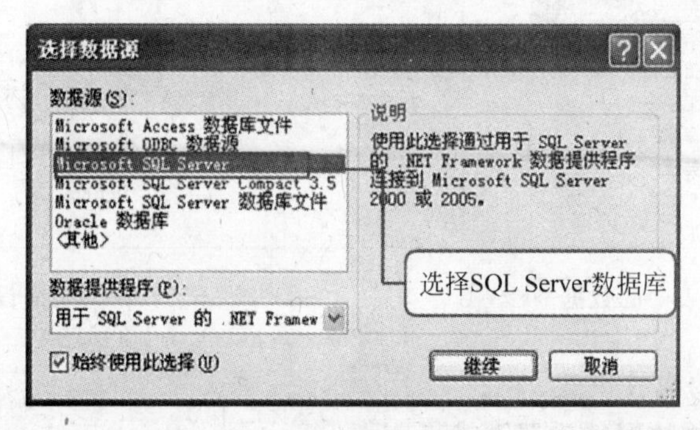

图 5.9 选择数据源

再次，在“添加连接”对话框中，对连接的数据库服务器，登录的用户名、密码和所要访问的数据库进行设置，如图 5.10 所示。在创建到数据库的连接时，可以先通过单击“测试连接”按钮来判断连接是否创建成功。

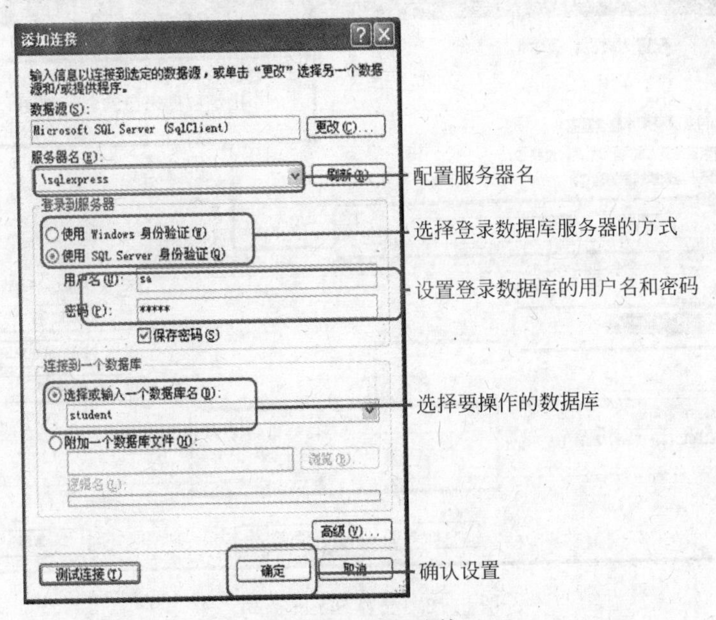

图 5.10　添加连接

在添加连接时，配置服务器名可以直接添加“数据库服务器的名称\sqlexpress”，例如“duguangx\sqlexpress”，这里就表示所操作的数据库服务器名称为 duguangx，数据库版本是 SQL 2005 的 sqlexpress 版。

但这里强烈建议服务器的名用“.”来代替，“.”表示本机，也就是服务器名为“.\sqlexpress”，这样可使网站具有更好的兼容性，否则在数据库更换服务器时或更改计算机名称时，出现计算机名称差异，致使网站无法运行。

连接创建成功后，可将“连接字符串”结点展开，会看到连接界面，自动生成连接字符串，如图 5.11 所示。

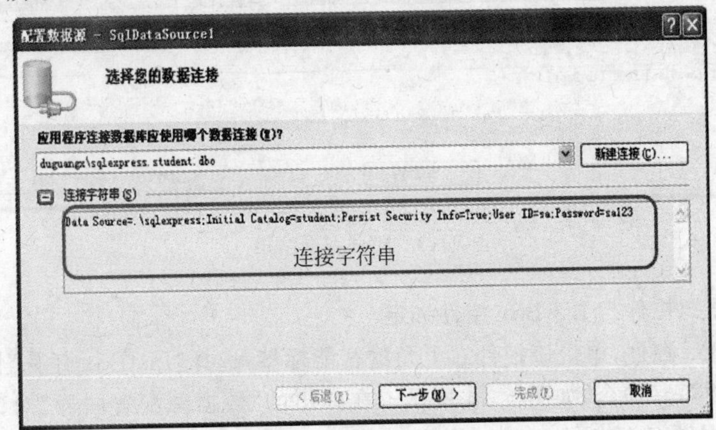

图 5.11　数据库连接创建完成

接下来,单击"下一步"按钮,选择所要操作的表和所需显示的字段,即配置查询(Select)语句,如图 5.12 所示,最后可以单击"下一步"按钮测试查询结果,如图 5.13 所示。

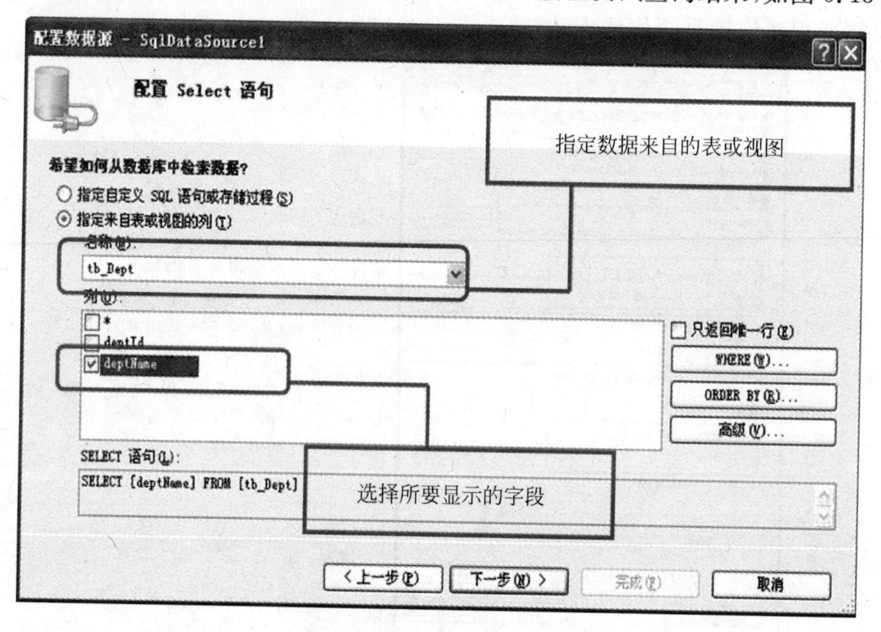

图 5.12　配置 Select 语句

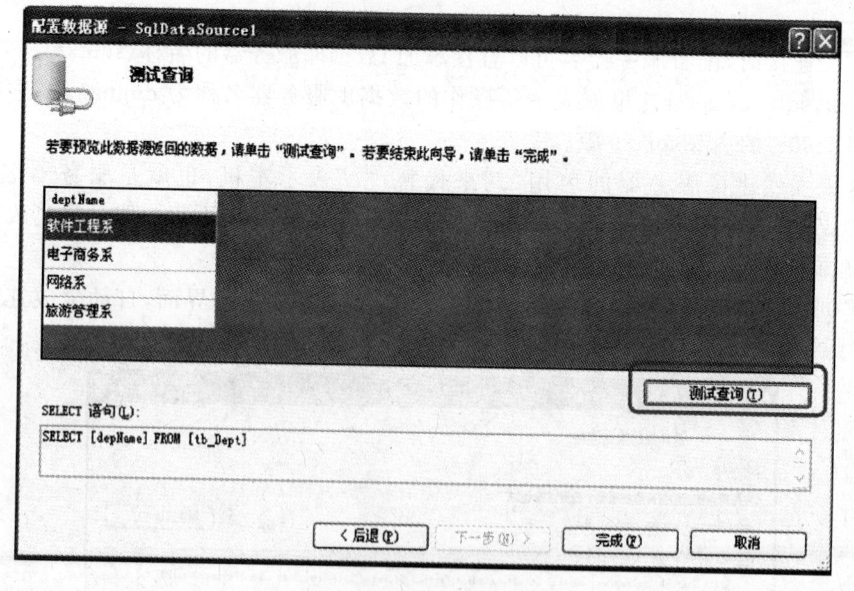

图 5.13　测试查询结果

(5) 将数据源控件与 ListBox 控件绑定

选择 ListBox 控件,单击该控件右上角的智能标签,选择"ListBox 任务"快捷面板,从中选择"选择数据源"命令,如图 5.14 所示。在弹出的"数据源配置向导"对话框中,选择前面创建的数据源 SqlDataSource1,选择要在 ListBox 中显示的数据字段 deptName,为

ListBox 的值选择数据字段 deptName，如图 5.15 所示。

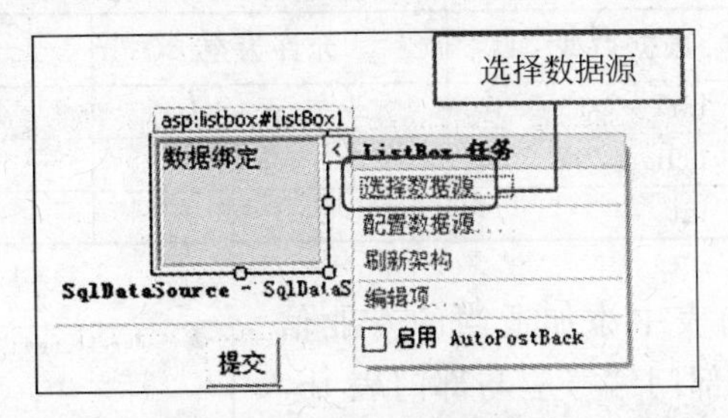

图 5.14　选择数据源操作

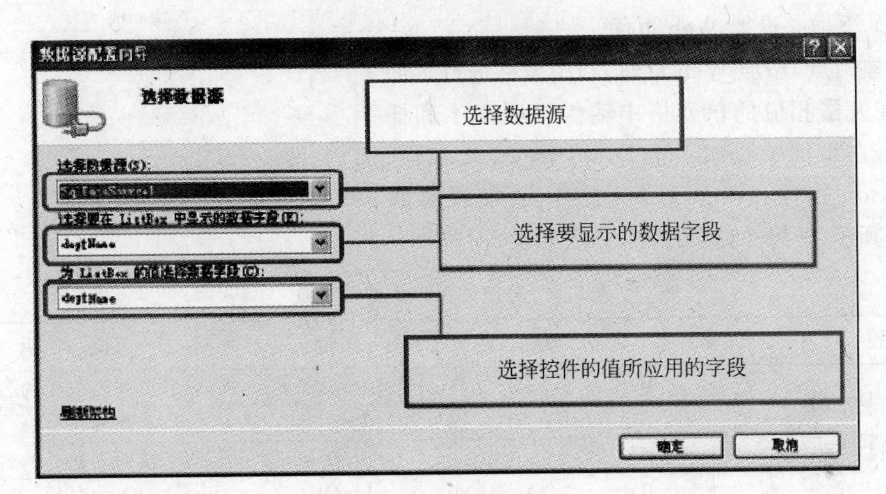

图 5.15　数据源配置向导

（6）添加“提交”按钮的单击事件代码

```
protected void btnOk_Click(object sender, EventArgs e)
{
    lblInfo.Text = "你所在的单位是：" + lstDept.SelectedItem.Text;
}
```

2. 实现下拉列表级联选择

利用数据源控件配合 DropDownList 控件，实现下拉列表级联选择，页面运行效果如图 5.16 所示，也就是专业下拉列表框中的内容会随院系下拉列表框中所选择的内容变化而变化，如在院系下拉列表框中选择“软件工程系”，就会在专业下拉列表框中显示软件工程系的相关专业。

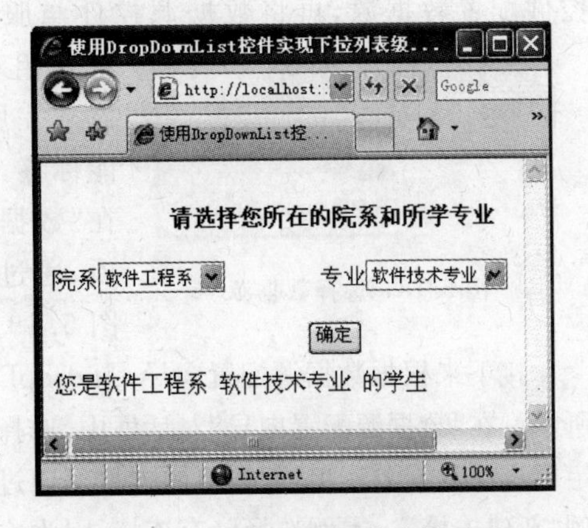

图 5.16　下拉列表级联选择页面

【操作步骤】

（1）在 student 数据库中添加专业信息表 tb_Spec

专业信息表设计如表 5.3 所示。

表 5.3 专业信息表 tb_Spec

字段名	数据类型	允许为空	描 述
specId	int	否	专业编号，自动增长
specName	nchar(20)	是	专业名称
deptId	int	是	部门编号

专业表设计完毕，向表中添加适当的专业信息，如图 5.17 所示，注意部门编号应与部门表 tb_Dept 中的部门编号保持一致。

表 - dbo.tb_Spec

specId	specName	deptId
1	软件技术专业 ...	1
2	信息管理专业 ...	1
3	网络技术专业 ...	2
4	电子商务专业 ...	3
5	物流管理专业 ...	3
6	媒体动画专业 ...	5
7	平面设计专业 ...	5
8	广告设计专业 ...	5
9	旅游专业 ...	4

图 5.17 专业信息表中的数据

(2) 添加并设置 Web 页面

创建站点，添加 Web 页面，利用表格进行页面布局，在表格相应的单元格中输入说明文本和插入控件，在页面中添加 2 个 DropDownList 控件、1 个Button 控件和 1 个 Label 控件，页面设置如图 5.16 所示，各控件对象的属性设置如表 5.4 所示。

表 5.4 各控件对象的属性设置

控 件	属 性	值	说 明
DropDownList1	ID	dropDept	下拉列表框 1 的名称
	AutoPostBack	True	自动回发
DropDownList2	ID	dropSpec	下拉列表框 2 的名称
Button1	ID	btnOk	按钮 1 的名称
	Text	确定	按钮 1 上的文本
Label1	ID	lblInfo	标签 1 的名称
	Text	空	标签控件默认无文本

(3) 为 dropDept(院系下拉列表框)配置数据源

为服务器控件配置数据源，手动操作方式一般有两种方式，一种是先利用数据源控件配置数据源，再将数据源控件与服务器控件进行绑定，如上例所示。另外一种方式相对来说较为简单，也是较为常用的方式，就是添加完服务器控件，直接通过服务器控件右上角的智能标签，直接单击“选择数据源”命令，如图 5.18 所示，在“数据源配置向导”对话框中选择“新建数据源”选项，通过此种方式可以直接创建数据源的连接，如图 5.19 所示。

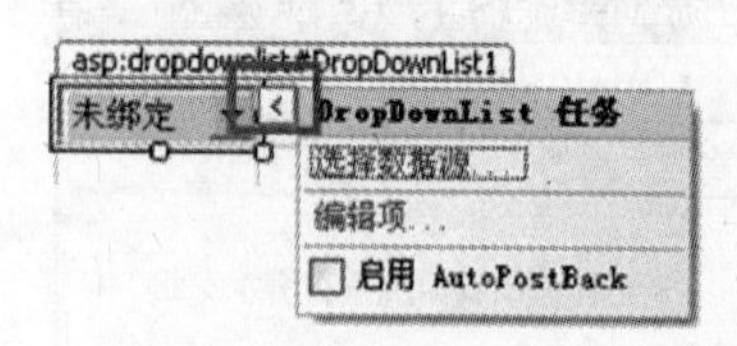

图 5.18 选择数据源

接下来根据数据源配置向导，为 dropDept 下拉列表框配置数据源，如图 5.20 和图 5.21 所示。在“数据源配置向导”对话框中，选择“新建数据源”选项，进而选择“数据库”选项，确定后选择数据源连接，此数据源连接可通过连接下拉列表框中选择已有的连接，也可仿照上例“新建连接”。本例选择已有连接，因为连接 student 数据库的连接已经存在了。

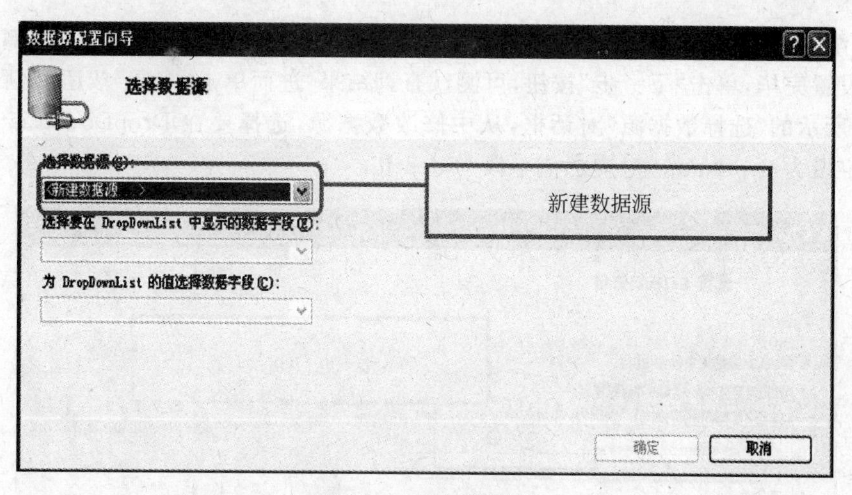

图 5.19　新建数据源

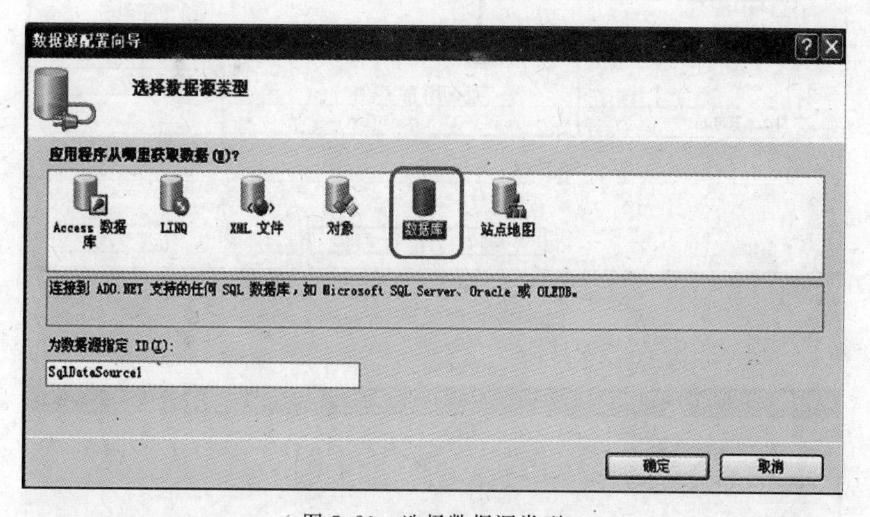

图 5.20　选择数据源类型

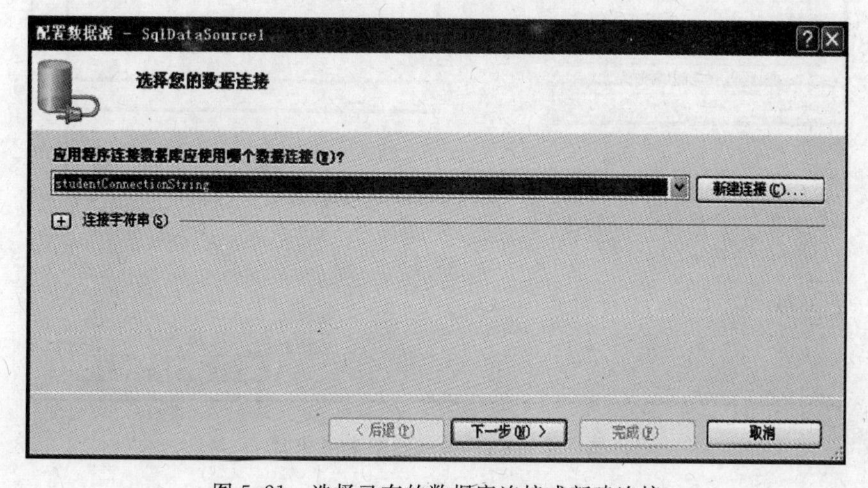

图 5.21　选择已有的数据库连接或新建连接

在“配置 Select 语句”时，选择 tb_Dept 表，列选择“ * ”，即查询所有字段，如图 5.22 所示。设置完毕，单击“下一步”按钮，可测试查询结果，进而单击“完成”按钮，此后会弹出图 5.23 所示的“选择数据源”对话框，从中修改数据源，选择要在 DropDownList 中显示的数据字段为 deptName，对应的值字段为 deptId。

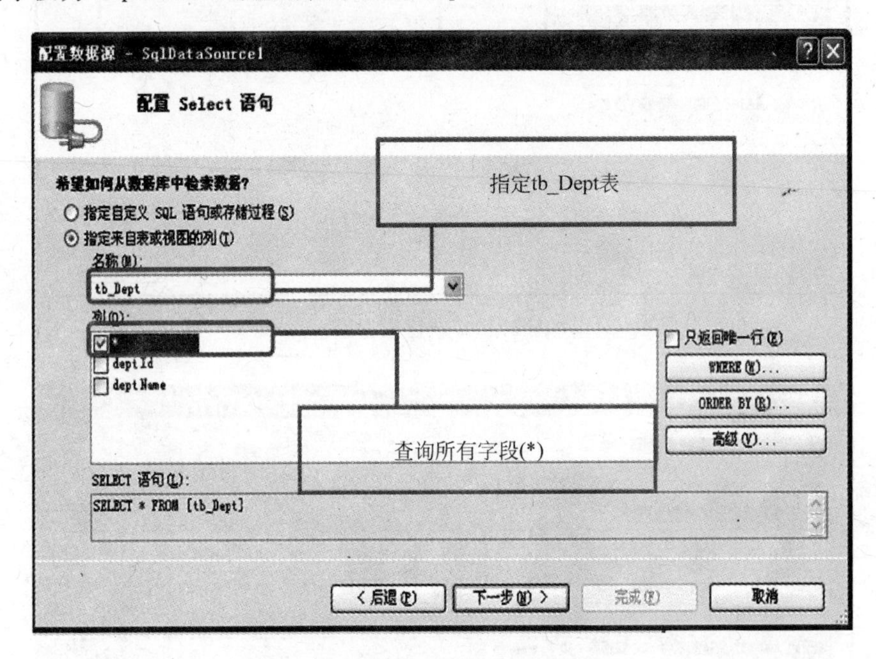

图 5.22　配置 Select 语句

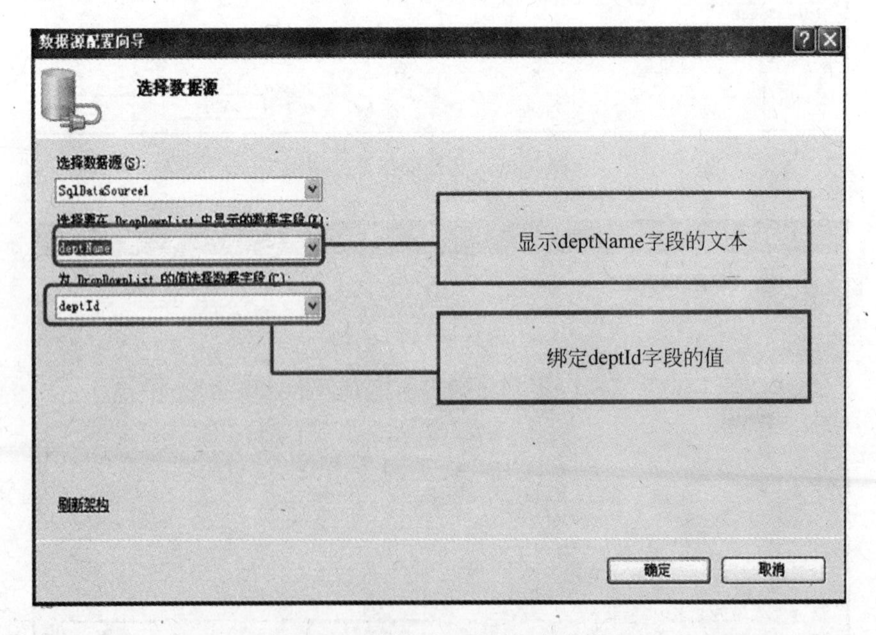

图 5.23　选择要显示的文本和值

(4) 为 dropSepc 下拉列表配置数据源

此控件数据源的配置方法与第一个下拉列表 dropDept 的配置方式整体是一致的，只不过在配置 Select 语句时稍有些不同，如图 5.24 所示。选择数据表时，要选择 tb_Spec 表，选择“ * ”所有字段，最主要的是要保持 dropSepc 中的内容会随着 dropDept 中的内容变化而变化，这里需要设置 WHERE 查询条件，因此单击 WHERE 按钮设置查询条件，如图 5.24 所示。

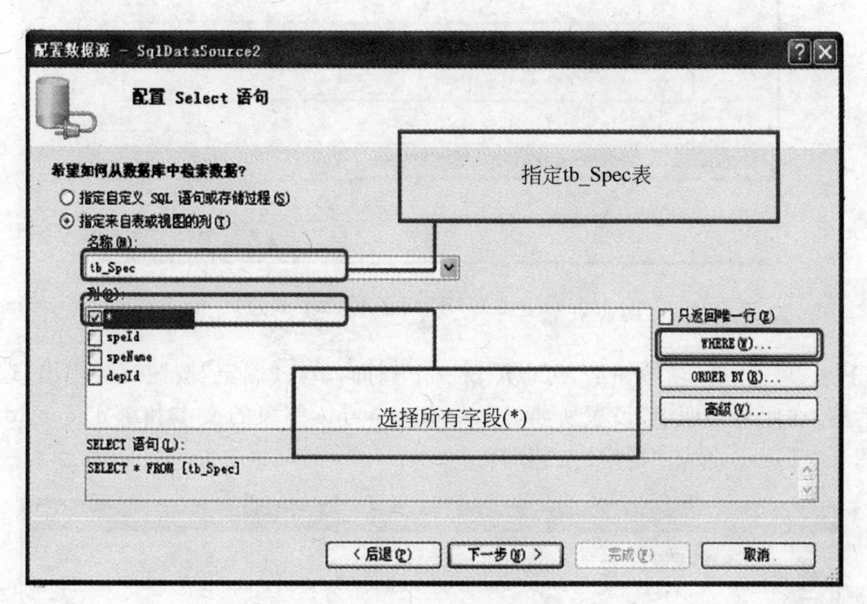

图 5.24 配置 Select 语句

查询条件的设置如图 5.25 所示，在这里一定要保证专业表的部门编号 deptId 等于 dropDept 控件中所选择的部门编号。

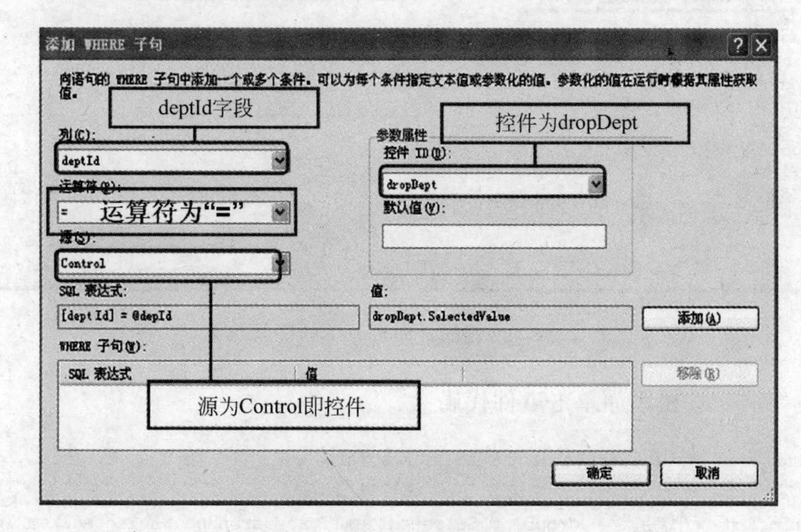

图 5.25 添加 WHERE 语句

查询条件设置完毕，单击“添加”按钮，产生 WHERE 子句 SQL 表达式，如图 5.26 所示。

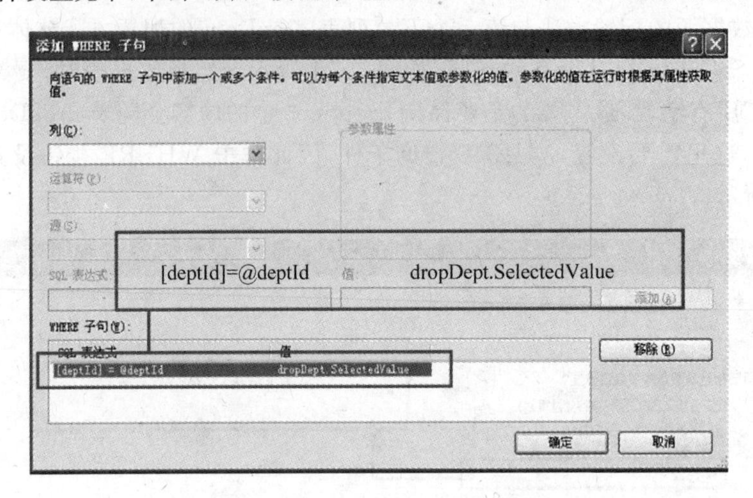

图 5.26　生成 WHERE 子句 SQL 表达式

接下来，单击“确定”按钮后，可以测试一下查询，单击“确定”按钮后会弹出“选择数据源”对话框，在此对话框中，设置所要显示的 SpecName 字段的文本和绑定 deptId 字段的值，如图 5.27 所示，单击“确定”按钮即可。

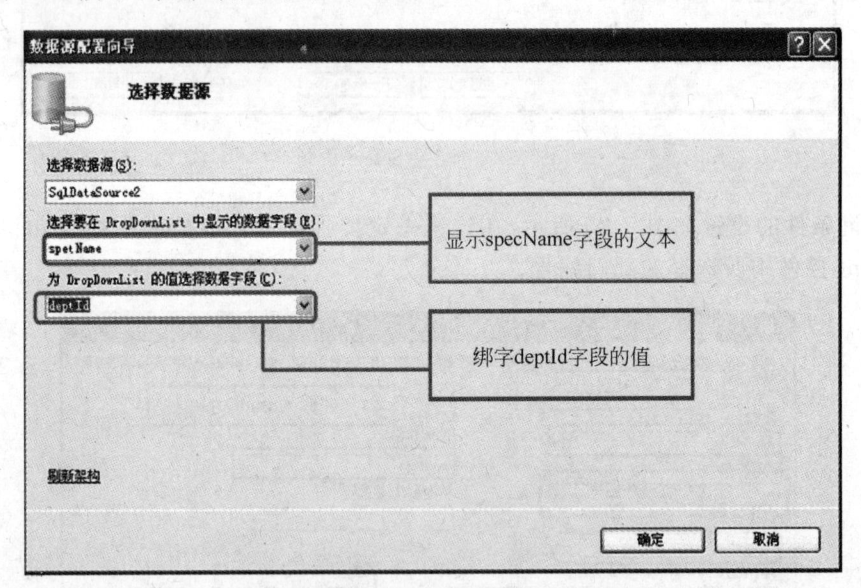

图 5.27　配置控件中要显示的字段与值

(5) 为“确定”按钮添加单击事件代码

```
protected void btnOk_Click(object sender, EventArgs e)
{
   lblInfo.Text  = "您是"  +  dropDept.SelectedItem.Text + dropSpec.SelectedItem.Text + "的学
                  生"; }
```

程序说明：需要注意的是 dropDept(院系下拉列表框)在配置数据源时，显示的是 deptName 字段的内容，而绑定的值是 deptId 中的值，而在设置 dropSpec 下拉列表框的数据源时，显示的是 specName 字段的内容，绑定的值也是 deptId 中的值，这主要是为了设置查询条件，所以让两个控件的部门编号保持一致。

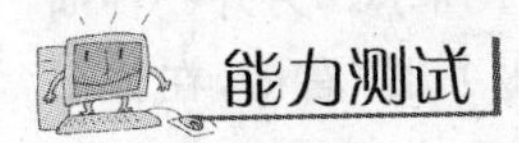

能力测试

自测题

将实训任务小节中第一个例子中的 ListBox 控件换成 RadioButtonList 控件来显示所有部门，并实现相同功能，程序运行效果如图 5.28 所示。

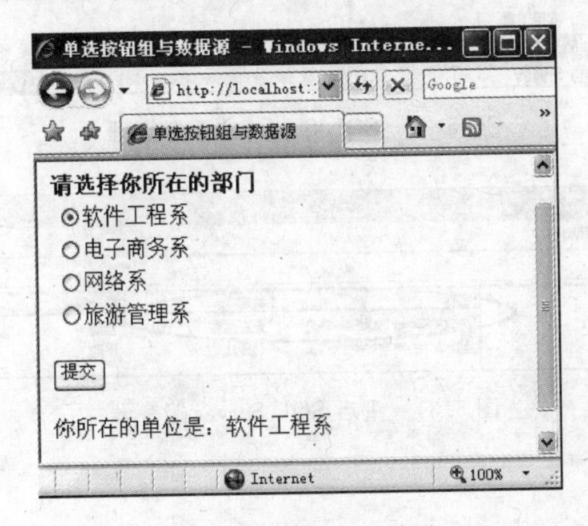

图 5.28 程序运行效果

知识扩展

数据库属性的设置

(1) 设置数据库服务器属性

在 SQL 数据库中，选中服务器，右击在弹出的“服务器属性”对话框中选择“安全性”命令，选中“SQL Server 和 Windows 身份验证模式”单选按钮，如图 5.29 所示，单击“确定”按钮。

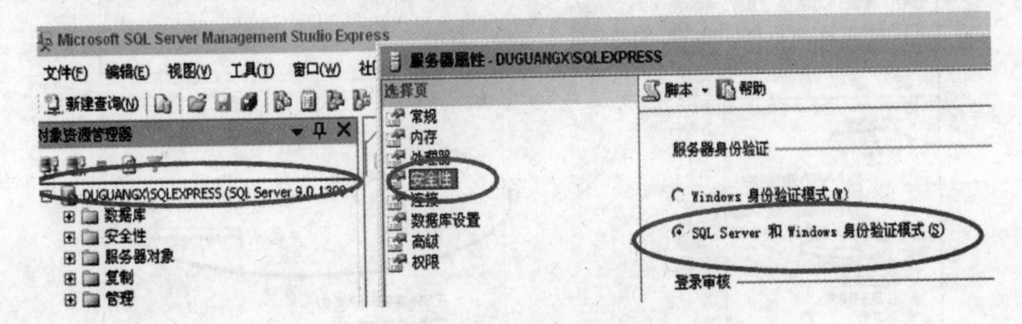

图 5.29 数据库服务器的设置

(2) 重启 SQL Server(SQLEXPRESS)服务器

在设置完服务器的属性并单击“确定”按钮后，页面会要求重启 SQL Server 服务器，此时选择“开始”|“程序”| Microsoft SQL Server 2005 |“配置工具”| SQL Server Configuration Manager 命令，在该面板中选择 SQL Server(SQLEXPRESS)服务器，通过右键快捷菜单使其停止后，再重新启动，具体操作如图 5.30 和图 5.31 所示。另外一种简捷的方式，可直接在图 5.29 所示的 SQL 数据库界面选择“数据库”服务器，右击，在弹出的快捷菜单中选择“停止”命令，之后再选择“启动”命令。

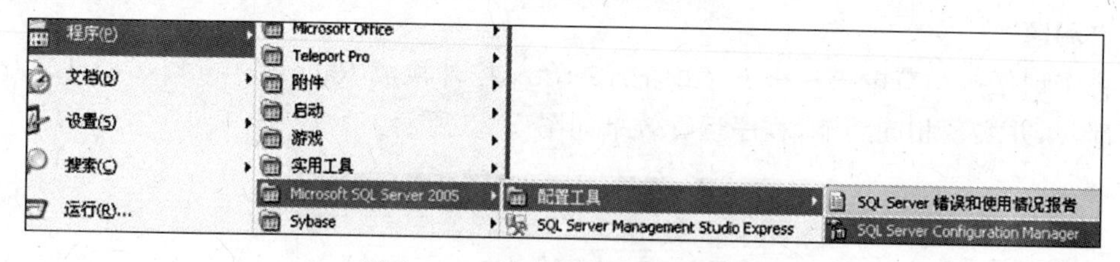

图 5.30　SQL Server 的配置管理

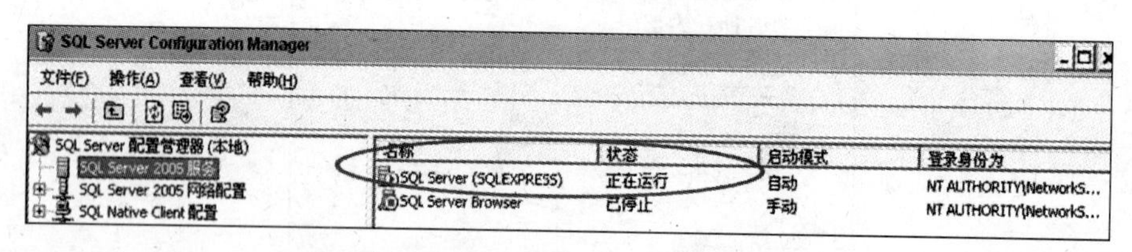

图 5.31　重启 SQL Server 服务器

(3) 设置登录属性

在 SQL Server 的登录方式上，选择使用 SQL Server 身份验证方式，并且用 SQL Server 默认的用户名“sa”进行登录，接下来设置一下登录用户的属性。

在数据库“对象资源管理器”的数据库服务器中，选择“安全性”下的 sa，右击在弹出的快捷菜单中选择“属性”命令，在弹出的对话框中设置 sa 用户的登录属性。

在“登录属性-sa”对话框中，选择“常规”下的“登录名”选项卡，登录名中已选中了“SQL Server 身份验证”单选按钮，在这里设置“密码”和“确认密码”都为 sa123(根据用户自己的需要进行设置，密码往往由字母与数字组成)，具体设置如图 5.32 所示。

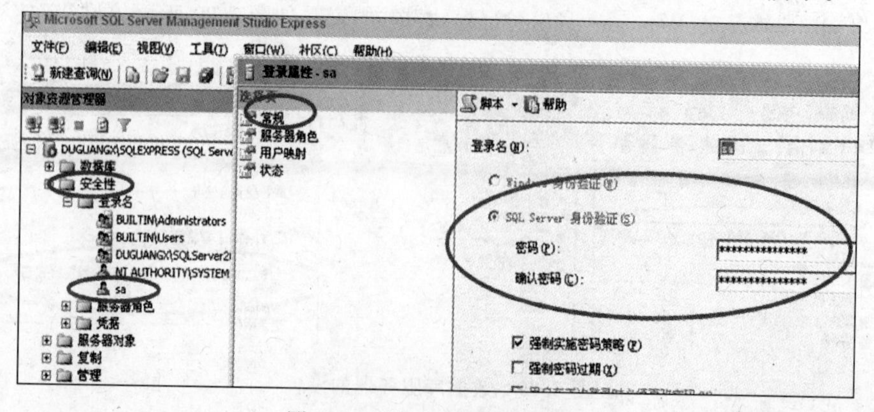

图 5.32　设置 sa 登录的属性

接下来，在“登录属性-sa”对话框中切换到“状态”选项卡，从中选中“启用”单选按钮，启用以上所设置的 sa 登录名，如图 5.33 所示。

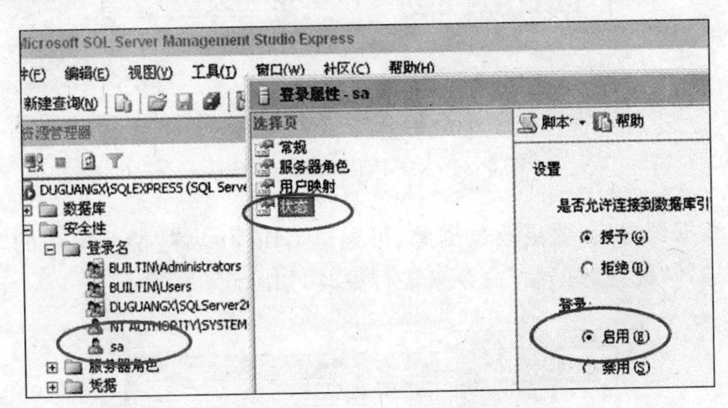

图 5.33　启用 sa 登录名

通过以上的设置，就可以用 SQL Server 身份验证方式，以用户名为 sa、密码为 sa123 的方式进行数据库的登录操作了。

5.2　数据绑定控件——GridView 控件

在 ASP.NET 中，服务器控件与数据源进行交互(如显示或添加数据)，这种技术被称为数据绑定技术。这种技术可以把 Web 窗体页与数据源无缝地连接到一起，通过页面的操作，就可以实现对数据源中数据的更新，增强了页面与数据源的交互能力。

在数据绑定过程中，最直接典型的操作，就是将数据绑定控件与数据源控件进行绑定，以此来实现页面对数据源的操作，而 GridView 控件就是数据绑定控件中的最典型代表。

具体地说，GridView 控件是一种功能强大的，以表格形式来显示数据的数据绑定控件。

1. GridView 控件概述

作用：GridView 控件用于配合数据源控件实现对数据库的浏览、编辑、删除等操作。

特点：以表格形式显示多条记录集合。

2. GridView 的基础操作

(1) GridView 的数据源绑定

GridView 数据绑定控件在绑定数据时和其他服务器控件是一样的，将控件拖曳到页面上，就通过在控件右上角的智能标签“GridView 任务”快捷面板中的“选择数据源”下拉列表框中选择“新建数据源”即可，如图 5.34 所示。

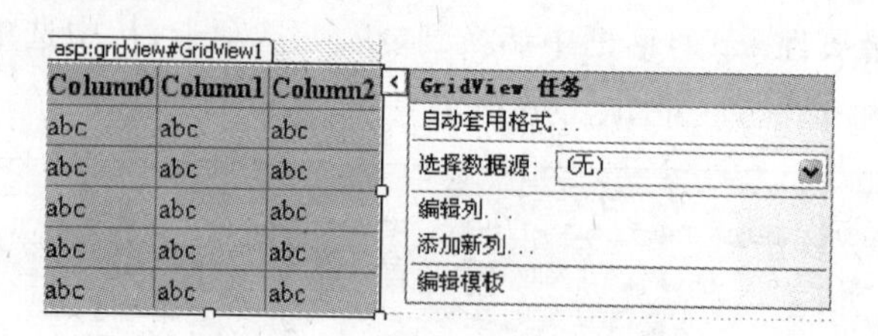

图 5.34　GridView 绑定数据源

在配置完数据源之后，要更改数据源，可通过 GridView 智能标签中的“GridView 任务”快捷面板，选择“配置数据源”命令来进行更改，如图 5.35 所示。

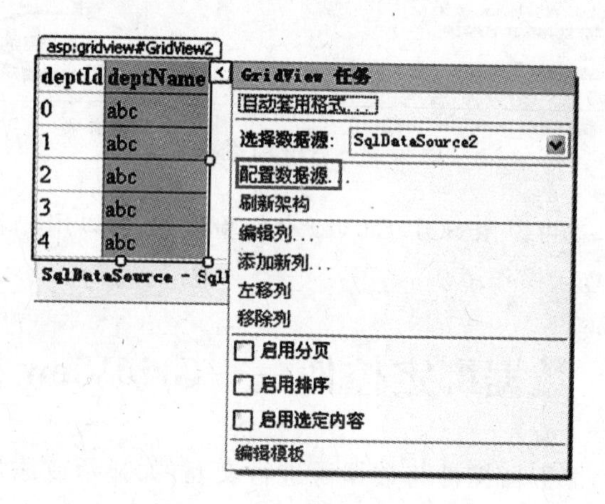

图 5.35　GridView 配置数据源

(2) GridView 的分页

GridView 控件作为一个优秀的数据绑定控件，自身就封装了分页、排序、选择、删除等方法，用户只需要在 GridView 控件右侧智能标签的“GridView 任务”快捷面板中选中相应的复选框就可以轻松启用分页、排序、选择等功能了，如图 5.36 所示。

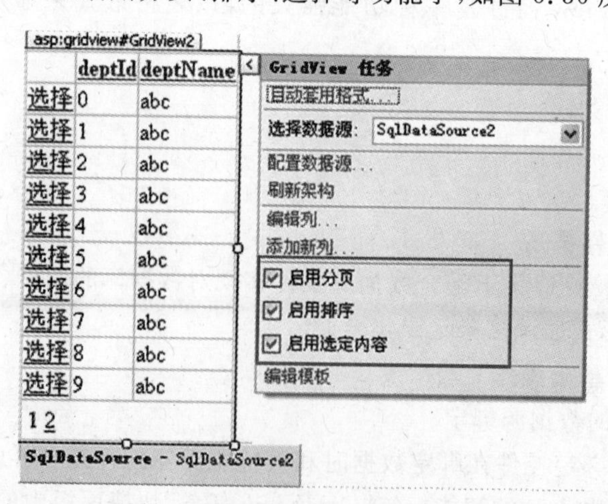

图 5.36　GridView 控件的分页、排序与选择

GridView 控件的分页功能，除了通过“GridView 任务”快捷面板进行选择外，还可以通过该控件“属性”面板的 AllowPaging 属性的值来设置，当值为 True 时允许分页，False 时则反之。

当选中“启用分页”复选框之后，GridView 控件的左下角就会出现当前数据内容的分页页码，如图 5.37 所示。而 GridView 控件分页的方式，则可以通过分页属性来进行具体设置，如图 5.38 所示。

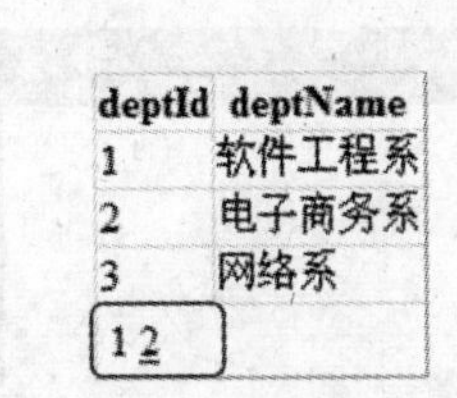

deptId	deptName
1	软件工程系
2	电子商务系
3	网络系
1 2	

图 5.37　GridView 默认的分页方式

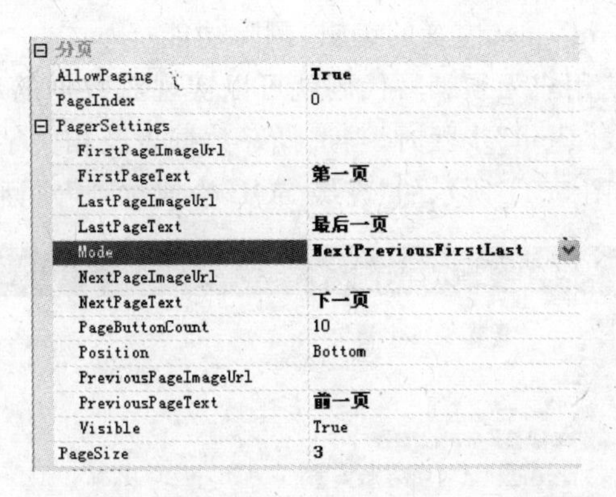

分页	
AllowPaging	True
PageIndex	0
PagerSettings	
FirstPageImageUrl	
FirstPageText	第一页
LastPageImageUrl	
LastPageText	最后一页
Mode	NextPreviousFirstLast
NextPageImageUrl	
NextPageText	下一页
PageButtonCount	10
Position	Bottom
PreviousPageImageUrl	
PreviousPageText	前一页
Visible	True
PageSize	3

图 5.38　设置 GridView 的分页属性

下面介绍几个常用的分页属性。

① AllowPaging：值为 True/False，表示是否启用分页功能。

② PageSize：设置 GridView 控件在每页上所显示的记录的数目。

③ PageCount：显示数据源记录所需的页数。

④ PageIndex：获取或设置当前显示页的索引。

⑤ PagerSettings：使用该对象可以设置 GridView 控件中的分页导航按钮的属性。

PagerSettings 中有一系列子属性，其中有一个 Mode 属性可以设置 GridView 控件的分页模式。

分页显示模式 Mode 属性如下。

① NextPrevious：显示“上一页”和“下一页”分页导航按钮。

② NextPreviousFirstLast：显示“上一页”、“下一页”、“首页”和“尾页”分页导航按钮。

③ Numeric：直接显示页编号的分页导航超链接，此种方式是默认的导航方式。

④ NumericFirstLast：显示页编号、“首页”和“尾页”的分页导航超链接。

(3) GridView 的排序

GridView 控件内置的排序功能和分页功能类似，除通过智能标签的任务面板选择外，也可以通过“属性”面板设置。属性设置，只需要将该控件的 AllowSorting 属性的值设置为 True 即可。当启用了排序后，GridView 控件就会将标题行处的列标题都以 LinkButton 的形式来显示，如图 5.39 所示，单击每一列的标题就会以该列数据为基准对数据进行排序。

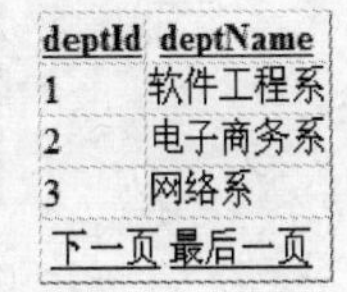

deptId	deptName
1	软件工程系
2	电子商务系
3	网络系
下一页 最后一页	

图 5.39　GridView 的排序

排序的具体设置,还可以通过以下的属性进行设置。

常用的排序属性如下。

① AllowSorting：表示是否启用排序功能,排序属性为 True 为排序,为 False 则反之。

② SortExpression：排序表达式。GridView 启用排序后,那么每一列的 SortExpression 属性的值默认设置为该列所绑定数据字段的名称。

(4) GridView 内置的编辑、删除功能

为了使用户无须编写代码就可以实现对数据的编辑、删除操作,在配置数据源时,到"配置 Select 语句"步骤时,当选择好数据表及相关字段后,如图 5.40 所示,单击"高级"按钮,弹出如图 5.41 所示的"高级 SQL 生成选项"对话框,在此对话框选中两个复选框。

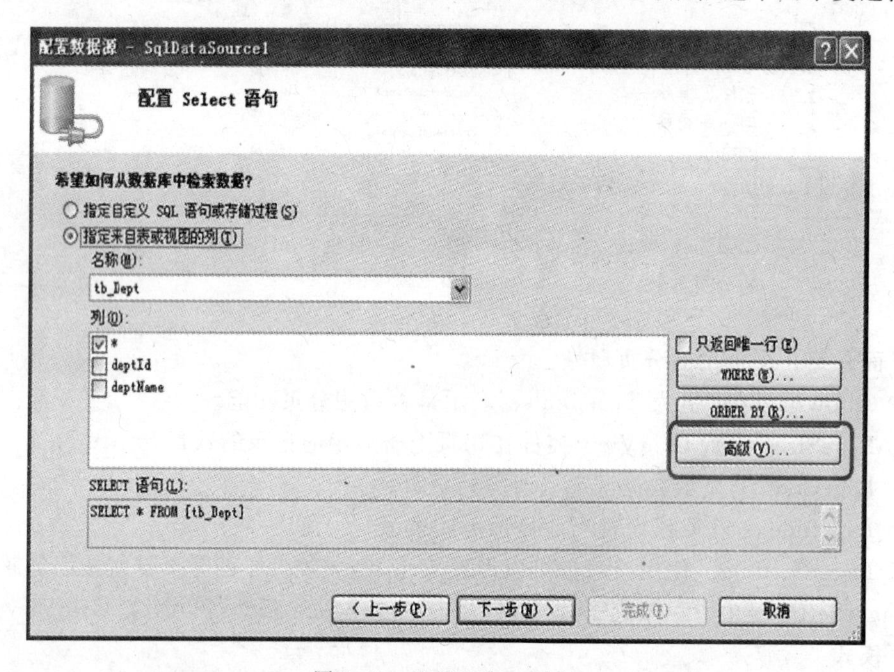

图 5.40 配置 Select 语句

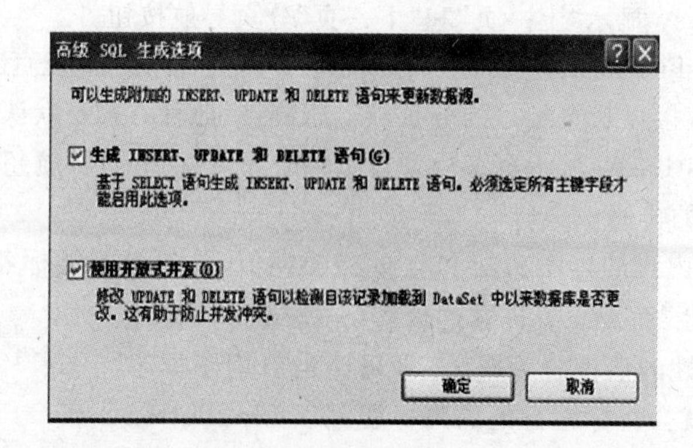

图 5.41 GridView 中的"高级 SQL 生成选项"对话框

说明：选中第一个复选框，即“生成 INSERT、UPDATE 和 DELETE 语句”复选框，系统将自动产生插入(insert)、更新(update)和删除(delete)的 SQL 语句。

选中第二个复选框，即“使用开放式并发”复选框，有助于防止由于同时对数据表进行操作而并发的冲突，设置完毕后单击“确定”按钮。

此部分特别需注意的是，在设置“高级 SQL 生成选项”对话框时，有时两个复选框是不可用的，主要原因是所操作的数据表没有设置主键列。

高级选项设置完毕，此时就可以通过 GridView 的智能标签来启用编辑和启用删除功能了，如图 5.42 所示，通过“GridView 任务”快捷面板启用编辑与删除功能。

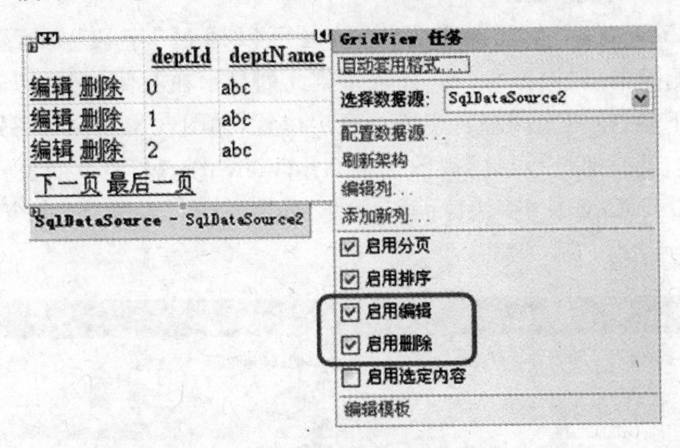

图 5.42 GridView 启用编辑与删除功能

(5) 编辑 GridView 中的数据字段

要想编辑 GridView 中的字段，只需在“GridView 任务”快捷面板中，选择“编辑列”命令，此时弹出“字段”对话框，如图 5.43 所示。

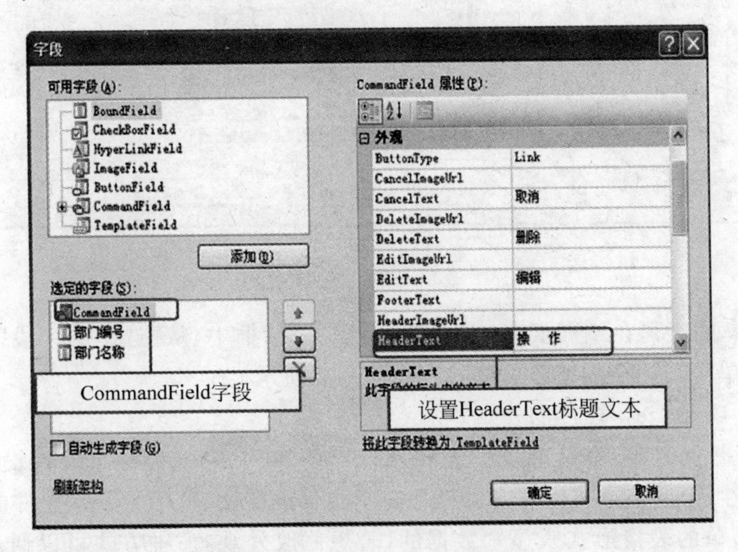

图 5.43 修改命令列的标题

在"字段"对话框的"选定的字段"中显示已经绑定的数据字段,要修改数据字段的属性,可以先选择要修改的字段,再通过右侧的"字段属性"进行相关属性的修改。例如将GridView中各字段标题部分改为中文形式显示,就可以将外观属性集中的HeaderText属性修改为中文形式,如图5.43所示,修改完毕的显示效果如图5.44所示。

操 作	部门编号	部门名称
编辑 删除	1	软件工程系
编辑 删除	2	电子商务系
编辑 删除	3	网络系
下一页 最后一页		

图5.44 标题修改后的显示效果

注意:对于GridView中的字段,如果用户需要自我定制,需要取消选中"字段"对话框中的"自动生成字段"复选框。

另外,GridView中各字段的显示位置也可以通过"字段"对话框进行调整,在GridView的左侧显示出"操作"一列,如果希望此列显示在右侧,则可以通过"字段"对话框的"上移"或"下移"按钮来调整各字段的显示位置,如图5.45所示。另外一种调整字段显示位置的方式,就是通过"设计"视图选中GridView的一个要改变位置的字段,通过右侧的智能标签"GridView任务"快捷面板中的"左移列"和"右移列"命令进行显示位置的调整,如图5.46所示。

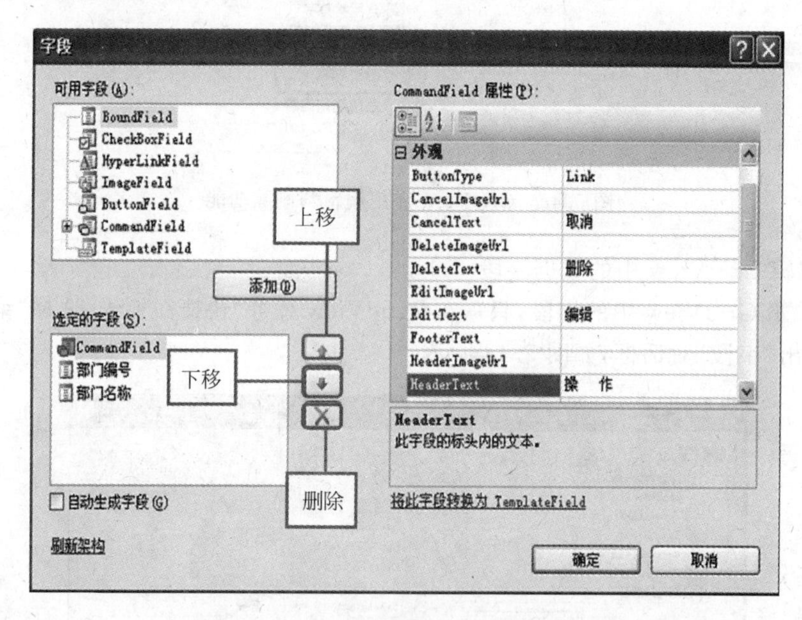

图5.45 通过移动按钮调整字段显示位置

GridView的某列在不需要时,可以在"字段"对话框中,从"选定的字段"列表中选择需删除的列,单击"删除"按钮即可删除,如图5.45所示。

(6) 设置GridView控件的外观

人们在设计网页时,都希望页面美观,而ASP.NET中就为各个控件设置了相应的样式、模板属性,开发人员可以非常方便地进行页面的美化。GridView控件的外观,默认情况下是以简单的表格形式来显示数据的,若想修改外观,一种方式可以通过GridView"属性"面板中的相应"外观"、"样式"属性进行自定义格式的设置。另外一种简单直观的方式就是ASP.NET像Word一样为用户提供了已经集成的"自动套用格式"选项。

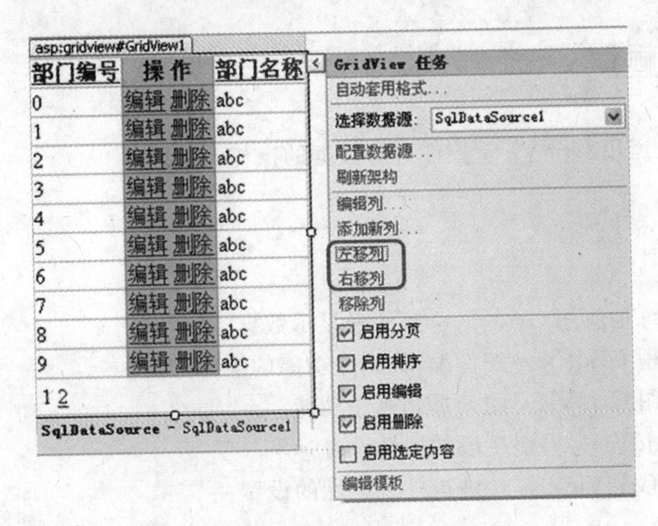

图 5.46 通过智能标签调整字段显示位置

“自动套用格式”的设置方法非常简单，首先选中 GridView 控件，从其右上角的智能标签中选择“自动套用格式”选项，如图 5.47 所示，此时会弹出“自动套用格式”对话框，在这里可以选择一种预定义的样式，如图 5.48 所示，选择“传统型”，单击“确定”按钮后，回到设计页面，会发现 GridView 的外观发生变化了。

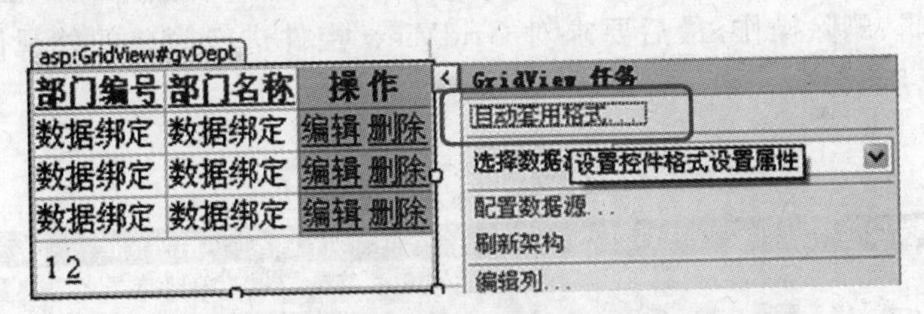

图 5.47 GridView 自动套用格式

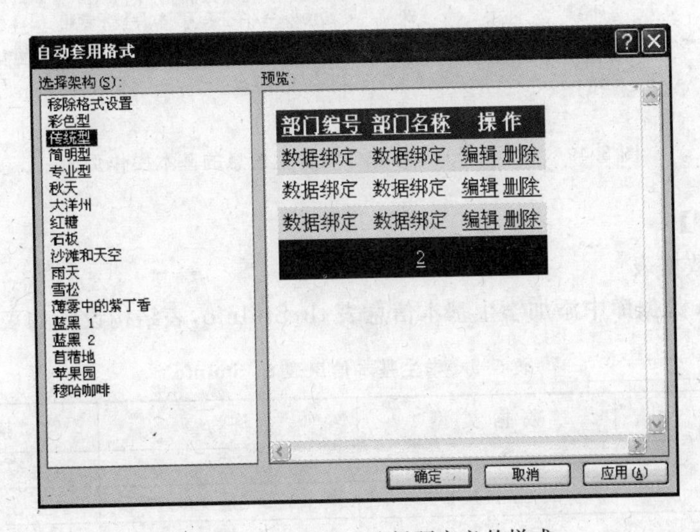

图 5.48 GridView 选择预定义的样式

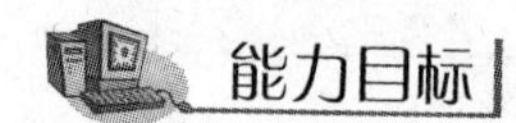

能力目标

能够灵活地运用 GridView 控件进行数据的操作。

具体要求

(1) 能够熟练地应用 GridView 控件来显示数据。
(2) 掌握启用 GridView 控件编辑、删除功能的操作方法。
(3) 能够启用 GridView 的分页和排序功能。
(4) 掌握 GridView 绑定字段的属性设置。
(5) 能够对 GridView 控件进行外观属性的设置。

实训任务

1. 利用 GridView 控件显示学生信息表中的数据

利用 GridView 控件将学生信息表中的数据显示出来，每一列的字段标题要求用中文显示，显示的数据结果要求进行分页显示，每页只显示 5 条记录，用户能够对数据表中的数据进行编辑、删除操作，最后要求对 GridView 控件进行简单的外观修饰，页面运行效果如图 5.49 所示。

学生信息管理

学生编号	学生姓名	学生性别	学生年龄	入学时间	所在院系	所学专业	操 作
1	白宇	女	20	2010	软件工程系	软件技术专业	编辑 删除
2	李超	男	19	2010	软件工程系	软件技术专业	编辑 删除
3	李明	男	20	2010	软件工程系	软件技术专业	编辑 删除
4	张露	女	20	2010	软件工程系	软件技术专业	编辑 删除
5	王艳	女	19	2010	软件工程系	信息管理专业	编辑 删除
							1 2

图 5.49 利用 GridView 控件对学生信息的基本操作页面

【操作步骤】

(1) 创建数据表

在 student 数据库中添加学生基本信息表 tb_StuInfo，表结构设置如表 5.5 所示。

表 5.5 学生基本信息表 tb_StuInfo

字段名	数据类型	允许为空	描 述
stuId	int	否	学生编号，自动增长
stuName	char(10)	是	学生姓名
stuSex	char(2)	是	学生性别

续表

字段名	数据类型	允许为空	描　述
stuAge	int	是	学生年龄
stuGrade	char(10)	是	入学时间
stuDept	varchar(20)	是	所在院系
stuSpec	varchar(20)	是	所学专业

并在表中输入数据,参考图5.49。

(2) 添加GridView控件

从工具箱"数据"选项卡中拖曳GridView控件到当前页面或双击GridView控件图标,即可添加GridView控件。

(3) 配置数据源

在"设计"视图中,选中GridView控件,在"GridView任务"快捷面板中,选择"选择数据源"中的"新建数据源"选项,具体设置和5.1节中介绍的普通服务器控件绑定数据源的方式是一样的,这里不再重复,只是在"配置Select语句"时,要选择表tb_StuInfo,列选择"*",即所有字段,如图5.50所示。

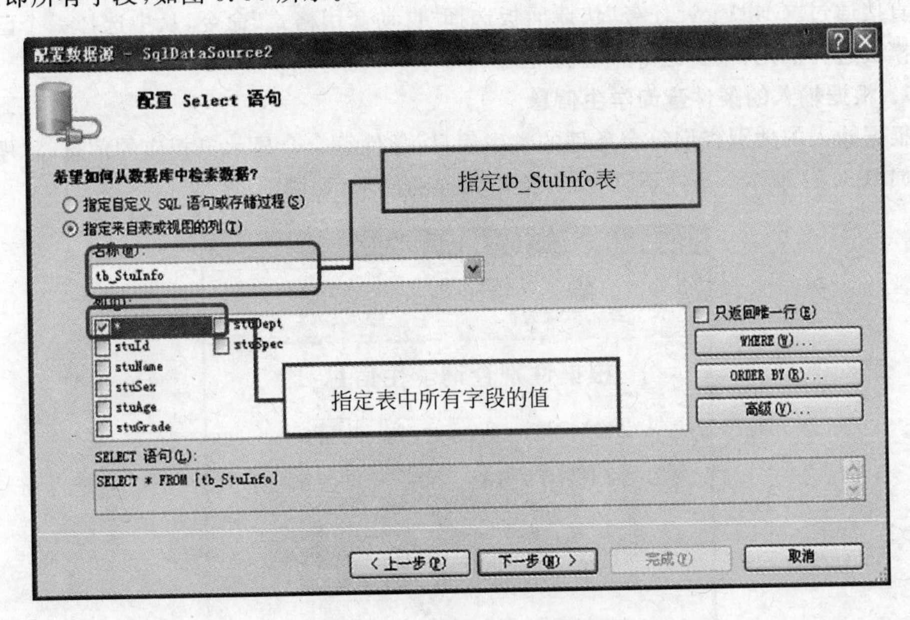

图5.50 配置Select语句

(4) 启用分页、编辑、删除

通过GridView的智能标签直接来进行选择,参照前面的相关知识。

(5) 设置GridView绑定列的属性

在GridView控件的智能标签中的"GridView任务"快捷面板中选择"编辑列"命令,依照页面显示效果图5.49进行相关属性的设置,具体绑定列的属性设置如图5.51所示,修改每一列的字段标题HeaderText为中文。

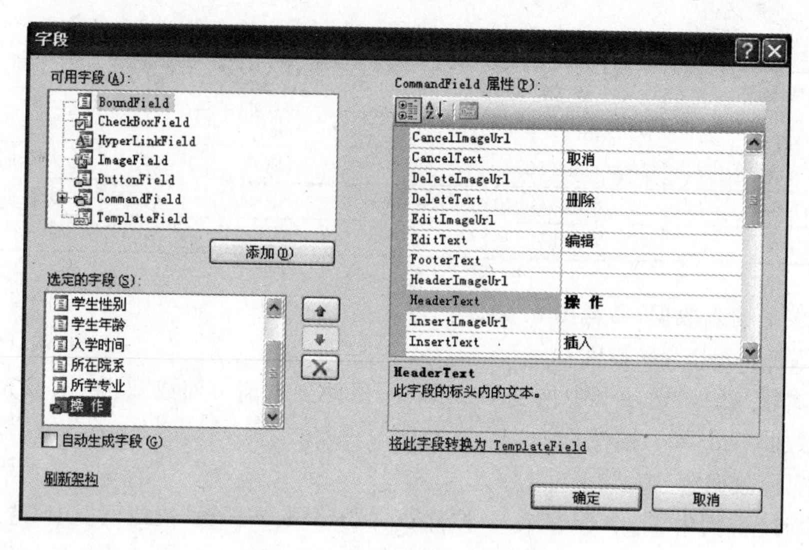

图 5.51　数据字段的属性修改

(6) 设置 GridView 的外观

直接通过"GridView 任务"快捷面板选择"自动套用格式"命令，从中选择一个已有的样式模板进行套用，本例选择"石板"型。

2. 根据输入的条件查询学生信息

根据输入的性别查询符合条件的学生信息，条件符合会显示出相应的信息，程序运行效果如图 5.52 所示；条件不符合，会给出相应的提示，如图 5.53 所示。

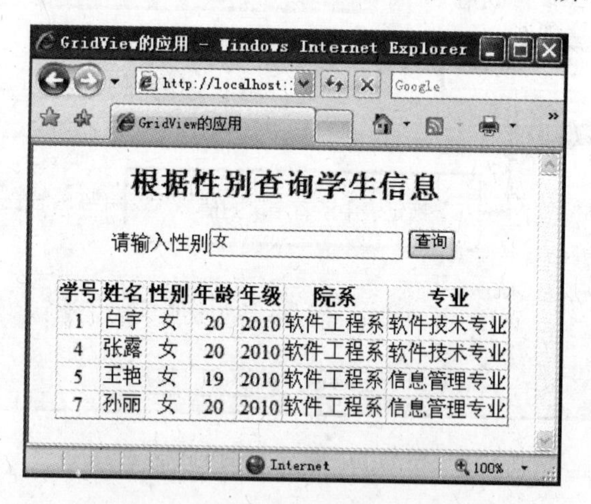

图 5.52　按查询条件符合的运行效果

【操作步骤】

(1) 设计 Web 页面

创建 Web 页面，并在该页面插入一个 3 行 1 列的表格进行页面布局，在相应的单元格中输入说明文字，在第二个单元格插入 1 个文本框和 1 个按钮，在第三个单元格中插入 1 个 GridView 控件和 1 个 SqlDataSource 控件，页面设计效果如图 5.54 所示。

图 5.53　按查询条件不符合的运行效果

根据性别查询学生信息

请输入性别　查询

学号	姓名	性别	年龄	年级	院系	专业
0	abc	abc	0	abc	abc	abc
1	abc	abc	1	abc	abc	abc
2	abc	abc	2	abc	abc	abc
3	abc	abc	3	abc	abc	abc
4	abc	abc	4	abc	abc	abc

SqlDataSource - sdsStuInfo

图 5.54　按条件查询设计 Web 页面

(2) 设置控件属性

页面各控件对象的属性设置如表 5.6 所示。

表 5.6　页面各控件对象的属性设置

控　件	属　性	值	说　明
TextBox1	ID	txtSex	文本框的名称
Button1	ID	btnSel	按钮 1 的名称
	Text	查询	按钮 1 上的文本
GridView	ID	gvStuInfo	GridView1 的名称
SqlDataSource1	ID	sdsStuInfo	数据源的名称

(3) 配置数据源

使用 sdsStuInfo 数据源控件配置数据源的方式在前面相关知识中已经介绍，主要注意“配置 Select 语句”选择的数据表为 tb_StuInfo，如图 5.55 所示，接下来设置查询语句的子语句 WHERE 子句，如图 5.56 所示。

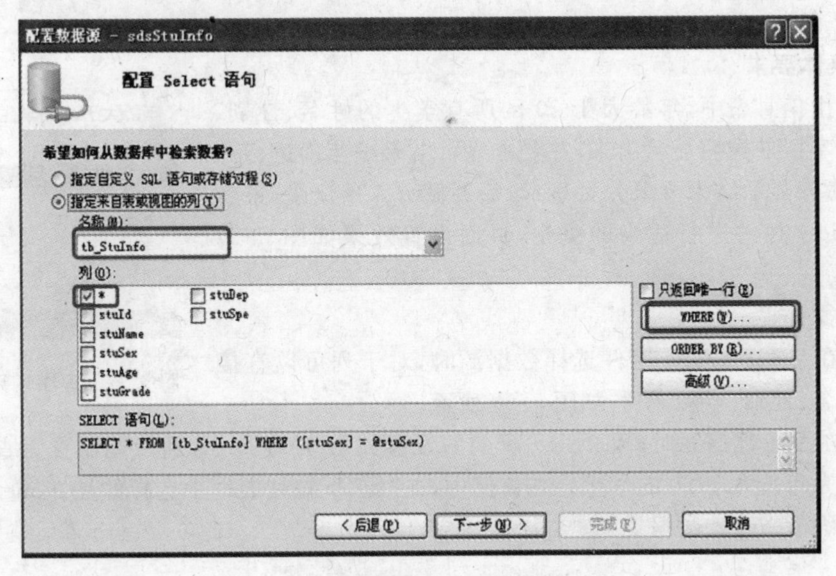

图 5.55　配置 Select 语句

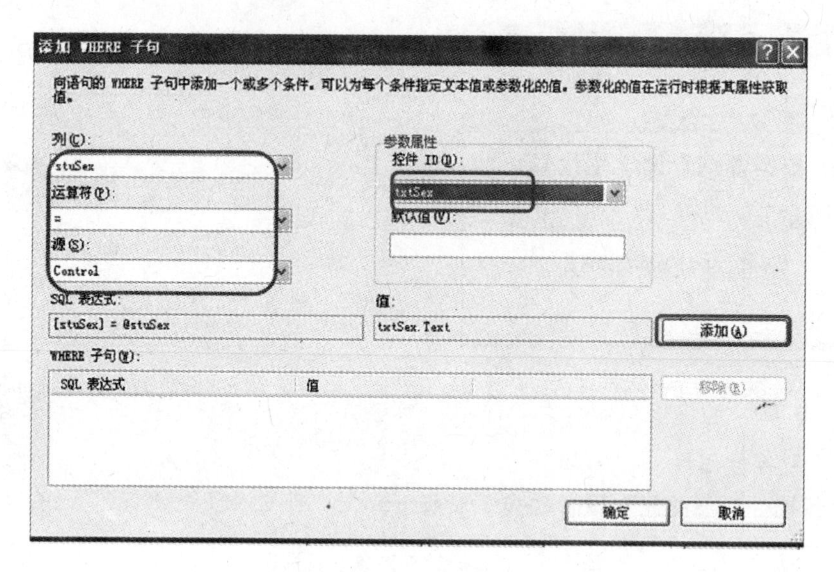

图 5.56　添加 WHERE 子句

（4）设置 GridView 控件的空数据文本

以上的设置在查询条件符合要求时就会显示相应的查询结果，但当没有符合条件的记录时，要给出显示提示信息，这时可以通过设置 GridView 的 EmptyDataText 属性来设置相应的信息，此例中设置 EmptyDataText＝"对不起，没有您所需要的数据"。

说明：如果选择数据源后只改变了 GridView 的字段头，如图 5.54 所示，没有显示出数据界面，此时，可以单击 GridView 的智能标签中的"GridView 任务"快捷面板中的"刷新架构"命令，这样就会使用数据源控件返回的列更新 GridView 的显示。

能力测试

1. 具体要求

将学生信息表中，年龄大于 20 的所有学生的姓名、性别、年龄 3 个字段的内容显示出来，并要求显示结果按年龄进行升序排列，另外显示结果要求分页显示，每页显示 5 条记录，最后对 GridView 控件进行适当的美化，页面设置效果如图 5.57 所示。

年龄大于20的学生信息

姓名	性别	年龄
李明	男	21
萧博	男	21
李咏	男	21
李超	男	22
张璐	女	22
	1 2	

图 5.57　程序运行效果

程序操作提示：

（1）在为 GridView 控件选择数据源时，对于列可以直接只选择姓名、性别、年龄 3 列，如图 5.58 所示。

（2）在配置数据源时，WHERE 子句的设置如图 5.59 所示，通过此设置为查询限定查询条件为年龄大于 20 的学生。在该例中，在"源"下拉列表框中选择的是 None，也就是通过硬编码值来筛选数据。

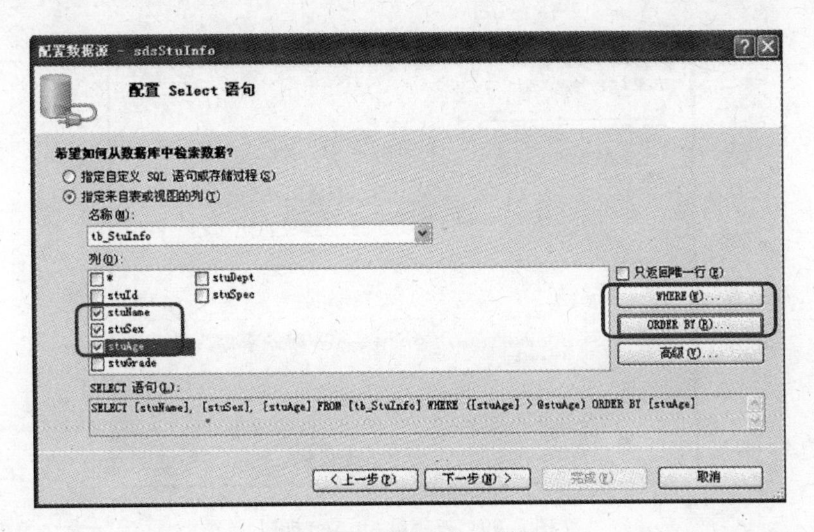

图 5.58 配置 Select 语句

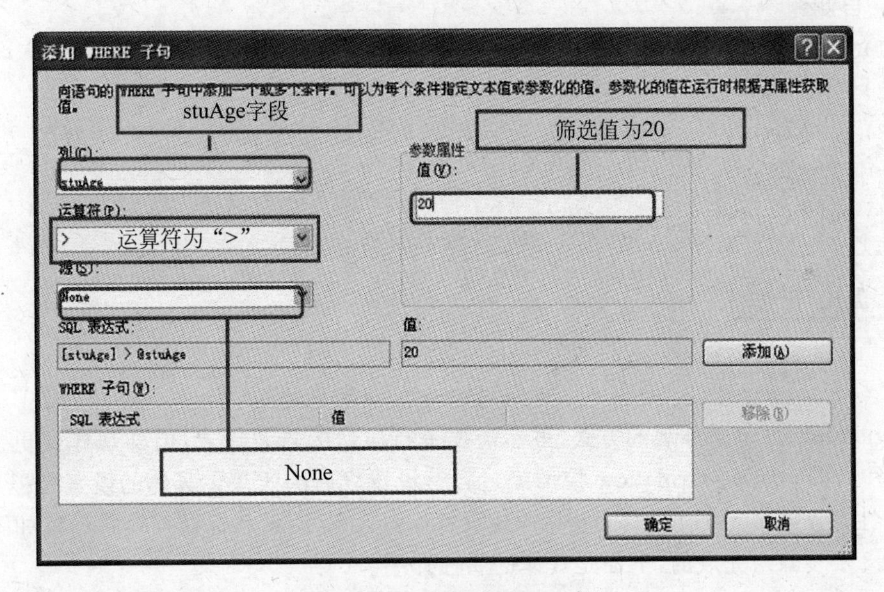

图 5.59 添加 WHERE 子句

(3) 数据排序

对于查询出来的学生信息要求按照学生的年龄进行排序,一种排序方式可以通过前面介绍的相关知识直接选择排序;另外一种较为准确的排列方式,就是在“配置 Select 语句”的对话框中单击 ORDER BY 按钮,如图 5.58 所示,在弹出的“添加 ORDER BY”子句对话框中进行指定数据字段的排序,本例排序设置如图 5.60 所示。

(4) GridView 控件的分页属性设置

```
AllowPaging = True;
PageSize = 5;
```

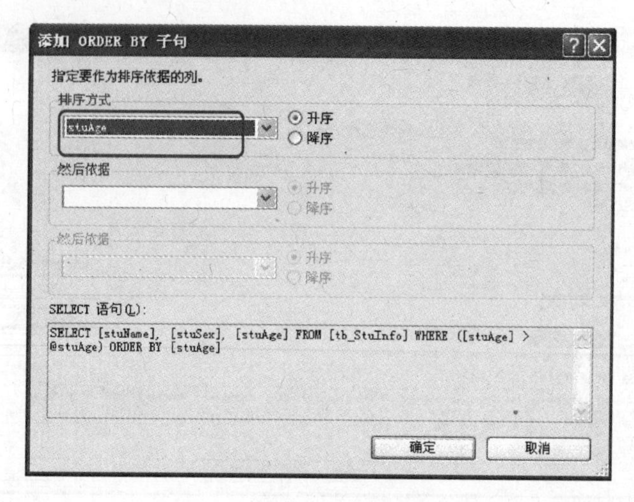

图 5.60　按年龄 stuAge 排序

2. 自测题

(1) GridView 控件要允许分页，需要设置________属性的值为 True。

(2) GridView 控件分页后，每页默认的显示记录数为________条。

(3) 设置 GridView 的标题行显示为中文，需要设置 GridView 控件字段的________属性为中文即可。

(4) 简述 GridView 控件的用法。

GridView 的自定义外观

GridView 自定义外观的方式，虽然需要进行属性的自我设置，但外观样式更加灵活一些，图 5.61 所示是 GridView 控件经过自行设置之后的效果。具体的设置过程是通过外观属性设置如图 5.62 所示、交替行样式设置如图 5.63 所示和标题行样式设置如图 5.64 所示这 3 个步骤来完成的，下面是具体的属性介绍。

部门编号	部门名称
1	软件工程系
2	电子商务系
3	网络系
4	旅游管理系

图 5.61　自定义 GridView 的外观

⊟ 外观	
BackColor	#CCFFFF
BackImageUrl	
BorderColor	#000066
BorderStyle	Solid
BorderWidth	1px
CssClass	
EmptyDataText	
⊞ Font	Large
ForeColor	Black
GridLines	Both
ShowFooter	False
ShowHeader	True

图 5.62　GridView 的外观属性的设置

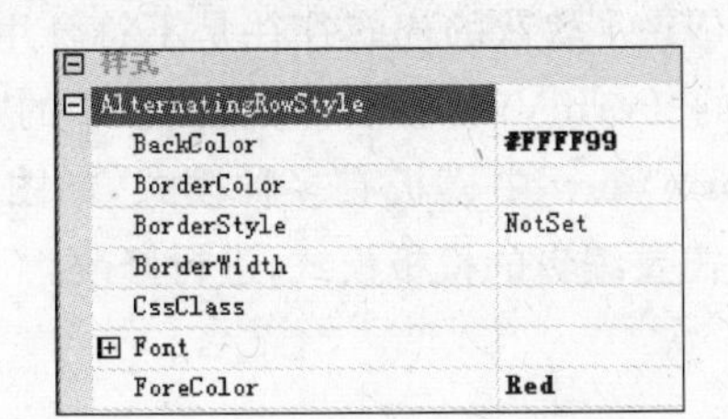

图 5.63 GridView 的交替行样式设置

HeaderStyle	
BackColor	#6600CC
BorderColor	
BorderStyle	NotSet
BorderWidth	
CssClass	
⊞ Font	
ForeColor	White
Height	
HorizontalAlign	Center

图 5.64 GridView 的标题行样式设计

(1) GridView 常用的外观属性

① BackColor：设置 GridView 的背景色。

② BackImageUrl：设置 GridView 控件的背景图像。

③ BorderColor：设置 GridView 控件的边框颜色。

④ BorderStyle：设置 GridView 控件的边框样式。

⑤ BorderWidth：设置 GridView 控件的边框宽度。

⑥ Font：设置 GridView 控件的字体属性。

⑦ ForeColor：设置 GridView 控件的前景色。

⑧ GridLines：设置 GridView 网格单元格之间是否显示间隔线。

(2) GridView 控件常用的样式属性

① AlternatingRowStyle：设置交替行的样式属性。

② HeaderStyle：设置标题行的样式。

③ FooterStyle：设置脚注行的样式。

④ RowStyle：设置 GridView 控件行的样式。

⑤ SelectRowStyle：设置当前选中行的样式。

5.3 数据绑定控件——FormView 控件

在 ASP.NET 中，GridView 作为数据绑定控件在显示操作结果时，它可以在页面中显示多条数据记录，如果每次只想显示一条记录，则可借助 FormView 控件。

FormView 控件

作用：浏览或操作数据库的数据绑定控件。

特点：FormView 中的记录是分页的，每页只显示一条记录，如图 5.65 所示。

stuId: 30
stuName: 白宇
stuSex: 男
stuAge: 23
stuGrade: 2010
stuDept: 软件工程系
stuSpec: 软件技术专业
编辑 删除 新建
1 2 3

图 5.65 页面浏览效果

使用方法：FormView 绑定数据源的方式与 GridView 是一致的。

FormView 控件样式的设置如下。

将FormView控件与数据源控件绑定后，FormView默认的样式往往是不符合用户需求的，开发人员可以通过FormView的智能标签中的“FormView任务”快捷面板中的“编辑模板”命令来实现样式的修改，如图5.66所示。FormView中模板有多种模式，如图5.67所示，开发人员可在“显示”下拉列表框中，选择一种需要编辑的模板模式，进行修改。

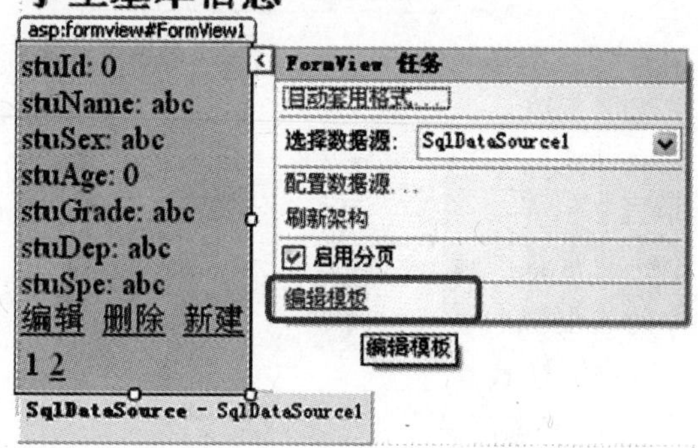

图5.66 编辑FormView模板

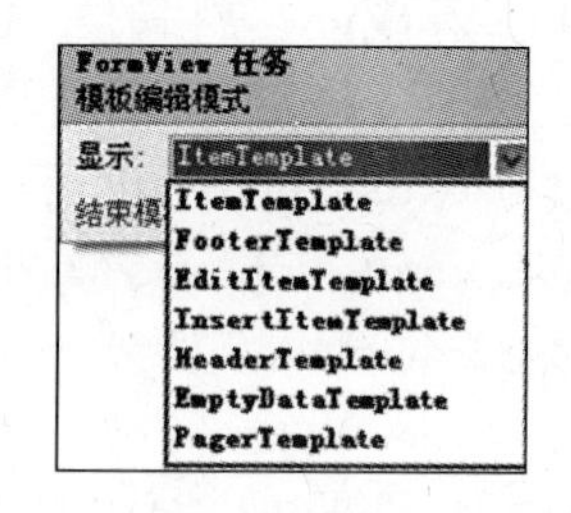

图5.67 FormView的模板

说明：FormView控件的模板有如下几种。

① ItemTemplate（项模板）也称浏览模板，定义如何显示控件中的每一项。

② EditItemTemplate（编辑模板）定义控件编辑项的外观。

③ InsertItemTemplate（插入模板）定义控件的插入外观。

④ HeaderTemplate（头模板）定义控件的标题头外观。

⑤ FooterTemplate（脚注模板）定义控件脚注部分的外观。

⑥ EmptyDataTemplate（空数据模板）定义控件中无数据时的外观。

能力目标

会使用FormView控件进行数据信息的显示、增加、删除、修改操作。

具体要求

(1) 能利用FormView控件进行数据信息的增加、删除、修改、查询等操作。

(2) 能够利用FormView模板进行FormView显示方式的修改。

实训任务

利用FormView控件配合SqlDataSource控件实现对学生信息表tb_StuInfo表中内容的浏览、编辑、新建与删除操作，程序运行后的效果如图5.68～图5.70所示，分别是FormView的查看界面、编辑界面和插入界面。

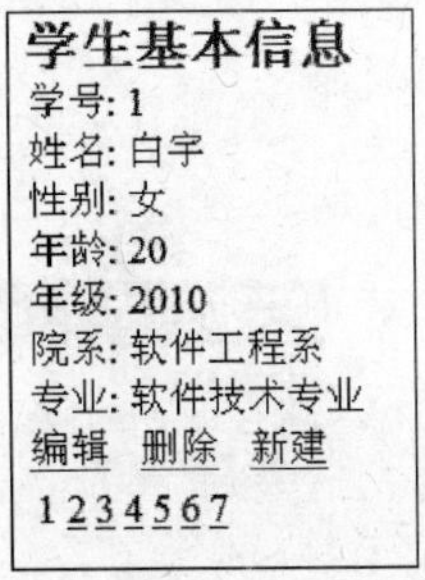
学生基本信息
学号:1
姓名:白宇
性别:女
年龄:20
年级:2010
院系:软件工程系
专业:软件技术专业
编辑 删除 新建
1234567

图 5.68 浏览数据

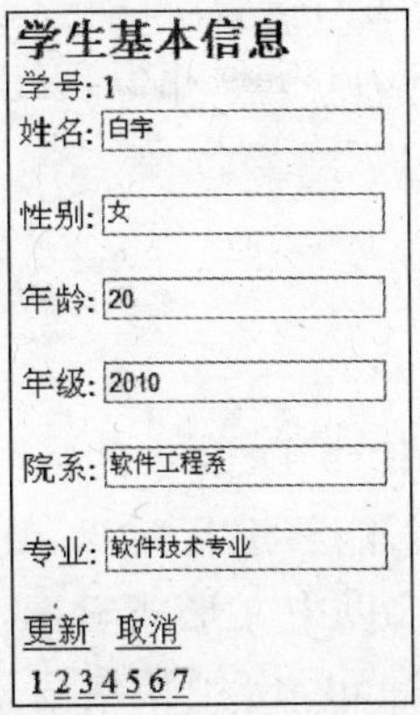
学生基本信息
学号:1
姓名: 白宇
性别: 女
年龄: 20
年级: 2010
院系: 软件工程系
专业: 软件技术专业
更新 取消
1234567

图 5.69 修改数据

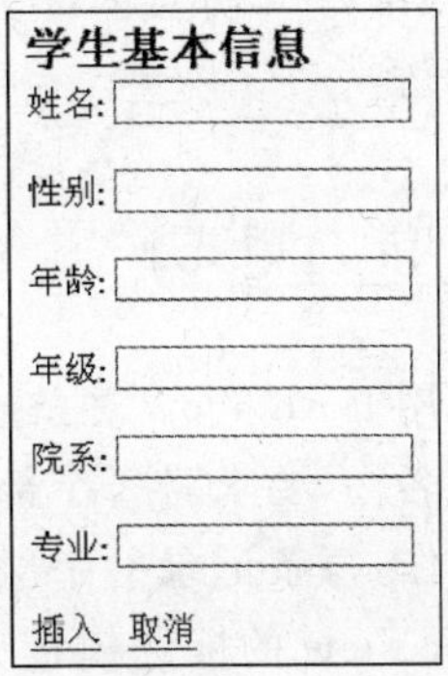
学生基本信息
姓名:
性别:
年龄:
年级:
院系:
专业:
插入 取消

图 5.70 增加数据

【操作步骤】

(1) 设计 Web 页面

创建一个 ASP. NET 网站,并在网站中添加 Web 页面,在页面中添加 SqlDataSource 控件与 FormView 控件,并为 FormView 配置数据源。在配置数据源时,一定要注意,为了使应用程序能够对数据进行增加、删除、修改、查询的操作,在"配置 Select 语句"时,一定要将"高级"SQL 生成选项对话框中的"生成 INSERT、UPDATE 和 DELETE 语句"复选框选中,如图 5.41 所示。

(2) 设置 FormView 控件的模板模式

选中 FormView 控件,单击其智能标签中的"编辑模板"命令来实现样式的修改。在模板下拉菜单中分别对 ItemTemplate 项模板、EditItemTemplate 编辑模板、InsertItemTemplate 插入模板进行修改,将这些模板中的所有英文字段名称改成中文,图 5.71 所示是对编辑模板进行修改,修改完毕,单击"FormView 任务"快捷面板中的"结束模板编辑"命令,如图 5.72 所示,即可回到"设计"视图。

FormView1 - EditItemTemplate
EditItemTemplate
学号: [stuIdLabel1]
姓名:
性别:
年龄:
年级:
院系:
专业:
更新 取消
SqlDataSource - SqlDataSource1

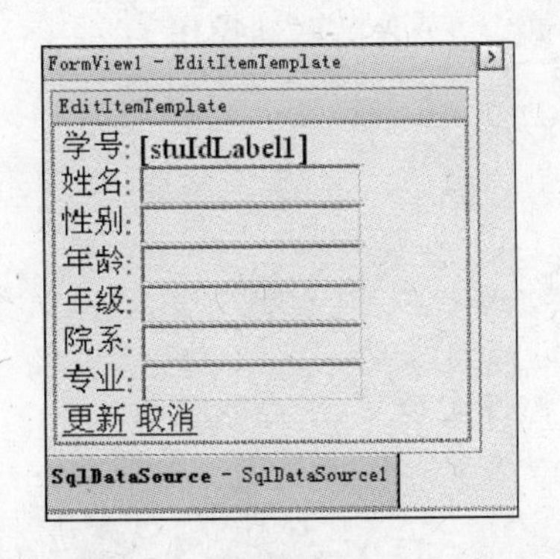

图 5.71 更改 FormView 的编辑模板

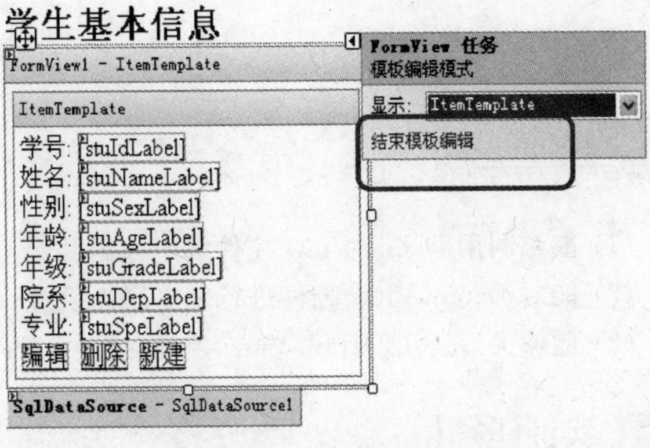
学生基本信息
FormView1 - ItemTemplate
ItemTemplate
学号: [stuIdLabel]
姓名: [stuNameLabel]
性别: [stuSexLabel]
年龄: [stuAgeLabel]
年级: [stuGradeLabel]
院系: [stuDepLabel]
专业: [stuSpeLabel]
编辑 删除 新建
FormView 任务
模板编辑模式
显示: ItemTemplate
结束模板编辑
SqlDataSource - SqlDataSource1

图 5.72 单击"结束模板编辑"命令

(3) 启用 FormView 的分页

FormView 分页的设置方式与 GridView 相似,直接在智能标签中选中“启用分页”复选框即可。

能力测试

利用 FormView 逐条显示部门表 tb_Dept 中的每个部门的编号与名称,要求对每个部门的信息能够进行编辑、删除和增加的操作,每条记录的字段标题要求以中文形式显示,并且要求 FormView 的标题模板 HeaderTemplate 中始终显示“学院部门管理”的字样,最后利用 FormView 的相关属性进行外观设置,页面运行效果如图 5.73 所示。

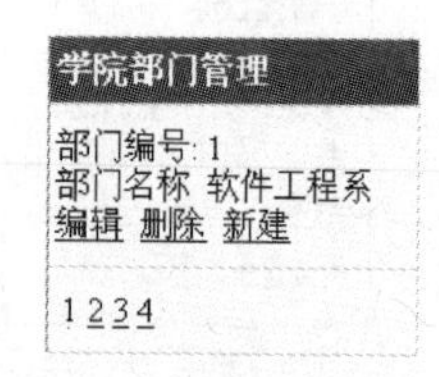

图 5.73 程序运行效果

5.4 数据绑定控件——DetailsView 控件

相关知识

DetailsView 控件

作用:用于查看细节信息的控件,主要作用是根据父表中项的选择,在 DetailsView 控件中显示子表的信息。

特点:DetailsView 控件每次只显示一条记录,且内容按垂直方向排列。

使用方法:DetailsView 控件绑定数据源的方式与 GridView 控件是一致的。

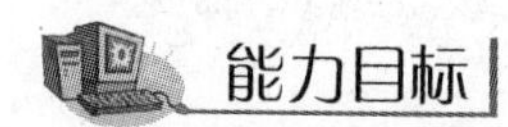

能力目标

能够应用 DetailsView 控件与其他控件配合使用,实现父、子表的联动操作。

具体要求

(1) 能够利用 DetailsView 控件绑定数据源。

(2) 能对 DetailsView 控件进行基本属性设置。

(3) 能够灵活运用 DetailsView 控件配合 GridView 控件实现父、子表的联动。

实训任务

利用 DetailsView 控件结合 GridView 控件,设计一个父表(GridView)与子表(DetailsView)联动的应用程序,即在父表中选择相应的学生就会在子表中显示出这个学生的成绩信息，程序运行效果如图 5.74 所示。

学生信息表(父表)

	学号	姓名
选择	1	白宇
选择	2	李超
选择	3	李明
选择	4	张露
选择	5	王艳
选择	6	陶明明
选择	7	孙丽

学生成绩表(子表)

学号	1
数学	90
英语	87
计算机	92

图 5.74　DetailsView 的应用

【操作步骤】

(1) 创建数据表

在 student 数据库中，添加表 tb_StuResult，该表结构如表 5.7 所示。表创建完毕，向表中适当添加数据。

表 5.7　学生成绩表 tb_StuResult

字段名	数据类型	允许为空	描　述
stuId	int	否	学生编号，自动增长
stuMath	float	是	数学成绩
stuEnglisth	float	是	英语成绩
stuComputer	float	是	计算机成绩

(2) GridView 控件显示父表数据

GridView 选择数据源的操作这里不再重复，在“配置 Select 语句”时，选择所需要显示的字段 stuId 和 stuName 即可，如图 5.75 所示。

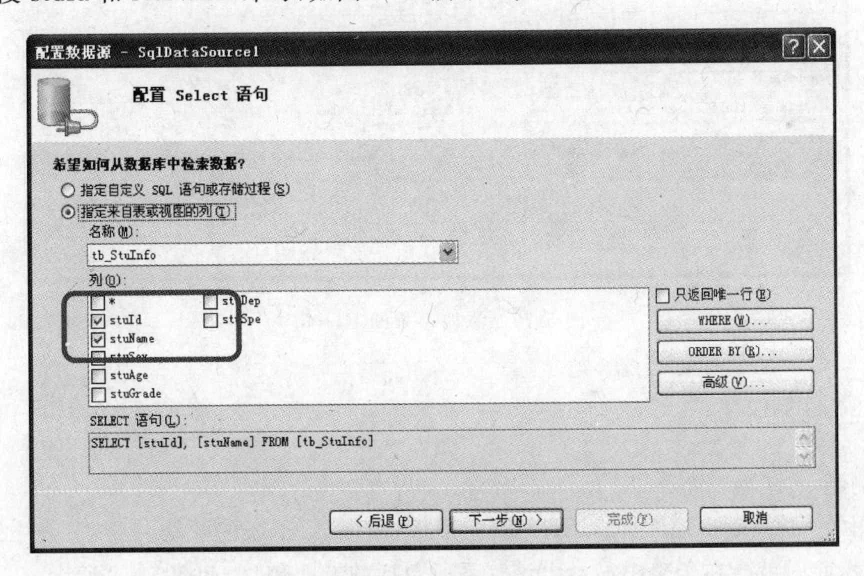

图 5.75　选择显示的列

为 GridView 配置完数据源后，可通过控件右上角的智能标签中的“GridView 任务”快捷面板，选择“编辑列”命令，修改各字段的 HeaderText 属性为中文。

为 GridView 选中“启用分页”、“启用选定内容”复选框，如图 5.76 所示。

(3) DetailsView 控件显示子表的数据

DetailsView 控件绑定数据源时需要注意“配置 Select 语句”的 WHERE 选项，按图 5.77 所示配置查询条件。

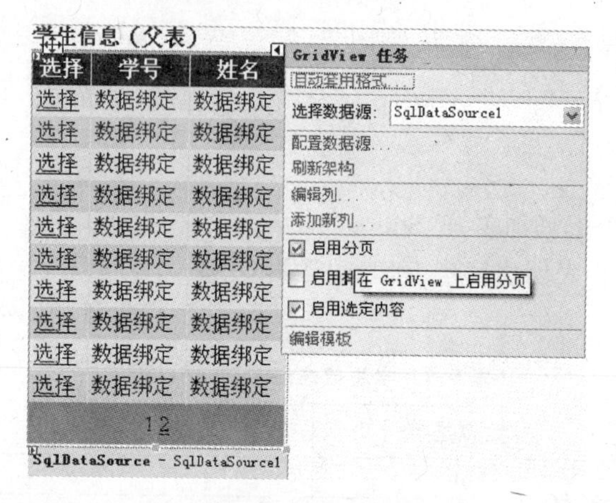

图 5.76　为 GridView 启用分页与启用选定内容

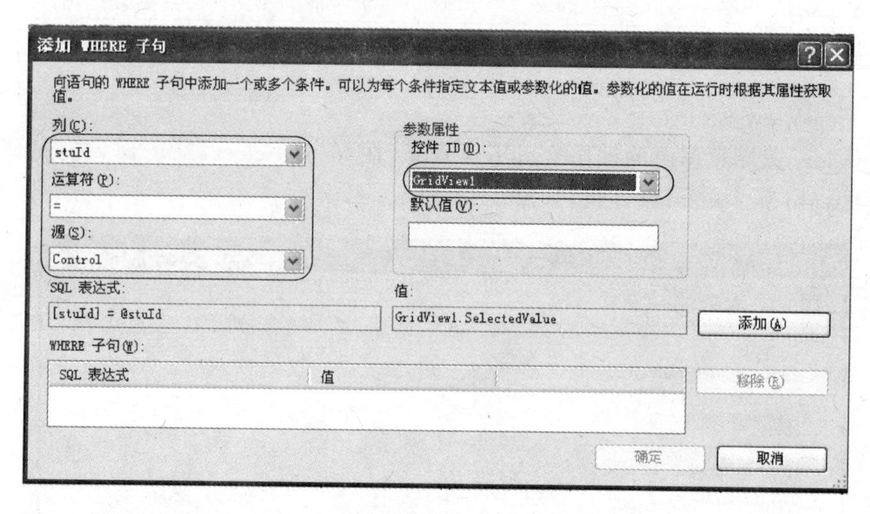

图 5.77　添加 WHERE 子句

能力测试

自测题

利用 DetailsView 控件配合 GridView 控件，实现父、子表的联动，当在父表中选择一个院系时，此时就会在子表中显示出该院系所包括的专业信息，如图 5.78 所示。

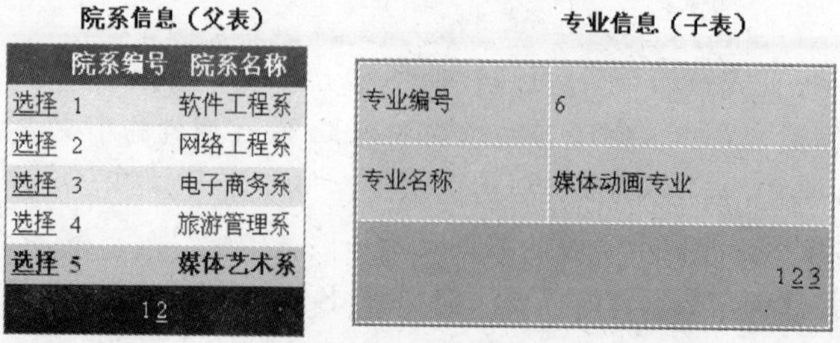

院系信息（父表）

	院系编号	院系名称
选择	1	软件工程系
选择	2	网络工程系
选择	3	电子商务系
选择	4	旅游管理系
选择	**5**	**媒体艺术系**
12		

专业信息（子表）

专业编号	6
专业名称	媒体动画专业
123	

图 5.78　子表随父表所选内容的变化而变化

程序设计提示：详情控件 DetailsView 中的数据要随父表所在的控件 GridView 中选择的变化而变化，即子表随父表而变化，这是通过部门编号 deptId 联系来的，可以通过图 5.79 所示的图标来展示两者的关系。

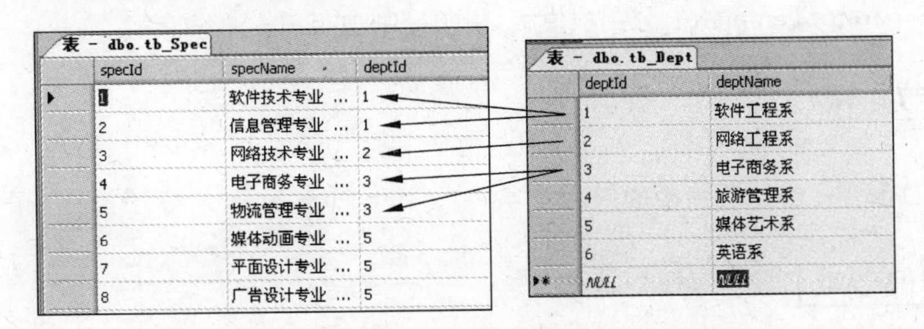

表 - dbo.tb_Spec

specId	specName	deptId
1	软件技术专业 ...	1
2	信息管理专业 ...	1
3	网络技术专业 ...	2
4	电子商务专业 ...	3
5	物流管理专业 ...	3
6	媒体动画专业 ...	5
7	平面设计专业 ...	5
8	广告设计专业 ...	5

表 - dbo.tb_Dept

deptId	deptName
1	软件工程系
2	网络工程系
3	电子商务系
4	旅游管理系
5	媒体艺术系
6	英语系
NULL	NULL

图 5.79　专业信息表与部门信息表之间的关系

5.5　数据绑定控件——DataList 控件

前面已经介绍了 GridView 控件，GridView 控件虽然可以方便地显示操作数据，但它的显示形式单一，只能以表格的形式来显示数据。在 ASP.NET 2.0 中提供了一个可以自由进行数据排版的控件——DataList 控件。

说明：DataList 控件与 GridView 控件不同的是，该控件没有列的概念。所有显示的数据都需要使用模板进行自定义。在一行中显示多个记录是 DataList 控件很重要的特点(而 GridView 控件不具有该特性)，但是该控件没有内置排序和分页的功能。

1. DataList 控件的常用属性

(1) RepeatColumns：每行显示的列数。

(2) RepeatDirection：排列方向，包括 Vertical(纵向)和 Horizontal(横向)两个选项。

(3) DataKeyField：指定数据表的关键字段。

2. DataList 控件事件

(1) OnEditCommand：单击“编辑”按钮时调用的事件过程。

(2) OnCancelCommand：单击“取消”按钮时调用的事件过程。

(3) OnUpdateCommand：单击“更新”按钮时调用的事件过程。

(4) OnDeleteCommand：单击“删除”按钮时调用的事件过程。

(5) OnItemCommand：单击其他按钮时调用的事件过程。

3. DataList 控件的模板列

(1) ItemTemplate：项模板，定义如何显示控件中的每一项。

(2) AlternatingItemTemplate：间隔项模板。

(3) SelectedItemTemplate：选择项模板。

(4) EditItemTemplate：编辑模板，定义控件编辑项的外观。

(5) HeaderTemplate：头模板，定义控件的标题头外观。

(6) FooterTemplate：脚注模板，定义控件脚注部分的外观。

(7) SeparatorTemplate：分割项模板，用于分割项与项。

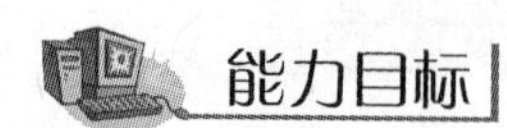

能力目标

掌握 DataList 绑定数据源的用法。

具体要求

(1) 能利用 DataList 控件绑定数据源。

(2) 会设置 DataList 控件的 RepeatColumns、RepeatDirection 属性。

实训任务

利用 DataList 控件显示出学生信息表中的数据，每行显示 4 条记录，记录排列方向为横向排列，所有字段标题为中文，页面运行效果如图 5.80 所示。

学生列表			
学号 2 姓名:白宇 性别:女 年龄:19 年级:2009 院系:软件工程系 专业:软件技术专业	学号 3 姓名:李明 性别:男 年龄:21 年级:2010 院系:软件工程系 专业:软件技术专业	学号 4 姓名:李超 性别:男 年龄:22 年级:2010 院系:软件工程系 专业:软件技术专业	学号 5 姓名:张璐 性别:女 年龄:22 年级:2010 院系:软件工程系 专业:信息管理专业
学号 6 姓名:王艳 性别:女 年龄:20 年级:2010 院系:软件工程系 专业:信息管理专业	学号 7 姓名:陶明明 性别:男 年龄:20 年级:2010 院系:软件工程系 专业:信息管理专业	学号 8 姓名:孙俪 性别:女 年龄:20 年级:2010 院系:软件工程系 专业:软件技术专业	学号 9 姓名:王珊珊 性别:女 年龄:20 年级:2010 院系:软件工程系 专业:软件技术专业
学号 10 姓名:萧博 性别:男 年龄:21 年级:2010 院系:电子商务 专业:物流管理	学号 11 姓名:李咏 性别:男 年龄:21 年级:2010 院系:电子商务 专业:物流管理	学号 13 姓名:孙新龙 性别:女 年龄:11 年级:2010 院系:软件工程系 专业:软件技术专业	学号 14 姓名:刘华 性别:男 年龄:24 年级:2008 院系:网络工程系 专业:网络技术专业
版权所有			

图 5.80 DataList 运行效果

【操作步骤】

(1) 创建网站

创建一个 ASP.NET 网站，打开默认的 Default.aspx 页面。

(2) 在 Default.aspx 页面中添加 DataList 控件

从 VS 2008"数据"选项卡中找到 DataList 控件，并将其添加到页面中，为其选择数据源，数据源的设置和其他数据控件的设置是一致的，如图 5.81 所示，数据源为 student 数据库的 tb_StuInfo 表，这里不再详细说明。

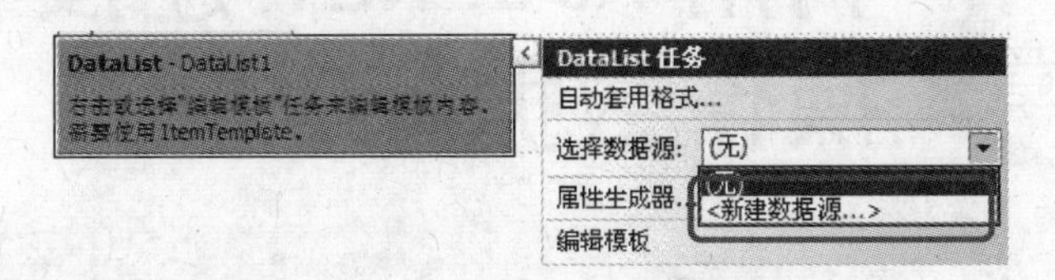

图 5.81 为 DataList 配置数据源

(3) 设置 DataList 的项模板

在 DataList 右侧的任务面板中选择“编辑模板”命令，此时会打开 DataList 的模板界面，从右侧的模板编辑模式中，选择 ItemTemplate 即项模板，如图 5.82 所示，在项模板的可编辑区域设置每个字段的字段标题为中文。

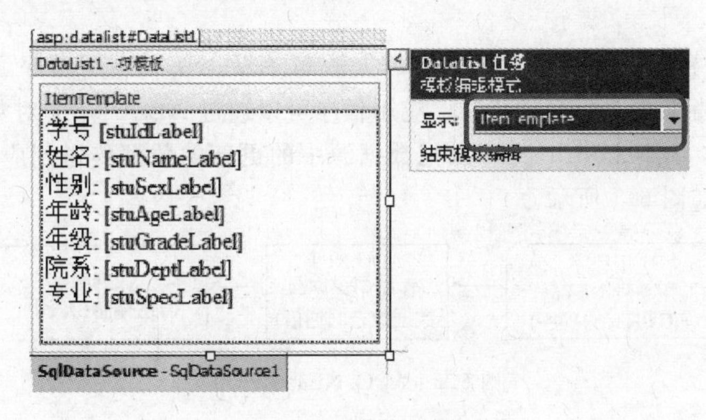

图 5.82 编辑项模板

(4) 设置 DataList 控件的属性

① RepeatColumns：4(每行显示 4 列)。

② RepeatDirection：Horizontal(数据字段横向排列)。

(5) 为 DataList 控件设置格式

为 DataList 控件设置“自动套用格式”，选择“沙滩和天空”型。

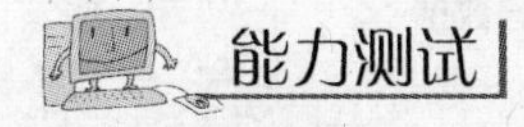

能力测试

自测题

(1) 简述 GridView 控件与 DataList 控件的区别。

(2) 简述 GridView 控件、FormView 控件、DetailsView 控件与 DataList 控件各自的特点。

第6章 利用ADO.NET连接和操作数据库

ADO. NET(ActiveX Data Objects. NET)是一种数据访问技术，是.NET框架的一部分。

ADO. NET的作用：ADO. NET在数据源与ASP. NET应用程序之间起到了数据传递的作用，相当于一个桥梁或接口。应用程序可以通过ADO. NET对数据源中的数据进行访问和操作，ADO. NET又可以把数据源中的更新的数据传送到应用程序中，通过页面显示出来，如图6.1所示。

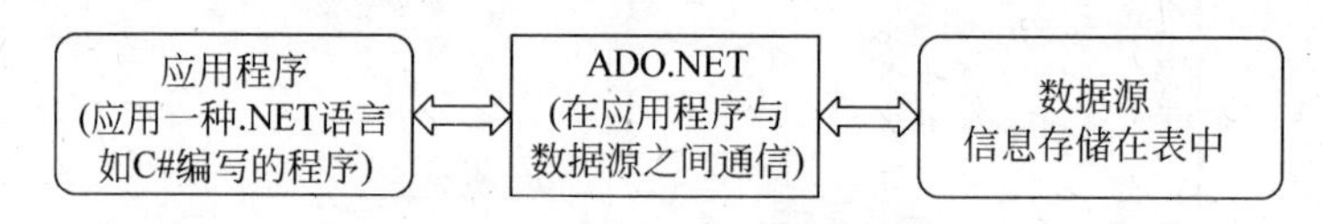

图6.1 ADO. NET的作用

ADO. NET提供了两种数据访问模式。

(1) 直接访问模式(连接模式)

此种方式，在访问数据库的过程中，页面会一直与数据库保持连接，查询操作速度较快，但是占用了一个数据库连接，如图6.2所示。

操作方法：首先利用Connection对象创建与数据库的连接，然后使用SQL语句或存储过程配置数据命令对象，之后执行数据操作，若该命令返回一个结果集，则可使用数据读取器对象DataReader获取数据，之后可以将其绑定到如GridView类的数据控件上进行显示。

图6.2 连接式的数据库操作方式

(2) 数据集模式(非连接模式)

此种方式又称为断开式数据库的操作方式。此方式在对数据进行操作时，会一次性将数据从数据源中读到内存中，在操作的过程中可以直接访问内存中的数据，而不需要与数据源一直保持连接。此种数据的访问模式将在下一章进行讲解。

操作方法：首先利用Connection对象创建与数据库的连接，在内存中创建要使用记录的存储区DataSet，再用数据适配器(DataAdapter)将要操作的数据记录加载到该数据集DataSet，以操作数据，最后可以使用数据适配器将更新后的数据写回到数据源。简单地说此种方式就是使用数据集(DataSet)对数据源中的数据进行操作和处理。

本章将讲解第一种连接式的数据库操作方式。

ASP.NET 数据访问应用程序的开发流程有以下几个步骤。

(1) 利用 Connection 对象连接数据库。

(2) 利用 Command 对象执行相应的 SQL 命令来操作数据库。

(3) 利用 DataReader 对象来读取数据库中的数据。

(4) 利用 DataSet 对象与 DataAdapter 对象配合,完成对数据库数据的增加、删除、修改、查询操作。

6.1 使用 Connection 对象连接数据库

Web 页面要与底层的数据库进行交换,第一步就是建立与数据源的连接。在 ASP.NET 中,这个任务由数据库连接类 Connection 的对象来完成。

在 ASP.NET 中,针对于不同类型的数据源,提供了以下的连接对象。

(1) SqlConnection 用于连接 SQL Server 数据库。

(2) OracleConnection 用于连接 Oracle 数据库。

(3) OdbcConnection 可以连接 Access 数据源。

(4) OleDbConnection 可以连接 Access 数据源。

本书案例所操作的数据库为 SQL Server 2005,所以本书以 SqlConnection 对象为例,介绍 Connection 对象的具体应用。

相关知识

SqlConnection 连接对象概述如下。

1. 作用

提供与 SQL Server 数据库之间的连接。

2. 属性

(1) State:当前的连接状态,包括打开(Open)和关闭(Close)。

(2) ConnectionString:连接数据源的字符串。

连接字符串由 4 个要素组成,各要素之间用";"间隔。

```
Server = .\\sqlexpress;database = 数据库名;uid = 用户名;pwd = 密码;
```

① Server 或 Data Source:SQL Server 数据库所在的服务器名称或 IP 地址。点号"."或"localhost"代表本机,而"sqlexpress"代表所使用的 SQL Server 数据库服务器是 Express 版本。"."由于比较简洁,兼容性比较好,所以使用较为频繁。

② Database 或 Initial Catalog:SQL Server 数据库的名称。

③ User ID 或 uid:连接数据库的用户名,"sa"为默认的数据库用户名。

④ Password 或 pwd:连接数据库所需的密码,默认密码一般为空。

⑤ Integrated Security：此属性是连接字符串中一个可选的参数，该属性设置数据库的连接是否为安全连接，True 或 SSPI 都为安全连接，False 为不安全连接。

3. 常用方法

(1) Open()：打开数据库连接，在进行数据库操作之前一定要先打开连接。

(2) Close()：关闭数据库连接，数据库操作完毕要关闭数据库的连接，及时释放数据库服务器的资源。

4. 引入命名空间(System.Data.SqlClient)

注意：连接 SQL Server 数据库时，首先应引入包含 SQL Server 数据库连接、操作类的命名空间 System.Data.SqlClient。

引用命名空间的方法：

```
using System.Data.SqlClient;
```

5. 连接 SQL Server 数据库的基本语法结构

格式 1：

```
//创建连接数据库的字符串
String strCon = "server = .\\sqlexpress;database = student;uid = sa;pwd = sa123";
//创建 SqlConnection 对象,并设置连接字符串
SqlConnection con = new SqlConnection(strCon);
//打开数据库的连接
con.Open();
…
数据库的相关操作
…
//关闭数据库的连接
con.Close();
```

格式 2：

```
//创建一个 Connection 类的实例,即声明一个 Connection 对象
SqlConnection con = new SqlConnection();
//设置 Connection 对象的连接字符串属性(ConnectionString) con.ConnectionString = "Server =
.\\sqlexpress; database = student;uid = sa;pwd = sa123"
//打开连接
 con.Open();
 …
 数据库的相关操作
 …
//关闭连接
 con.Close();
```

能力目标

能够利用 SqlConnection 对象连接 SQL Server 数据库，并检测应用程序与数据库的连接状态。

具体要求

(1) 创建连接,设置连接字符串。

(2) 打开连接。

(3) 获取连接状态。

(4) 关闭数据库的连接。

实训任务

利用 SqlConnection 对象创建 Web 页面到 student 数据库的连接,并通过 Label 控件显示出当前页面与数据库的连接状态,程序运行效果如图 6.3 所示。

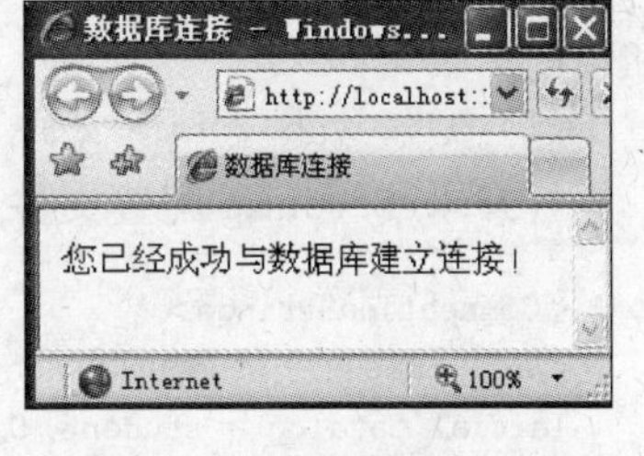

图 6.3 与数据库建立连接

```
using System.Data.SqlClient;            //引入命名空间
```

(1) 设计 Web 页面

新建 ASP.NET 网站,向 Default.aspx 页面中添加一个标签 Label 控件,并将其 ID 改为 lblInfo。

(2) 添加事件代码

在 Default.aspx 页面的空白位置双击,进入页面的代码视图 Default.aspx.cs。

```
//页面加载事件代码
protected void Page_Load(object sender, EventArgs e)
{
  SqlConnection con = new sqlConnection();//声明一个连接对象
  con.ConnectionString = "server = .\\sqlexpress;database = student;uid = sa;pwd = sa123";
                                                //设置连接字符串
  con.Open();                                   //打开与数据库的连接
  string strState = con.State.ToString(); //获取连接状态
  if (strState == "Open")                       //连接状态为已打开
  {
     lblInfo.Text = "已经成功与数据库建立连接!";
  }
    else
    {
       lblInfo.Text = "尚未与数据库建立连接!";
    }
    con.Close();                                //关闭与数据库的连接
}
```

能力测试

自测题

(1) 请将上例改为利用数据库的连接格式 1 来完成。

(2) 数据库的连接字符串如何书写？由哪些元素组成？

知识扩展

Web 页面在与数据库进行连接时，也可以借助 web.config 网站的配置文件或企业库来实现。

以下以 web.config 网站的配置文件创建与 student 数据库的连接为例，进行补充介绍。

(1) 配置 web.config 文件

打开 web.config 配置文件，将“<ConnectionStrings>”标记用下面的代码替换。

```
<ConnectionStrings>
<add name = "studentConnectionString" ConnectionString = "DataSource = .\sqlexpress;
Initial Catalog = student; User ID = sa; Password = sa123" providerName = "System.Data.
SqlClient" />
</ConnectionStrings>
```

以上的设置，name 属性是设置连接字符串的名称，ConnectionString 是设置连接字符串。

(2) 引用连接字符串

创建 Default.aspx 页面，在页面中显示出数据库的连接状态。

```
protected void Page_Load(object sender, EventArgs e)
{
    //获取连接字符串
    String sqlCon = ConfigurationManager.ConnectionStrings["studentConnection String"].
                ConnectionString;
    SqlConnection con = new SqlConnection(sqlCon);
    con.Open();
    //输出连接状态
   Response.Write("数据库的连接状态为: " + con.State.ToString());
   con.Close();
}
```

6.2 使用 Command 对象执行数据库命令

Command 对象称为数据库命令对象，主要用于执行包括添加、删除、修改及查询数据的操作命令，也可以执行存储过程的操作。在 ASP.NET 中，使用 Connection 对象与数据库建立连接后，就可以使用 Command 对象通过 SQL 语句或存储过程操作数据库了。

在 ASP.NET 中，根据连接的数据源不同，Command 对象也可以分为 4 种，分别是 SqlCommand、OracleCommand、OleDbCommand 和 OdbcCommand，操作 SQL Server 数据库应用 SqlCommand 的对象。

相关知识

1. 使用 Command 对象的基本语法

```
SqlCommand cmd = new SqlCommand("SQL 语句",Connection 对象);
```

SQL 语句可以是 SQL 的基本语句，例如增加、删除、修改、查询。

例如：con 表示当前创建的数据库连接对象实例。

2. Command 对象的主要属性

(1) CommandType：获取或设置 Command 对象要执行的 SQL 命令类型有 3 种，分别是 Text(SQL 语句)、StoreProcedure(存储过程)和 TableDirect(直接的表)。

(2) CommandText：指定要执行的 SQL 语句、存储过程或表名默认的命令类型。

(3) Parameters：获取 Command 对象需要使用的参数集合。

(4) Connection：获取 Command 对象所要连接的 Connection 对象，默认为空。

3. 常用方法

(1) ExecuteReader()：执行基本的 SQL 查询操作，返回 DataReader 类型的临时只读记录集。

(2) ExecuteScalar()：用于从数据库查询单个值，即返回查询结果集中的第一行第一列的值。通常此方法与 SQL 中的聚合函数结合使用，例如 AVG、COUNT、MAX 等。

例如：

```
Select count( * ) from tb_StuInfo
```

注意：一般使用 ExecuteScalar 方法时都必须用到数据类型的转换。(ExecuteScalar 方法返回类型为 object。)

(3) ExecuteNonQuery()：主要用于对数据库进行增加、删除、修改操作即非查询操作，返回操作结果为一个整型，表示操作所受影响的行数。

注意：查询操作不能调用此方法。

能力目标

熟练应用 SqlCommand 对象进行数据库的操作。

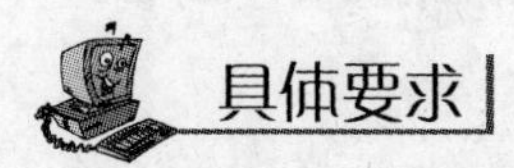

具体要求

(1) 掌握 SqlCommand 对象的 ExecuteReader()、ExecuteNonQuery()、ExecuteScalar()

3 种方法的数据库操作方式。

(2) 能够利用 SqlCommand 对象实现数据的增加、删除、修改、查询操作。

1. 使用 SqlCommand 对象读取数据并通过 GridView 显示

使用 SqlCommand 对象的 ExecuteReader() 方法将 student 数据库中 tb_StuInfo 表中的数据全部读取出来，并通过 GridView 控件进行显示，程序运行效果如图 6.4 所示。

stuId	stuName	stuSex	stuAge	stuGrade	stuDept	stuSpec
1	白宇	女	20	2010	软件工程系	软件技术专业
2	李超	男	19	2010	软件工程系	软件技术专业
3	李明	男	20	2010	软件工程系	软件技术专业
4	张露	女	20	2010	软件工程系	软件技术专业
5	王艳	女	19	2010	软件工程系	信息管理专业
6	陶明明	男	20	2010	软件工程系	信息管理专业
7	孙丽	女	20	2010	软件工程系	信息管理专业
8	王珊珊	女	19	2010	电子商务系	电子商务专业
9	杜倩	女	19	2010	电子商务系	电子商务专业
10	肖博	男	20	2010	电子商务系	旅游管理专业

图 6.4　应用 ExecuteReader()方法的程序运行效果

【操作步骤】

```
using System.Data.SqlClient;                    //引入命名空间
```

(1) 设计页面并设置控件的属性

创建 Web 页面，在该页面中添加 GridView 控件，将该控件的 ID 改为 gvStuInfo。

(2) 添加事件

```
//页面加载事件代码
protected void Page_Load(object sender, EventArgs e)
{
    //1.连接数据库
    SqlConnection con = new SqlConnection();
    con.ConnectionString = "server = .\\sqlexpress; database = student; uid = sa; pwd =
                            sa123";
    con.Open();

    //2.创建临时数据读取器 DataReader 对象
```

```
    SqlCommand com = new SqlCommand("select * from tb_StuInfo",con);
    //声明一个 Command 对象
    SqlDataReader dr = com.ExecuteReader();  //创建 DataReader 对象,并返回查询结果
    //3.通过 GridView 控件显示 DataReader 数据读取器中的内容
    gvStuInfo.DataSource = dr;               //设置数据读取器 dr 为 GridView 的数据源
    gvStuInfo.DataBind();                    //将数据源绑定到 GridView 控件

    //4.关闭与数据库的连接
    dr.Close();                              //关闭 DataReader
    //若 GridView 返回的记录行为 0,说明没有匹配的记录
    if (gvStuInfo.Rows.Count == 0)
    {
        Response.Write("<script>alert(没有记录);</script>");
    }
    con.Close();                             //关闭与数据库的连接
}
```

2. 使用 SqlCommand 对象的另一种方法 ExecuteScalar()统计数据

使用 SqlCommand 对象的 ExecuteScalar()方法统计 student 数据库中 tb_StuInfo 表中的各院系中总人数,并通过 Label 显示出来,程序运行效果如图 6.5 所示。

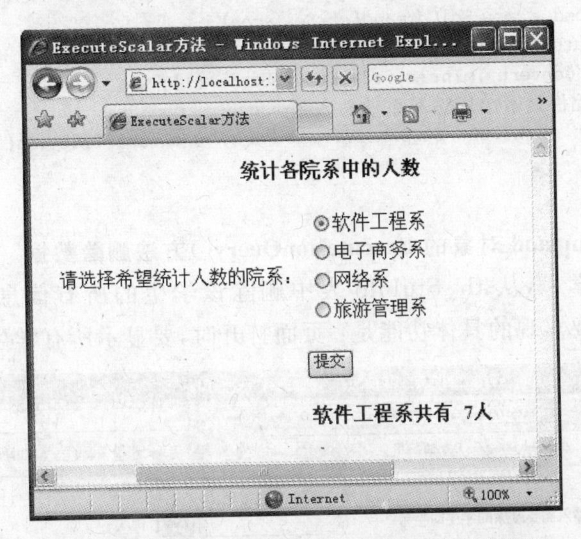

图 6.5　应用 ExecuteScalar()方法的程序运行效果

【操作步骤】

(1) 设计 Web 页面

创建 Web 页面,在页面中插入一个 4 行 1 列的表格,在相应的单元格中插入说明文字。

(2) 插入控件并设置其属性

在表格的第二行中插入 RadioButtonList 控件,在第三行插入 1 个按钮,在第四行插入 1 个 Label 控件,具体属性设置如表 6.1 所示。

表 6.1　应用 ExecuteScalar()方法的各控件对象的属性设置

控　件	属　性	值	说　明
RadioButtonList1	ID	rblDept	RadioButtonList1 的名称
	Items	软件工程系、电子商务系、网络系、旅游管理系	RadioButtonList1 的列表值
Button1	ID	btnOk	按钮 1 的名称
	Text	提交	按钮 1 上的文本
Label1	ID	lblInfo	标签 1 的名称
	Text		标签控件默认无文本

（3）添加按钮的单击事件代码

```
protected void btnOk_Click(object sender, EventArgs e)
{
    SqlConnection con = new SqlConnection();
    con.ConnectionString = "server = .\\sqlexpress;database = student;uid = sa;pwd = sa123";
    con.Open();
    //定义查询字符串
    string strSel = "select count ( * ) from tb_StuInfo where stuDept = '" + rblDept.
    SelectedValue + "'";
    //声明一个 Command 对象
    SqlCommand cmd = new SqlCommand(strSel, con);
    //调用 ExecuteScalar()方法,返回总人数
    int iCount = Convert.ToInt32(cmd.ExecuteScalar());
    //用 Label 控件显示出所选院系的总人数
    lblInfo.Text = rblDept.SelectedValue + "共有" + iCount.ToString() + "人!";
    con.Close();
}
```

3. 使用 SqlCommand 对象的 ExecuteNonQuery()方法删除数据

请根据输入的学号，从 tb_StuInfo 表中删除该学生的所有信息，程序运行效果如图 6.6 所示。程序要实现的具体功能是：页面打开时，要显示所有学生的信息，当用户输

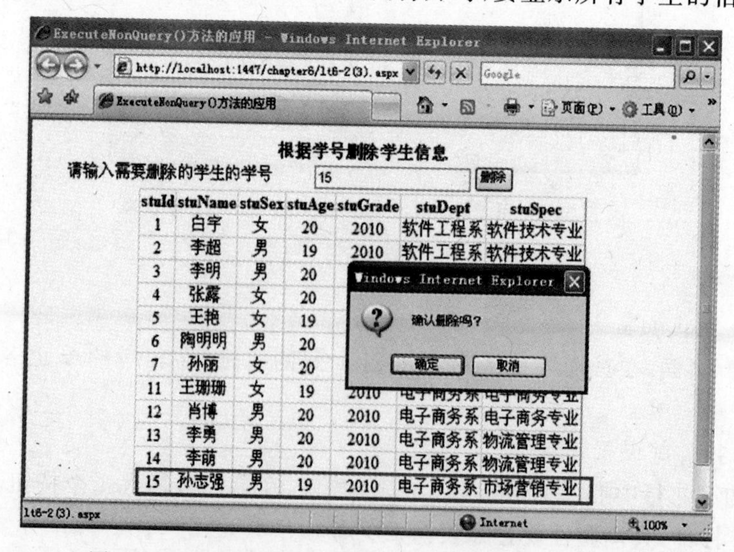

图 6.6　应用 ExecuteNonQuery()方法的程序运行效果

入相应的学号，单击“删除”按钮时，首先是弹出一个对话框，如图6.6所示，要求确认删除，当单击“确定”按钮时，才会真正地将数据信息从数据库中删除，当学生的信息记录删除后，页面的显示效果会及时更新，如图6.7所示。

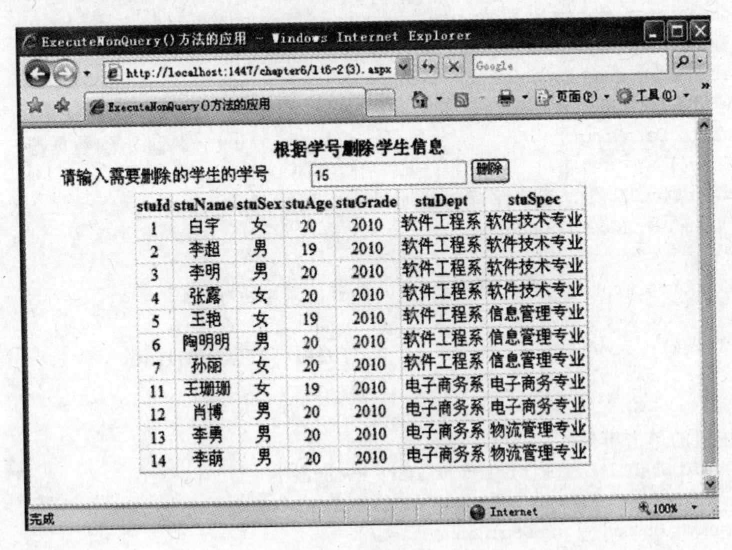

图6.7 删除成功

【操作步骤】

(1) 设计Web页面

创建Web页面，在页面中添加一个3行1列的表格，并在相应的单元格中插入说明文字和相应的控件。

(2) 设置控件对象的属性(见表6.2)

表6.2 应用ExecuteNonQuery()方法的各控件对象的属性设置

控 件	属 性	值	说 明
TextBox1	ID	txtNum	文本框1的名称
Button1	ID	btnDel	按钮1的名称
	Text	删除	按钮1上的文本
	OnClientClick	return confirm('确认删除吗?')	客户端单击事件的脚本
GridView1	ID	gvStuInfo	GridView1的名称

(3) 添加事件代码

```
//页面加载事件
protected void Page_Load(object sender, EventArgs e)
{
    gvBind();                                  //调用GridView绑定数据源的方法
}
// GridView绑定数据源的方法
private void gvBind()
{
```

```
        SqlConnection con = new SqlConnection();
        con.ConnectionString = "server=.\\sqlexpress;database=student;uid=sa;pwd=sa123";
        con.Open();
        //声明一个 Command 对象
        SqlCommand com = new SqlCommand("select * from tb_StuInfo", con);
        //创建 DataReader 对象,并返回查询结果
        SqlDataReader dr = com.ExecuteReader();
        gvStuInfo.DataSource = dr;                //设置 dr 为 GridView 的数据源
        gvStuInfo.DataBind();                     //将 GridView 控件绑定到数据源
        dr.Close();                               //关闭 DataReader
        //若 GridView 返回的记录行为 0,说明没有匹配的记录
        if (gvStuInfo.Rows.Count == 0)
        {
            Response.Write("<script>alert('没有记录');</script>");
        }
        con.Close();                              //关闭与数据库的连接
    }

    //"删除"按钮的单击事件
    protected void btnDel_Click(object sender, EventArgs e)
    {
        SqlConnection con = new SqlConnection();
        con.ConnectionString = "server=.\\sqlexpress;database=student;uid=sa;pwd=sa123";
        con.Open();
        string strDel = "delete from tb_StuInfo where stuId=" + Convert.ToInt32(txtNum.Text);
        SqlCommand cmd = new SqlCommand(strDel,con);
        cmd.ExecuteNonQuery();                    //调用 ExecuteNonQuery()方法执行 delete 语句
        con.Close();
        gvBind();                                 //GridView 重新绑定数据源
    }
```

4. 使用 SqlCommand 对象的 ExecuteNonQuery()方法添加数据

利用 Command 对象的 ExecuteNonQuery()方法,实现数据的插入操作,具体要求:当在页面文本框中输入的部门名称,单击"添加"按钮后,数据插入数据库,同时弹出对话框提示"信息添加成功!",单击"确定"按钮后,会将插入记录后的结果在页面中及时显示出来,同时文本框清空,程序运行效果如图 6.8 和图 6.9 所示。

图 6.8　添加记录运行界面

图 6.9　添加记录后的运行界面

【操作步骤】

(1) 设计 Web 页面

创建页面，在页面中插入一个 3 行 1 列的表格，并在单元格相应位置输入说明文字和插入相应的控件，页面设计如图 6.10 所示。

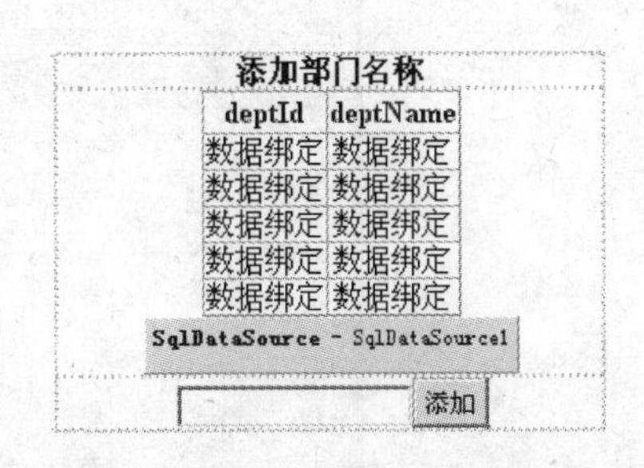

图 6.10 插入记录的设计视图

(2) 设置控件的属性

GridView1 的 ID 为 gvDept，同时将 GridView1 绑定到数据源控件 SqlDataSource1 上，SqlDataSource1 将 student 数据库 tb_Dept 表中的全部记录查询出来。

TextBox1 的 ID 为 txtDeptName；Button1 的 ID 为 btnAdd，Text 为“添加”。

(3) 添加事件代码

“添加”按钮的单击事件代码如下。

```
protected void btnAdd_Click(object sender, EventArgs e)
{
    if (txtDeptName.Text != "")
    {
        SqlConnection con = new SqlConnection();
        con.ConnectionString = server=.\\sqlexpress;database=student;uid=sa;pwd=
                                    sa123";
        con.Open();
        //定义插入 SQL 语句
        string strIns = "insert into tb_Dept(deptName) values('" + txtDeptName.Text + "')";
        SqlCommand com = new SqlCommand(strIns, con);
        //执行插入操作
        com.ExecuteNonQuery();
        con.Close();
        Response.Write("<script>alert('信息添加成功!');</script>");
        gvDept.DataBind();              //重新绑定数据源,更新 GridView 以显示最新数据
        txtDeptName.Text = "";          //文本框清空
    }
    else
    {
        Response.Write("<script>alert('请在文本框中输入部门名称');</script>");
    }
}
```

能力测试

1. 按性别查询信息并统计人数

按性别查询学生信息，并统计出所选性别的相应学生人数，程序运行效果如图 6.11 所示。

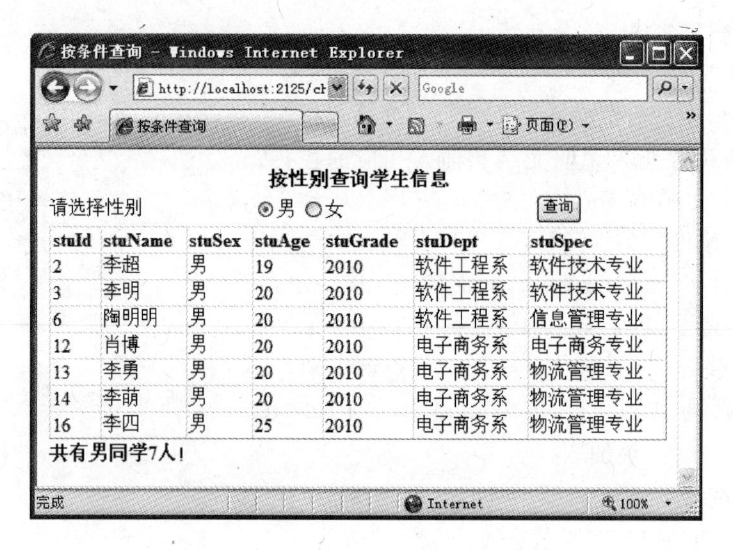

图 6.11　按性别查询的运行效果

【操作步骤】

```
using System.Data.SqlClient;            //引入命名空间
```

(1) 创建并设置 Web 页面

创建页面，并在页面中插入 4 行 1 列的表格进行页面布局，并在表格相应的单元格中输入说明文字并插入控件，如图 6.12 所示。

按性别查询学生信息

请选择性别　◉男 ○女　[查询]

Column0	Column1	Column2
abc	abc	abc
abc	abc	abc
abc	abc	abc
abc	abc	abc
abc	abc	abc

[lblSexCount]

图 6.12　按性别查询的设计视图

设置控件属性：RadioButtonList1 的 ID 为 radlSex，用于显示"男"、"女"，列表项为男、女；Button1 的 ID 为 btnSexSel，Text 属性为"查询"；GridView 用于显示查询结果，其 ID 为 gvStuInfo；Label1 的 ID 为 lblSexCount，用于显示相应性别的人数。

(2) 添加事件代码

单击"查询"按钮所执行的事件代码如下。

```
protected void btnSexSel_Click(object sender, EventArgs e)
{
    SqlConnection con = new SqlConnection();
```

```
con.ConnectionString = "server = .\\sqlexpress; database = student; uid = sa; pwd =
                                                   sa123";
con.Open();
//定义按条件查询的 SQL 语句
string strSel = 【代码 1】;
//创建 DataReader 对象,即临时数据集
SqlCommand selCmd = new SqlCommand(strSel, con);
SqlDataReader dr = 【代码 2】;
//通过 GridView 显示临时数据集中的数据
【代码 3】;                              //设置 GridView 的数据源
【代码 4】;                              //GridView 与数据源绑定
//关闭数据读取器
dr.Close();

    //定义查询符合查询条件的总个数的 SQL 语句
    string strSexCount = 【代码 5】;
    SqlCommand cmd = new SqlCommand(strSexCount,con);
    //查找符合条件的总人数
    int iCount = 【代码 6】;
    //显示符合条件的总人数
    lblSexCount.Text = "共有" + rblSex.SelectedValue + "同学" + iCount.ToString() +
                       "人!";
    con.Close();
}
```

2. 利用 SqlCommand 对象的 ExecuteNonQuery()方法插入信息

利用 SqlCommand 对象的 ExecuteNonQuery()方法实现学生信息的插入操作,程序运行效果如图 6.13 所示。

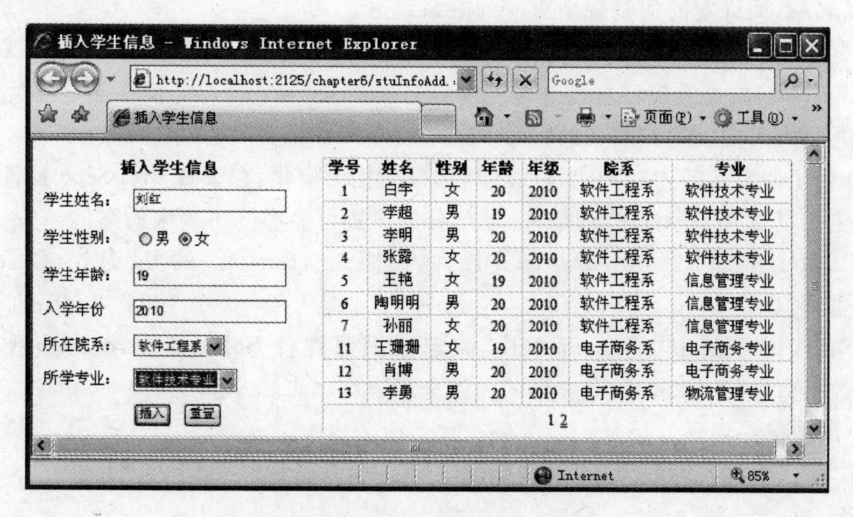

图 6.13 插入学生信息运行效果

【操作步骤】

(1) 设计 Web 页面

创建页面,在当前页面插入表格用于页面布局,在表格相应的单元格中插入文字说明与控件,页面设计效果如图 6.14 所示。

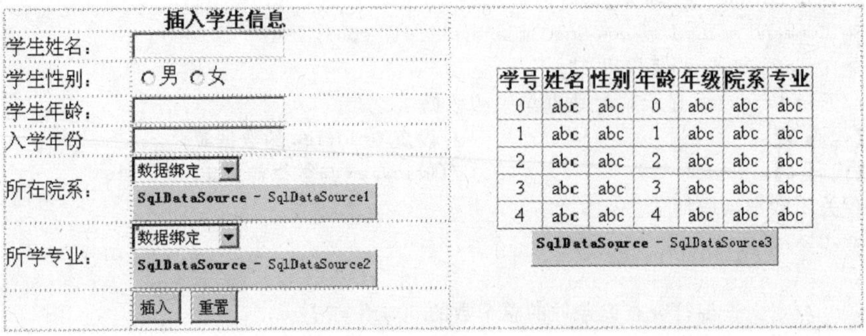

插入学生信息

学生姓名:

学生性别: ○男 ○女

学生年龄:

入学年份

所在院系: 数据绑定 SqlDataSource - SqlDataSource1

所学专业: 数据绑定 SqlDataSource - SqlDataSource2

插入 重置

学号	姓名	性别	年龄	年级	院系	专业
0	abc	abc	0	abc	abc	abc
1	abc	abc	1	abc	abc	abc
2	abc	abc	2	abc	abc	abc
3	abc	abc	3	abc	abc	abc
4	abc	abc	4	abc	abc	abc

SqlDataSource - SqlDataSource3

图 6.14 页面的设计效果

(2) 控件属性设置

控件按照页面从上到下,从左到右的顺序进行介绍。

① “学生姓名”文本框的 ID 为 txtStuName。

② “学生性别”单选按钮组的 ID 为 rablSex,RepeatDirection 为 Horizontal。

③ “学生年龄”文本框 ID 为 txtAge。

④ “入学年份”文本框 ID 为 txtGrade。

⑤ “所在院系”DropDownList1 的 ID 为 dropDept,绑定的数据源控件为 SqlDataSource1,数据源控件直接绑定院系部门表 tb_Dept,即 dropDept 控件中显示的文本是院系名称,而绑定的值是院系对应的院系编号。

⑥ “所学专业”DropDownList2 的 ID 为 dropSepc,绑定的数据源控件 SqlDataSource2,数据源控件直接绑定专业信息表 tb_Spec。dropSepc 控件中显示的文本是专业的名称,对应的值是院系的编号。

另外为了使专业的内容随院系的名称选择变化而变化,在设置 dropSepc 控件的数据源时,一定要设置 WHERE 查询条件,此部分的设置可参考 5.1 节中的案例。

⑦ Button1 的 ID 为 btnAdd,Text 属性为“插入”,Button2 的 ID 为 btnReset,Text 属性为“重置”。

⑧ GridView1 的 ID 为 gvStuInfo,绑定数据源控件 SqlDataSource3,该数据源将 student 数据库中的 tb_StuInfo 表中的内容全部查询出来。

(3) 添加事件代码

单击“插入”按钮所执行的事件代码如下。

```
protected void btnAdd_Click(object sender, EventArgs e)
{
    //连接对象的设置
    SqlConnection con = new SqlConnection();
```

```
    con.ConnectionString = server = .\\sqlexpress; database = student; uid = sa; pwd =
                                    sa123";
    con.Open();
    //设置插入 SQL 语句,创建 Command 对象
    string strIns = 【代码 1】;
    SqlCommand insCmd = new SqlCommand(strIns, con);
    //调用 ExecuteNonQuery()方法执行插入操作
    【代码 2】;
    con.Close();
    Response.Write("<script>alert('记录插入成功');</script>");
    GridView1.DataBind();          //重新绑定数据源,以此及时更新所显示的内容
}
```

以上请注意一下,插入的 SQL 语句,年龄作为 int 类型,其两侧没有''。

单击"重置"按钮所执行的事件代码如下。

```
protected void btnReset_Click(object sender, EventArgs e)
{
    txtStuName.Text = "";
    txtGrade.Text = "";
    txtAge.Text = "";
}
```

3. 自测题

(1) 通过 Command 对象执行一个聚合函数的查询,需要调用的方法是(　　)。

A. ExecuteScalar()　　B. ExecuteReader()

C. ExecuteNonQuery()　　D. ExecuteXmlReader()

(2) 通过 Command 对象执行查询操作,返回结果是一个 DataReader 对象,应该调用命令对象中(　　)方法实现。

A. ExecuteScalar()　　B. ExecuteReader()

C. ExecuteNonQuery()　　D. ExecuteXmlReader()

知识扩展

1. SQL 语句基础

(1) 查询语句(select)

语法格式:

```
SELECT 字段名称 FROM 表名 WHERE 条件
```

例如:

```
select 性别、from 学生信息、where 姓名 = '张三'
```

(2) 插入记录语句(insert)

语法格式:

```
INSERT INTO 表名(字段名1,字段名2…) VALUES(字段值1,字段值2…)
```

例如：

```
Insert into 学生成绩(编号,数学,语文)、values('0009',89,76)
```

(3) 修改记录语句(update)

语法格式：

```
UPDATE 表名 SET 字段名 = 值 WHERE 条件
```

例如：

```
update 成绩 set 等级 = '优秀' where 总分>300
```

(4) 删除记录语句(delete)

语法格式：

```
DELETE FROM 表名称 WHERE 条件
```

例如：

```
Delete from 学生信息、where 班级 = '网络01'
```

2. SqlCommand 对象的生成

SqlCommand 对象创建的方法，总体归纳起来有两种方式。

(1) 用构造函数生成的 SqlCommand 对象

前面介绍的 SqlCommand cmd＝new SqlCommand("SQL 语句",Connection 对象)这种方式就是用构造函数实现的。另外还可以将 SqlCommand 的构造方式写成如下的形式。

首先创建到数据库的连接 SqlConnection 对象，然后创建 SqlCommand 对象，再将 SqlCommand 对象的 Connection 属性设置为对应的 SqlConnection 对象，代码示例如下。

```
SqlConnection con = new SqlConnection();
con.ConnectionString = " server = .\\sqlexpress;database = student;uid = sa;pwd = sa123";
SqlCommand cmd = new SqlCommand();
cmd.Connection = con;
cmd.CommandText = "select * from tb_StuInfo";
cmd.CommandType = CommandType.Text;
```

说明：由于 CommandText 可以支持多种命令类型，因而在指定 CommandText 属性后，还需要设定 CommandType 属性。

使用 SqlCommand 对象的另外一种比较简单的构造函数方式，代码示例如下。

```
SqlConnection con = new SqlConnection();
con.ConnectionString = " server = .\\sqlexpress;database = student;uid = sa;pwd = sa123";
SqlCommand com = new SqlCommand("select * from tb_StuInfo",con);
Com.CommandType = CommandType.Text;
```

(2) 使用 SqlConnection 对象的 CreateCommand()方法生成 SqlCommand 对象

```
SqlConnection con = new SqlConnection();
con.ConnectionString = "  server = .\\sqlexpress;database = student;uid = sa;pwd = sa123" ;
SqlCommand cmd = con.CreateCommand();
cmd.CommandText = "select * from tb_StuInfo";
cmd.CommandType = CommandType.Text;
```

例如：利用 SqlCommand 对象操作数据库。

利用 SqlCommand 对象的 ExecuteReader()方法执行数据库的查询

```
protected void Page_Load(object sender, EventArgs e)
{
    SqlConnection con = new SqlConnection();
    con.ConnectionString = "server = .\\sqlexpress; database = student; uid = sa; pwd =
                                        sa123";
    con.Open();
    SqlCommand com = new SqlCommand();
    com.Connection = con;
    com.CommandText = "select * from tb_StuInfo";
    com.CommandType = CommandType.Text;
    SqlDataReader dr = com.ExecuteReader();
    GridView1.DataSource = dr;
    GridView1.DataBind();
    con.Close();
}
```

3. 使用命令参数的形式对数据库进行操作

使用命令参数实现数据记录的插入操作，如图 6.15 所示，通过 Web 页面，向 student 数据库 tb_Admin 表中插入用户记录。

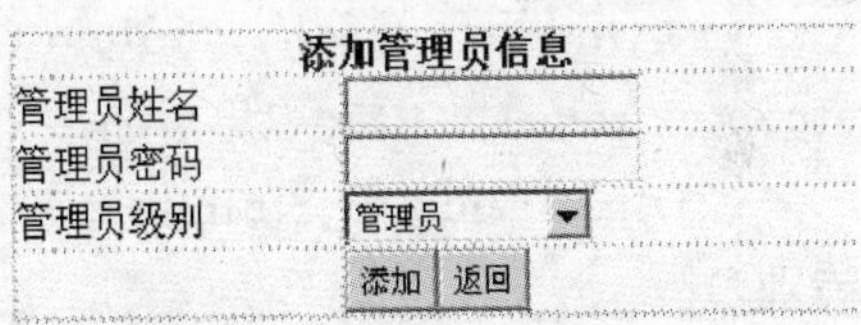

图 6.15　Web 页面的设计效果

```
protected void btnAdd_Click(object sender, EventArgs e)
{
    string strAdminName = txtAdminName.Text;
    string strAdminPwd = txtAdminPwd.Text;
    string strAdminType = dropAdminType.SelectedValue;
    //连接对象的设置
    SqlConnection con = new SqlConnection();
    con.ConnectionString = " server = .\\sqlexpress; database = student; uid = sa; pwd =
                                        sa123";
    con.Open();
    SqlCommand insCmd = new SqlCommand();
    insCmd.Connection = con;
    //设置插入 SQL 语句,创建 Command 对象
    string strIns = "insert into tb_Admin values(@adminName,@adminPwd,@adminType)";
```

```
        //为 SqlCommand 对象添加参数
        insCmd.Parameters.Add("@adminName",SqlDbType.VarChar,50);
        insCmd.Parameters.Add("@adminPwd", SqlDbType.VarChar, 50);
        insCmd.Parameters.Add("@adminType", SqlDbType.VarChar, 50);
        //为 SqlCommand 对象的参数赋值
        insCmd.Parameters[0].Value = strAdminName;
        insCmd.Parameters[1].Value = strAdminPwd;
        insCmd.Parameters[2].Value = strAdminType;

        insCmd.CommandText = strIns;
        insCmd.ExecuteNonQuery();
        con.Close();
        Response.Write("<script>alert('记录插入成功,请单击返回按钮返回首页面');
                    </script>");
    }
```

4. Sql 字符串的设置问题

向学生信息表中插入一条记录，数据记录如下。

姓名：王涛；性别：男；年龄：20；年级：2010；所在院系：软件工程系；所学专业：软件技术专业。

需要注意的是“学号”是主键，而且是自动生成的，因此不需要插入，因此插入的 SQL 语句可以写成如下的两种方式。

(1) Insert into tb_StuInfo (stuName, stuSex, stuAge, stuGrade, stuDept, stuSpec) values('王涛','男',20, '2010','软件工程系','软件技术专业')。

(2) Insert into tb_StuInfo values('王涛','男',20, '2010','软件工程系','软件技术专业')。

在页面中具体的值都是用服务器控件来获取的，因此可以写成如下方式。

```
insert into tb_StuInfo values('txtStuName.Text','rablSex.SelectedValue', Convert.ToInt32(txtAge.
Text),'txtGrade.Text','dropDept.SelectedItem.Text','dropSpec.SelectedItem.Text ');
```

写成字符串：字符串一般用“”引起来，字符串连接用“+”。

```
string strIns = "insert into tb_StuInfo values('" + txtStuName.Text + "','" + rablSex.
SelectedValue + "'," + Convert.ToInt32(txtAge.Text) + ",'" + txtGrade.Text + "','" +
dropDept.SelectedItem.Text + "','" + dropSpec.SelectedItem.Text + "')";
```

6.3 使用 DataReader 读取数据库

DataReader 对象，很显然是数据读取器的意思，它以连接的、只读只进的读取方式从数据库中读取数据，使用它读取记录时通常比用 DataSet 更快，效率更高。但此种方式不能修改数据，只是查询数据。

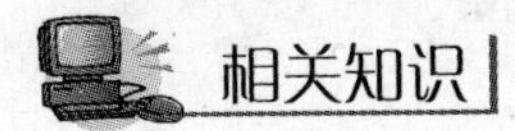

SqlDataReader 对象(数据读取器)概述如下。

1. 作用

适合进行快速、大批量的数据读取操作。

2. 特点

DataReader 对象在读取数据时,要始终保持与数据库的相连,即独占 Connection 对象。也就是说,在使用 DataReader 对象时,与 DataReader 对象关联的 Connection 对象不能被其他对象所使用。因此在使用完 DataReader 对象后,应显式地调用 DataReader 对象的 Close()方法断开与 Connection 对象的关联,并且还应该关闭与之相关联的 Connection 对象。

说明:若程序中没有写 DataReader 对象的 Close()方法,.NET 的垃圾回收程序将在清理过程中自动断开关联。

3. SqlDataReader 对象的创建

该对象不能直接实例化,必须借助 Command 对象来创建实例。例如使用 SqlCommand 对象的 ExecuteReader()方法来实例化。

创建 SqlDataReader 对象的语法如下。

```
SqlCommand cmd = new SqlCommand("SQL 语句",连接对象);
SqlDataReader dr = cmd.ExecuteReader();
```

4. SqlDataReader 对象读取数据的方法(主要有两种)

方法一:利用数据绑定控件进行绑定,将 SqlDataReader 对象实例绑定到 GridView 这类的数据绑定控件的 DataSource 属性上,然后执行控件的 DataBind()方法绑定数据。

方法二:使用循环语句来读取数据。

```
while (dr.Read())//循环读取结果集
{
   数据库操作…
}
```

5. SqlDataReader 对象常用的方法

(1) Read()方法:使用该方法可将 Reader 指向当前记录,并将记录指针移到下一行,从而可使用列名或列的次序来访问列的值。如果有下一条记录,则返回 True,否则返回 False。

(2) GetValue()方法:返回指定列的值,其返回类型为 object。

(3) Close()方法:关闭 SqlDataReader 对象。

6. SqlDataReader 对象常用的属性

(1) HasRows:该属性返回一个 bool 类型的值,该值用于指示 SqlDataReader 对象是否包含一行或多行记录,常用于判断执行数据库操作后返回的结果集中是否有记录。

（2）FieldCount：获取当前记录的列数即字段数，其返回类型为 int。

（3）IsClosed：判断当前的 SqlDataReadr 对象是否关闭。

（4）RecordsAffected：获取执行 SQL 语句增加、删除或修改的行数，其返回类型为 int。

7. DataReader 对象的使用步骤

（1）打开数据库连接。

（2）执行 Command 对象的 ExecuteReader()方法创建一个 DataReader 对象。

（3）通过 Read()方法的返回值判断是否有数据可以读取。如果有数据可以读取，则逐条进行读取。

（4）数据读取完毕，关闭 DataReader 对象与数据库的连接。

（5）关闭数据库的连接。

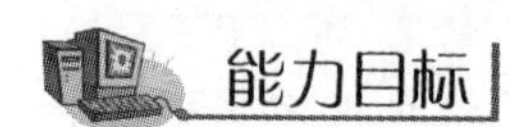

能力目标

掌握 SqlDataReader 对象的基本用法及其工作原理。

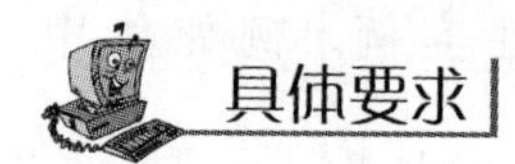

具体要求

（1）会创建 SqlDataReader 对象。

（2）掌握 SqlDataReader 对象的 Read()方法、Close()方法的应用。

实训任务

使用 SqlDataReader 对象设计“管理员管理系统”的登录页面，页面运行效果如图 6.16 所示。当用户输入正确的用户名、密码再选择正确的管理员级别，单击“登录”按钮后就可以进入管理员列表页面 adminList.aspx 页面，页面运行效果如图 6.17 所示。当输入错误的信息后，会弹出提示错误的对话框，在页面中单击“重置”按钮后，可以清空文本框中的内容。

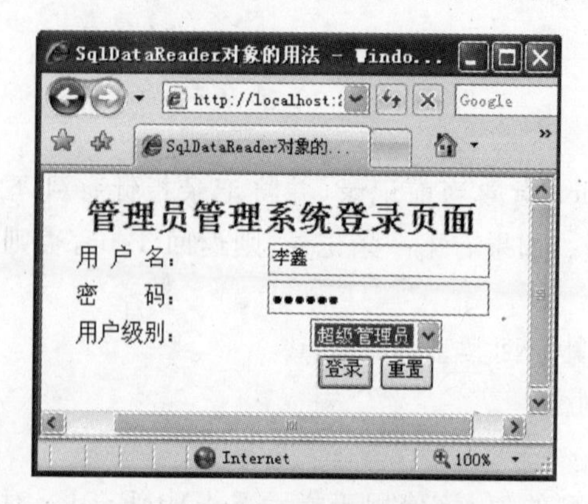

图 6.16　登录页面运行效果

管理员信息列表

adminId	adminName	adminPwd	adminType
2	李鑫	123456	超级管理员
3	王彤	123456	超级管理员
4	赵明	123456	管理员
5	张帆	123456	管理员
6	李靖	1234	超级管理员
9	孙新龙	123	管理员

图 6.17　管理员列表页面运行效果

【操作步骤】

```
using System.Data.SqlClient;          //引入命名空间
```

(1) 创建数据表

在 student 数据库中添加管理员表 tb_Admin,表结构设计如表 6.3 所示。

表 6.3 管理员表 tb_Admin

字段名	数据类型	允许为空	描述
adminId	int	否	管理员编号,自动增长
adminName	varchar(50)	是	管理员姓名
adminPwd	varchar(50)	是	管理员密码
adminType	varchar(50)	是	管理员类型

向表中适当添加管理员信息,可参照图 6.17 进行数据添加。

(2) 设计 Web 页面

在站点中,创建 adminLogin.aspx 页面,并在页面中插入一个 5 行 2 列的表格进行页面布局,在表格的相应单元格中输入说明文字且插入相应的服务器控件。

(3) 设置控件属性

TextBox1、TextBox2 的 ID 分别为 txtName 和 txtPwd,两者分别用于获取用户名和密码的信息,txtPwd 文本框的 TextMode 为 PassWord。

DropDownList1 用于设置用户级别,它的 ID 为 dropAdminType,列表项即 Items 分别为"管理员","超级管理员",且"管理员"默认是被选中的。

Button1、Button2 的 ID 分别为 btnLogin 和 btnReset,两者的 Text 属性分别为"登录"和"重置",两者分别用于实现页面信息的提交与重置。

(4) 添加事件代码

"登录"页面(adminLogin.aspx)的事件代码。

单击"登录"按钮所执行的事件代码如下。

```
protected void btnLogin_Click(object sender, EventArgs e)
{
//设置与数据库的连接
    SqlConnection con = new SqlConnection();
    con.ConnectionString = " server = .\\sqlexpress; database = student; uid = sa; pwd =
                        sa123";
    con.Open();
    //声明一个 Command 对象
    SqlCommand com = new SqlCommand("select * from tb_Admin", con);
    //创建 DataReader 对象,并返回查询结果
    SqlDataReader dr = com.ExecuteReader();
    while (dr.Read())//循环读取结果集
    {
```

```
            if (txtName.Text == dr["adminName"].ToString() && txtPwd.Text == dr
                ["adminPwd"]. ToString ( ) && dropAdminType. SelectedValue == dr
                ["adminType"].ToString())
            {
                Response.Redirect("adminList.aspx");
            }
            else
            {
             Response.Write("<script>alert('用户名、密码或用户级别错误');</script>");
            }
        }
        dr.Close();                             //关闭 SqlDataReader 对象
        con.Close();                            //关闭与数据库的连接
    }
```

单击“重置”按钮所执行的事件代码如下。

```
protected void btnReset_Click(object sender, EventArgs e)
{
    txtName.Text = "";
    txtPwd.Text = "";
    dropAdminType.SelectedValue = "管理员";
}
```

“管理员列表”页面的事件代码。

```
protected void Page_Load(object sender, EventArgs e)
{
    SqlConnection con = new SqlConnection();
    con.ConnectionString = "server=.\\sqlexpress;database=student;uid=sa;pwd=
                                    sa123";
    con.Open();
    //声明一个 Command 对象
    SqlCommand com = new SqlCommand("select * from tb_Admin", con);
    //创建 DataReader 对象,并返回查询结果
    SqlDataReader dr = com.ExecuteReader();
    GridView1.DataSource = dr;
    GridView1.DataBind();
}
```

能力测试

1. 利用 SqlDataReader 对象的属性实现具体要求

利用 SqlDataReader 对象查询数据库中指定姓氏的管理员,当查询成功时,将用户名显示出来,如图 6.18 所示。当查找失败时,显示出查询失败的提示信息,如图 6.19 所示。

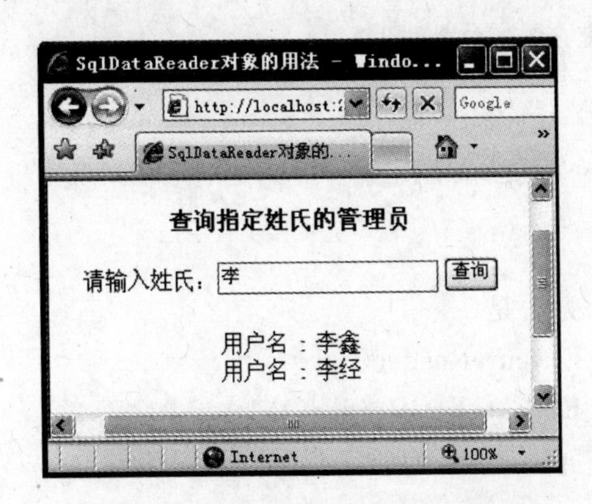

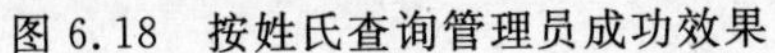
图 6.18 按姓氏查询管理员成功效果

图 6.19 按姓氏查询管理员失败效果

【操作步骤】

```
using System.Data.SqlClient;            //引入命名空间
```

(1) 设计 Web 页面

创建页面，用表格进行布局，在相应的单元格中插入 1 个 TextBox 控件、1 个 Button 控件和 1 个 Label 控件。

(2) 设置控件属性

TextBox1 的 ID 为 txtName；Button1 的 ID 为 btnSel，Text 属性为"查询"；Label1 的 ID 为 lblInfo，Text 为空。

(3) 添加事件代码

单击"查询"按钮所执行的事件代码如下。

```
protected void btnSel_Click(object sender, EventArgs e)
{
    lblInfo.Text = "";
    SqlConnection con = new SqlConnection();
    con.ConnectionString = "server = .\\sqlexpress; database = student; uid = sa; pwd =
                                    sa123";
    con.Open();
    string Name = txtName.Text;
    //声明一个 Command 对象
    SqlCommand com = new SqlCommand("select * from tb_Admin where adminName like '" + Name +
                                    "%'", con);
    //创建 DataReader 对象,并返回查询结果
    【代码 1】
    while (【代码 2】)
    {
        lblInfo.Text += "用户名   :  " + (dr["adminName"].ToString()
                        + "<br>");
    }
    if (lblInfo.Text == "")
    {
```

```
            lblInfo.Text = "对不起,数据库中没有您要查找的用户!";
        }
    【代码 3】//关闭 SqlDataReader 对象
        con.Close();
}
```

2. 自测题

总是与 DataReader 对象共同使用的命令方法是(　　)。

A. ExecuteScalar()　　　　B. ExecuteReader()

C. ExecuteNonQuery()　　　D. ExecuteXmlReader()

知识扩展

调用 SqlDataReader 对象的 Read()方法后,当前行的信息就会返回到 DataReader 对象,这时要从具体的列中获取数据,有 3 种常用的方法。例如,SqlDataReader 对象的实例化对象是 dr。

(1) 利用列名即字段名获取数据

语法格式:

```
SqlDataReader 实例[" 列名" ]
```

例如:利用 SqlDataReader 从 tb_Admin 表中获取 adminName 字段的值。

```
string strName = dr["adminName"].ToString();
```

(2) 利用列序号获取数据

语法格式:

```
SqlDataReader 实例['序号']
```

注意:序号是从 0 开始。

例如:

```
string strName = dr[1].ToString();
```

(3) 以类型化方法获取数据

该方法都是以 Get 开始,后面跟上要获取的数据类型,参数为列的序号。

语法格式:

```
SqlDataReader 实例.Get 数据类型(序号)
```

例如:

```
string strName = dr.GetString(1);
```

利用ADO.NET的非连接方式操作数据库

本章将介绍ADO.NET提供的第二种非连接式的数据库操作方式，此方式是ASP.NET所特有的数据访问方式，此方式需借助DataAdapter（数据适配器）和DataSet（数据集）两个对象来实现。

操作方法：如图7.1～图7.4所示，首先页面与数据库建立连接后，由数据适配器根据应用程序的需要从数据库中提取数据，将数据填充到内存中的临时数据库DataSet中，此后就可以释放数据库的连接了，应用程序则通过DataSet来获取所需的数据，应用程序也可以通过DataSet将更新后的数据由DataAdapter对象同步到数据库中。应用程序在调用DataSet中的数据时，不需要一直保持与数据库的连接。

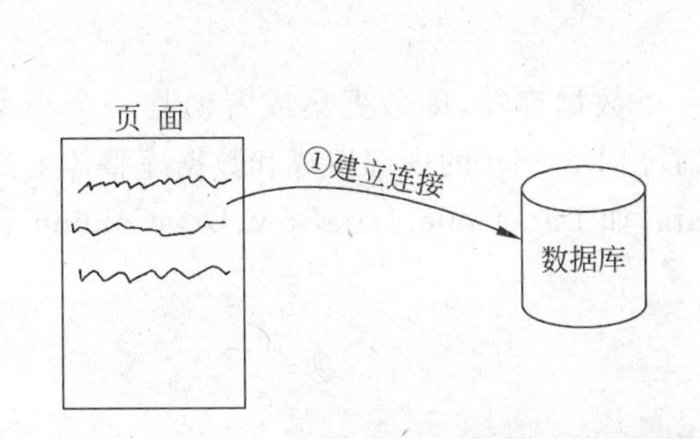

图7.1　第一步：创建页面与数据库的连接

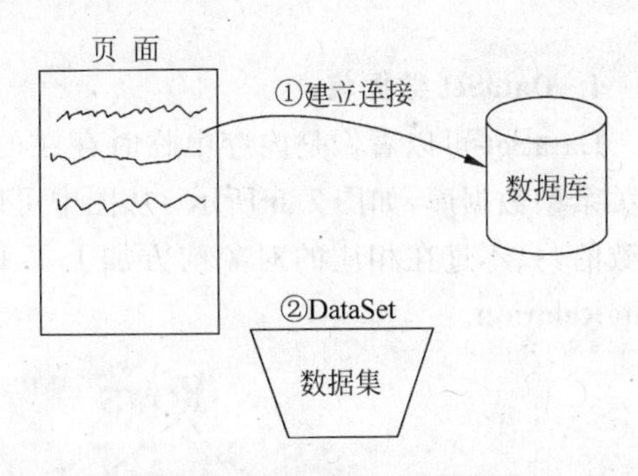

图7.2　第二步：在内存中创建数据集DataSet

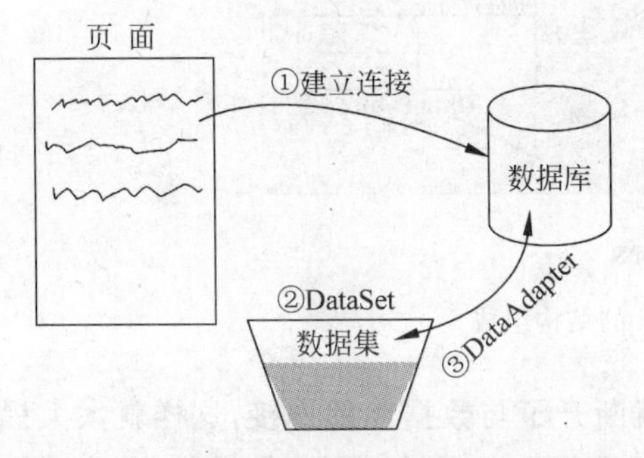

图7.3　第三步：数据适配器从数据库中提取数据填充数据集

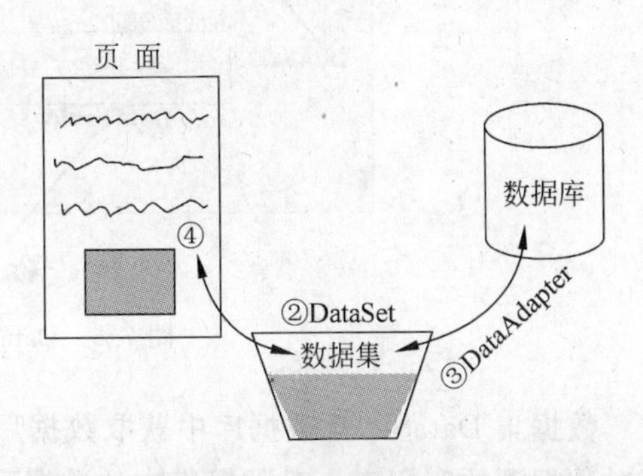

图7.4　第四步：页面获取数据集中的数据

DataSet 相当于一个离线的数据源，这样减轻了数据库以及网络的负担，在程序设计时，可将 DataSet 作为程序的数据源。而 DataAdapter 是 DataSet(数据集)对象与数据源之间交换的一个桥梁。

7.1 通过 DataAdapter(数据适配器)的属性操作数据库

利用 DataAdapter 对象与 DataSet 对象操作数据库一般有两种方式，一种是采用 DataAdatper 对象的属性执行 SQL 语句进行数据库的操作，另一种是采用 DataAdapter 对象的构造函数对数据库进行操作。本节介绍第一种操作数据库的方式，即属性操作方式。

DataSet 对象是 ADO.NET 中的一个核心概念，它是支持 ADO.NET 断开式、分布式数据开发方案的核心对象。

DataAdapter 对象又称为数据适配器对象，它的主要作用是可以同步数据库与数据集 DataSet 中的数据。DataAdapter 对象可以从数据库中将数据读取到 DataSet 中，也可以在 DataSet 中的数据修改时，将修改后的数据更新到数据库中。

1. DataSet 数据集

DataSet 可以看做是内存中临时存在的一个数据容器，即数据集或者说是一个小型的关系型数据库，如图 7.5 所示，从图中可以看出 DataSet 的内部组成和数据库整体上是一致的，只不过在相应的对象前方加上了 Data，如 DataTable、DataRow、DataColumn 和 DataRelation。

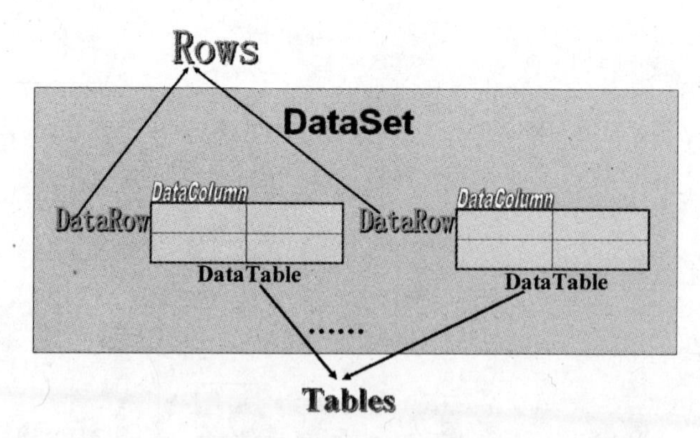

图 7.5　DataSet 的结构组成

数据集 DataSet 从数据库中获取数据后就断开了与数据库的连接，这样就大大提升了对数据源的利用率。对数据集中的数据可以进行查询、编辑、删除等操作，等完成了各项数据操作后，还可以将数据集中的数据送回数据库以更新数据库中的数据。

创建数据集的语法格式：

```
DataSet 对象名 = new DataSet();
```

或

```
DataSet 对象名 = new DataSet("表名");
```

2. DataAdapter 数据适配器

如果把 DataSet 比作为内存中的一个临时的数据库，那么 DataAdapter 就相当于一个"搬运工"或者是一个桥梁，由它在数据库与临时数据库之间搬送数据，如图 7.6 所示。

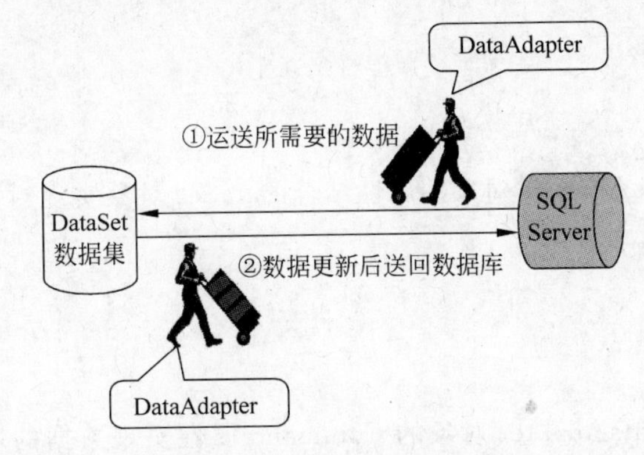

图 7.6 DataAdapter 对象的作用

创建 SqlDataAdapter 对象的格式：

```
SqlDataAdapter 对象名 = new SqlDataAdapter();
SqlDataAdapter 对象名 = new SqlDataAdapter(SQL 语句,连接对象);
```

DataAdapter 对象在操作数据库时，可以不用先打开数据库连接，数据适配器具有自适应的功能，先前连接是打开的，它会直接使用，使用完也不会关闭。但先前如果连接是关闭的，它会自动打开，用完后又会自动关闭。

(1) DataAdapter 对象的常用 Command 属性

① SelectCommand：获取或设置用于在数据源中查询记录的命令。

② InsertCommand：获取或设置用于向数据源中插入记录的命令。

③ UpdateCommand：获取或设置用于更新数据源中记录的命令。

④ DeleteCommand：获取或设置用于删除数据源中记录的命令。

注意：DataAdapter 对象的 Command 属性值是 Command 对象，如 DataAdapter 对象.SelectCommand＝命令对象。

InsertCommand、UpdateCommand、DeleteCommand 这 3 个属性在应用时一定要结合 ExecuteNonQuery()方法来执行命令。例如：

```
DataAdapter 对象.UpdateCommand.ExecuteNonQuery();
```

而 SelectCommand 属性在应用时往往结合 DataAdapter 对象本身的 Fill()填充方法来执行操作。

（2）DataAdapter 对象的常用方法

Fill()：使用 DataAdapter 对象的 SelectCommand 结果填充数据集 DataSet。

语法格式：

```
对象名.Fill(数据集名,表名)
```

例如：

```
SqlDataAdapter da = new SqlDataAdapter();
DataSet ds = new DataSet();
da.Fill(ds,"stuInfo");
```

能力目标

能够利用 SqlDataAdapter 对象的属性结合 DataSet 对象实现对数据源数据的增加、删除、修改、查询操作。

具体要求

（1）会利用 SqlDataAdapter 对象的 Command 属性实现数据的增加、删除、修改、查询操作。

（2）能够应用 SqlDataAdapter 对象的 Fill()方法实现数据集的填充。

（3）创建并利用 DataSet 对象保存数据。

（4）理解并会应用 DataSet 对象中的 DataTable、DataRow 对象。

实训任务

利用 SqlDataAdapter 对象配合 DataSet 对象实现管理员信息的增加、删除、修改、查询操作，整个程序运行流程如图 7.7 所示。

由图 7.7 可以看出，程序的首页①用于信息的显示，即执行的是查询操作，在首页下方分别有“添加记录”、“删除记录”和“修改记录”3 个按钮，当分别单击这 3 个按钮时，会分别跳转到相应的操作页面②③④，在②③④页面中又分别有“返回”按钮可以返回到首页。

具体操作要求如下。

1. 查看数据

首页①的制作，程序运行时显示图 7.8 所示的所有管理员信息，当用户在下拉表框中选择相应的管理员级别时，就可以根据选择的内容，显示相应的管理员信息，程序运行效果如图 7.9 所示。

【操作步骤】

```
using System.Data.SqlClient;          //引入命名空间
```

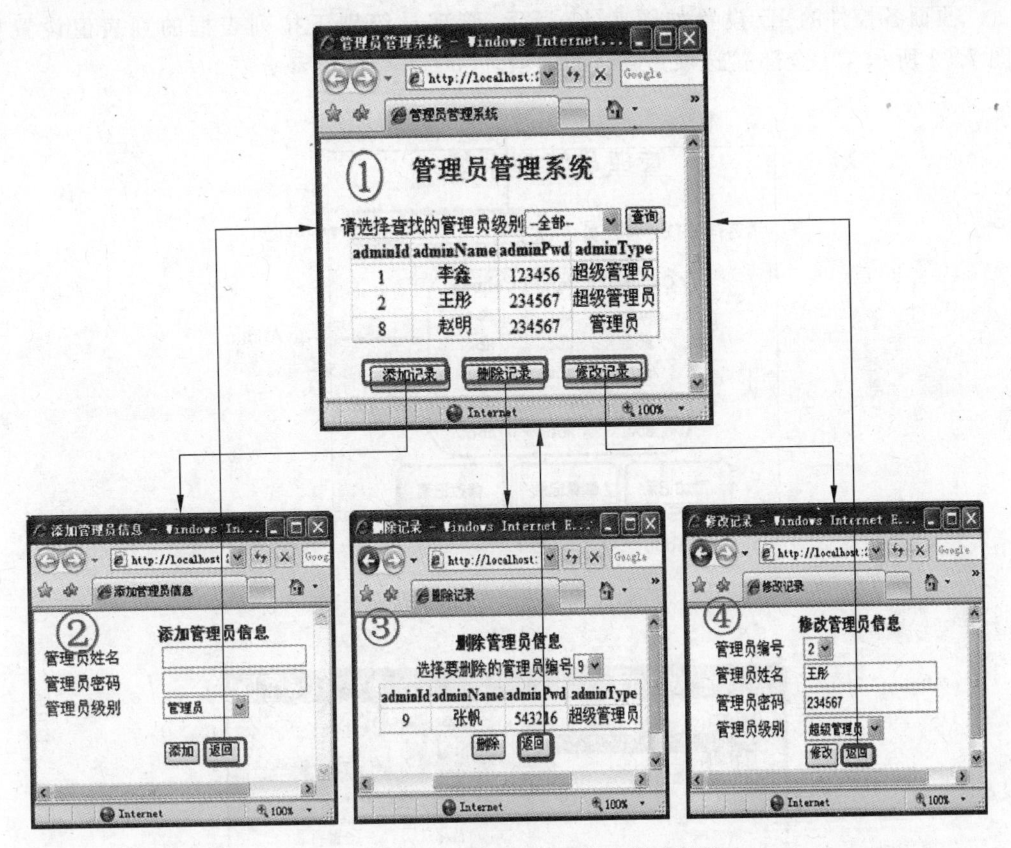

图 7.7　整个应用程序的运行流程示意图

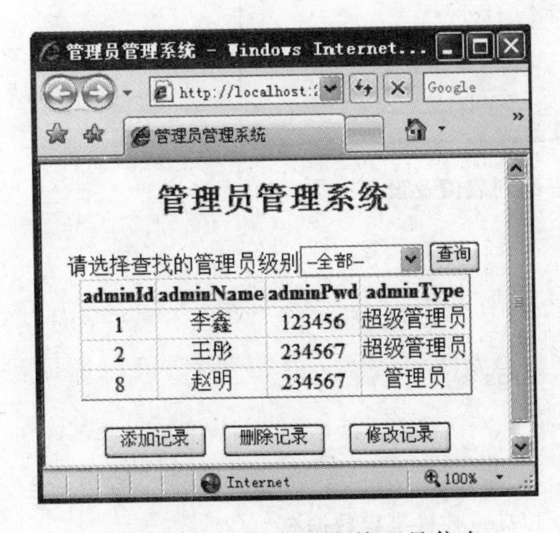

图 7.8　默认显示所有管理员信息

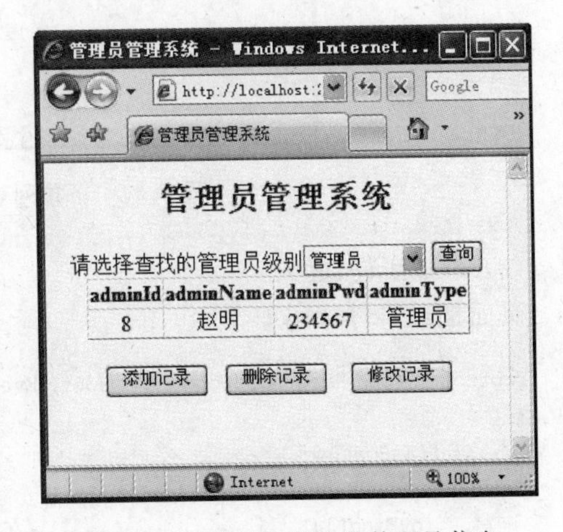

图 7.9　显示符合条件的管理员信息

(1) 创建并设置“查询”页面

创建 adminList.aspx 页面，并在该页面中插入一个 4 行 1 列的表格用于布局，在相应的单元格中插入说明文字与控件，如图 7.10 所示，添加 1 个 DropDownList 控件、4 个按钮和 1 个 GridView 控件。

页面各控件的 ID 设置如图 7.10 所示，管理员级别下拉列表框的列表值设置如图 7.11 所示，“--全部--”选项是默认的选项。

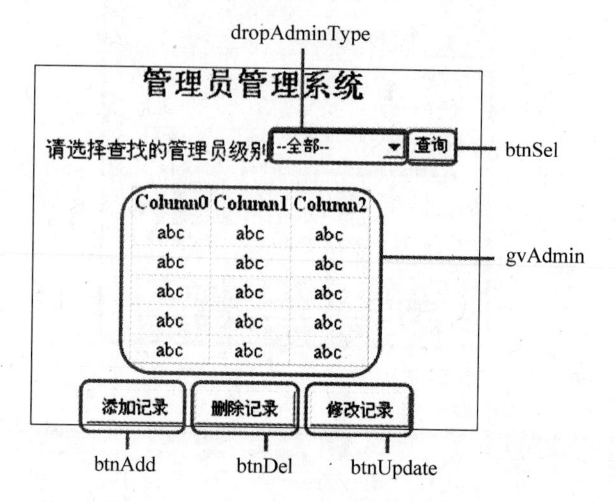

图 7.10　各控件的 ID 设置

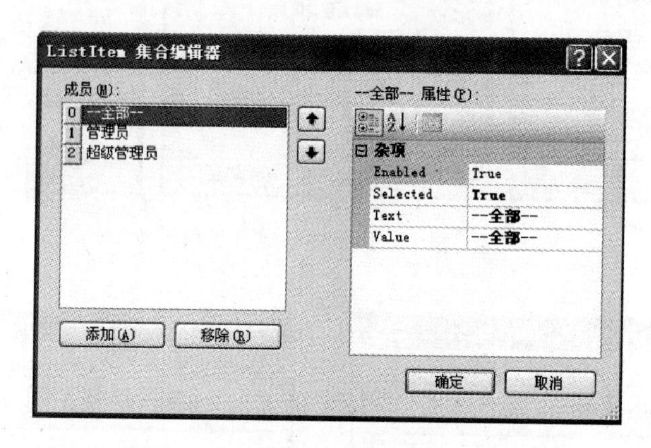

图 7.11　下拉列表的列表值及设置

(2) 添加事件代码

页面加载事件代码如下。

```
protected void Page_Load(object sender, EventArgs e)
{
    if (!IsPostBack)
    {
        gvBind();                       //GridView 控件绑定数据源
    }
}
```

GridView 控件的数据绑定方法代码如下。

```
void gvBind()
{
```

```
    SqlConnection con = new SqlConnection();
    con.ConnectionString = "server = .\\sqlexpress;database = student;uid = sa;pwd =
                                    sa123";
    con.Open();
    //声明一个 Command 对象
    SqlCommand com = new SqlCommand("select * from tb_Admin", con);
    SqlDataAdapter da = new SqlDataAdapter();  //声明一个 DataAdapter 对象
    da.SelectCommand = com;          //指定 da 对象的 SelectCommand 属性为 com
    DataSet ds = new DataSet();      //创建 DataSet 对象
    da.Fill(ds, "Admin");//使用 DataAdapter 对象的 Fill 方法填充数据集 ds,数据表取名
                        为"Admin"
    gvAdmin.DataSource = ds.Tables["Admin"];
                                   //设置数据集中 Admin 表作为 GridView 控件的数据源
    gvAdmin.DataBind();              //GridView 控件绑定数据源
    con.Close();
}
```

单击"查询"按钮时所执行的事件代码如下。

```
protected void btnSel_Click(object sender, EventArgs e)
{
    if (dropUserType.SelectedValue == "--全部--")
    {
        gvBind();                        //调用数据源的绑定方法
    }
    else
    {
        SqlConnection con = new SqlConnection();
        con.ConnectionString = "server = .\\sqlexpress;database = student;uid = sa;pwd =
                                        sa123";
        con.Open();                      //创建查询 SQL 语句
        string strSel = "select * from tb_Admin where adminType = '" + dropAdminType.
                    SelectedValue + "'";
        SqlCommand com = new SqlCommand(strSel, con);
        SqlDataAdapter da = new SqlDataAdapter();  //创建 SqlDataAdapter 对象
        da.SelectCommand = com;          //设置 SqlDataAdapter 对象的查询属性
        DataSet ds = new DataSet();      //创建数据集
        da.Fill(ds, "Admin");            //利用 SqlDataAdapter 对象填充数据集
        gvAdmin.DataSource = ds;         //将数据集设置为 GridView 控件的数据源
        gvAdmin.DataBind();              //绑定数据源
        con.Close();
    }
}
```

单击"添加记录"按钮所执行的事件代码如下。

```
protected void btnAdd_Click(object sender, EventArgs e)
{
    Response.Redirect("adminAdd.aspx"); //跳转到 adminAdd.aspx 页面
}
```

单击“删除记录”按钮所执行的事件代码如下。

```
protected void btnDel_Click(object sender, EventArgs e)
{
    Response.Redirect("adminDel.aspx");
}
```

单击“修改记录”按钮所执行的事件代码如下。

```
protected void btnUpdate_Click(object sender, EventArgs e)
{
    Response.Redirect("adminUpdate.aspx");
}
```

2. 插入记录功能的实现

此功能由②页面来实现，在主页面①中单击“添加记录”按钮就可打开图 7.12 所示的页面，用户在文本框中输入数据，在下拉列表中选择相应的选项，单击“添加”按钮后，程序会将数据插入到数据库，与此同时，弹出对话框“记录插入成功，请单击返回按钮返回首页面”。

图 7.12　插入记录的运行效果

【操作步骤】

```
using System.Data.SqlClient;          //引入命名空间
```

(1) 创建并设置“添加”页面

创建 adminAdd.aspx 页面，在当前页面插入一个 5 行 2 列的表格，在相应的单元格中插入说明文字和控件，如图 7.13 所示。

(2) 设置控件属性

两个文本框的 ID 分别为 txtAdminName、txtAdminPwd，下拉列表框的 ID 为 dropAdminType，“添加”按钮的 ID 为 btnAdd，“返回”按钮的 ID 为 btnBack。

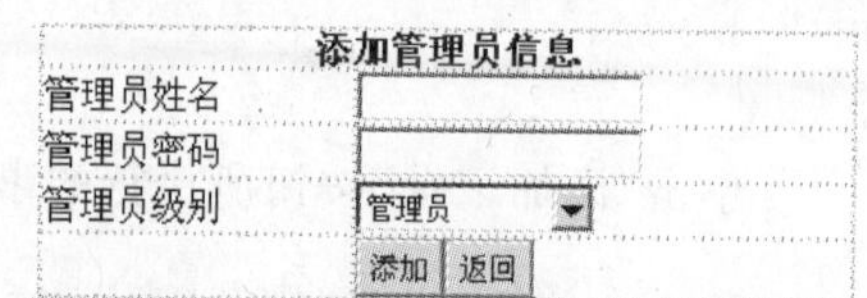

图 7.13　插入记录的设计页面

(3) 添加事件代码

单击“添加”按钮所执行的事件代码如下。

```
protected void btnAdd_Click(object sender, EventArgs e)
{
    //连接对象的设置
    SqlConnection con = new SqlConnection();
    con.ConnectionString = "server = .\\sqlexpress;database = student;uid = sa;pwd =
                                sa123";
    con.Open();
    //设置插入SQL语句,创建Command对象
    String strIns = "insert into tb_Admin values('" + txtAdminName.Text + "','" +
                txtAdminPwd.Text + "','" + dropAdminType.SelectedValue + "')";
    SqlCommand insCmd = new SqlCommand(strIns, con);
    //创建DataAdapter对象
    SqlDataAdapter da = new SqlDataAdapter();
    //设置DataAdapter对象的InsertCommand属性为insCmd
    da.InsertCommand = insCmd;
    //执行InsertCommand命令
    da.InsertCommand.ExecuteNonQuery();
    con.Close();
    Response.Write("<script>alert('记录插入成功,请单击返回按钮返回首页面');
                </script>");
}
```

3. 删除记录功能的实现

此功能由③页面来实现,在首页单击“删除记录”按钮便可以打开③页面,如图7.14所示,在删除页面,用户可通过下拉列表框选择希望删除的记录的“管理员编号”值,与此同时下方的GridView控件就将显示对应此管理员编号的记录,当确认无误后可单击“删除”按钮进行记录的删除操作,为了避免用户的误操作,此时会弹出对话框“确认删除此条记录吗?”,当单击“确定”按钮时,此条记录会从数据库彻底删除。当单击“返回”按钮时,同样可以返回首页面。

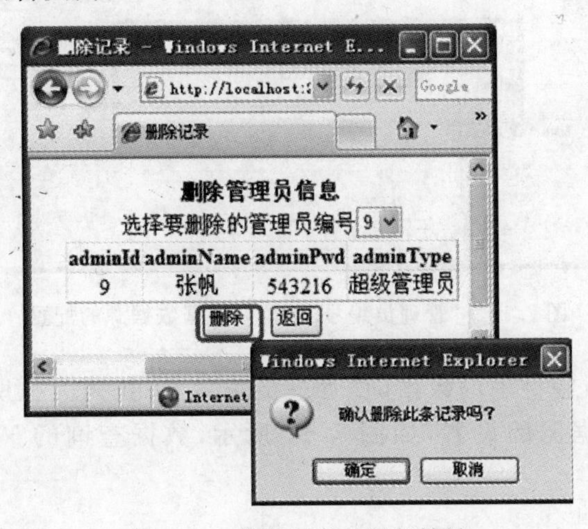

图7.14　删除记录的运行效果

【操作步骤】

```
using System.Data.SqlClient;            //引入命名空间
```

(1) 设计 Web 页面

创建 adminDel.aspx 页面，在页面中插入一个4行1列的表格，向相应的单元格中输入说明文字，并在单元格的相应位置插入控件，如图 7.15 所示。

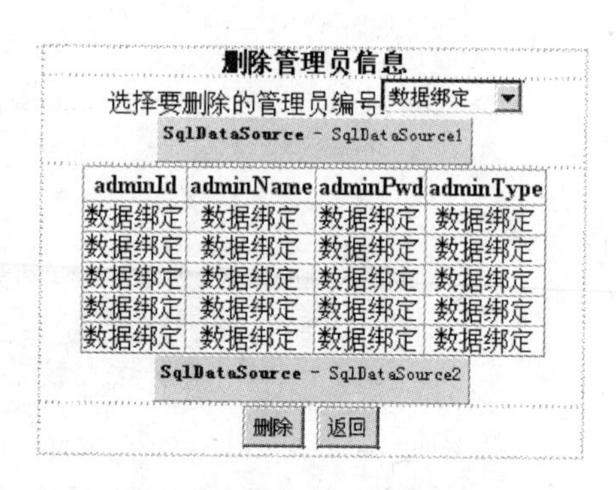

图 7.15 删除记录的设计页面

(2) 设置控件属性

下拉列表框的 ID 为 dropAdminId，AutoPostBack 属性为 True，GridView 控件的 ID 为 gvAdmin，两者分别绑定的数据源控件为 SqlDataSource1 和 SqlDataSource2，“删除”按钮的 ID 为 btnDel，“返回”按钮的 ID 为 btnBack。

(3) 绑定数据源

“管理员编号”下拉列表框绑定 SqlDataSource1 控件，SqlDataSource1 控件绑定 student 数据库中的 tb_Admin 中的 adminId 字段，如图 7.16 所示。

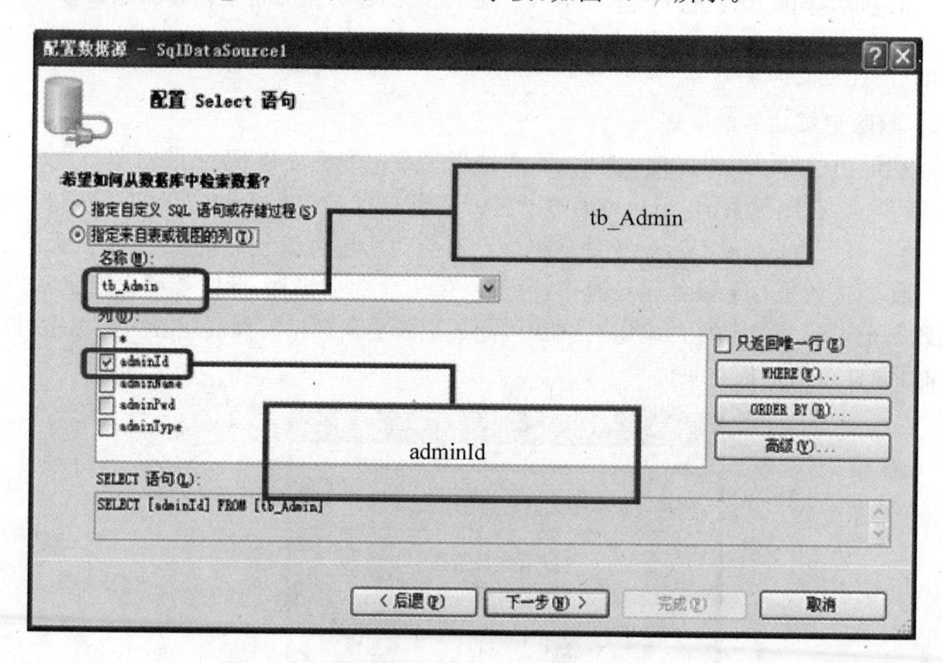

图 7.16 “管理员编号”下拉列表框数据源的配置

为了使 GridView 控件中的数据随“管理员编号”下拉列表框所选择的值变化而变化，需要注意一下数据源的设置，如图 7.17 所示，数据查询的 WHERE 子句设置如图 7.18 所示。

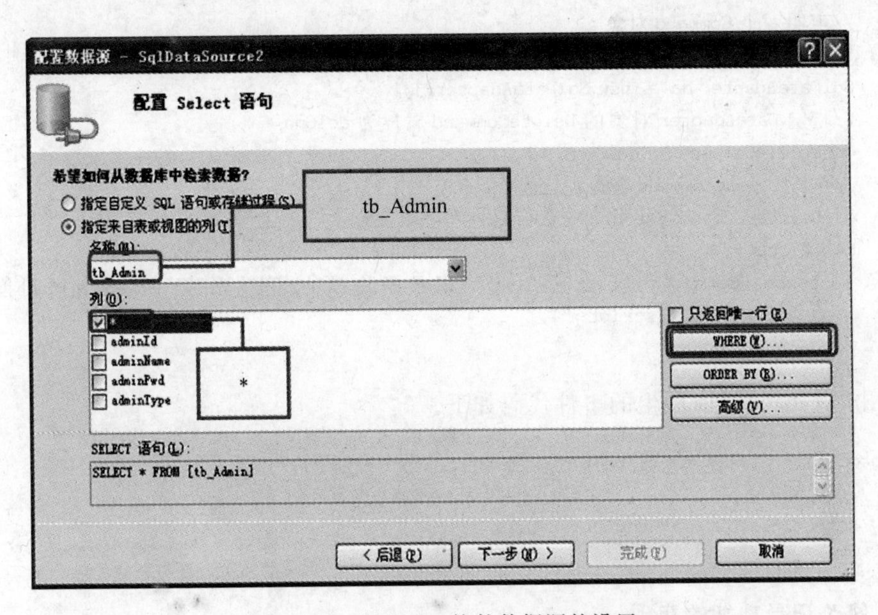

图 7.17　GridView 控件数据源的设置

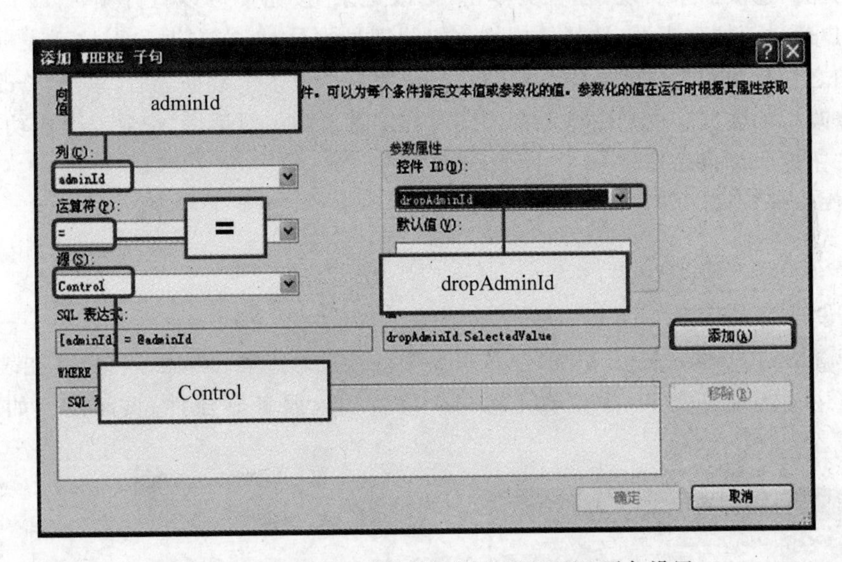

图 7.18　GridView 控件数据源的 WHERE 子句设置

(4) 添加事件

单击“删除”按钮所执行的事件代码如下。

```
protected void btnDel_Click(object sender, EventArgs e)
{
    SqlConnection con = new SqlConnection();
    con.ConnectionString = "server=.\\sqlexpress;database=student;uid=sa;pwd=sa123";
    con.Open();
    string strDel = "delete from tb_Admin where adminId='" + dropAdminId.SelectedValue + "'";
```

```
        //声明一个 Command 对象
        SqlCommand delCmd = new SqlCommand(strDel, con);
        SqlDataAdapter da = new SqlDataAdapter();
        //指定 DataAdapter 对象的 DeleteCommand 属性为 delCmd
        da.DeleteCommand = delCmd;
        //执行 DeleteCommand 命令
        da.DeleteCommand.ExecuteNonQuery();
        con.Close();
        Response.Write("<script>alert('记录删除成功,请单击"返回"按钮回到首页');
                </script>");
    }
```

单击“返回”按钮所产生的事件代码如下。

```
protected void btnBack_Click(object sender, EventArgs e)
{
    Response.Redirect("adminList.aspx");
}
```

4. 修改记录功能的实现

此功能由④页面来实现,在首页单击“修改记录”按钮便可以打开图 7.19 所示的页面,当用户通过下拉列表框,选择希望修改的管理员编号时,文本框和下拉列表框中的内容就会随之变化为相对应的数据。用户在修改完一个或多个数据之后,单击“修改”按钮,就会将修改后的数据存放到数据库中。同时在屏幕上弹出对话框“记录修改成功,请单击‘返回’按钮返回首页面!”。

【操作步骤】

```
using System.Data.SqlClient;          //引入命名空间
```

(1) 设计 Web 页面

创建 adminUpdate.aspx 页面,在该页面中插入一个 6 行 2 列的表格,并在表格相应的单元格中输入说明文字,并在单元格相应位置插入服务器控件,页面设计如图 7.20 所示。

图 7.19 修改记录页面的运行效果

修改管理员信息	
管理员编号	数据绑定 SqlDataSource - SqlDataSource1
管理员姓名	
管理员密码	
管理员级别	管理员
	修改 返回

图 7.20 修改记录的设计视图

（2）设置控件的属性

使用下拉列表框控件配合 SqlDataSource 控件，将数据库中所有记录的管理员编号即 adminId 字段的值添加为下拉列表框的选项。

设置 DropDownList1 的 ID 为 dropAdminId；两个文本框的 ID 分别为 txtAdminName、txtAdminPwd；DropDownList2 的 ID 为 dropAdminType，该控件的列表项即 Items 为"管理员"、"超级管理员"；Button1、Button2 的 ID 分别为 btnUpdate、btnBack。

（3）添加事件代码

页面加载事件代码如下。

```
protected void Page_Load(object sender, EventArgs e)
{
    dropAdminId.AutoPostBack = true;       //管理员编号下拉列表框自动回发
    if (!IsPostBack)
    {
        SqlConnection con = new SqlConnection();
        con.ConnectionString = "server = .\\sqlexpress; database = student; uid = sa; pwd =
                                    sa123";
        con.Open();
        //声明一个 Command 对象
        string strSel = "select * from tb_Admin";
        SqlCommand com = new SqlCommand(strSel, con);
        SqlDataAdapter da = new SqlDataAdapter();
        da.SelectCommand = com;
        DataSet ds = new DataSet();
        da.Fill(ds, "admin");
        //声明一个 DataTable 对象 dt,并将"admin"表赋值给 dt 对象
        DataTable dt = ds.Tables["admin"];
        DataRow dRow = dt.Rows[0];         //从数据表中提取第一条记录
        //从行中提取"adminName"字段的值,并赋值给文本框
        txtAdminName.Text = dRow["adminName"].ToString();
        txtAdminPwd.Text = dRow["adminPwd"].ToString();
        //从行中提取"adminType"字段的值赋值给管理员级别下拉列表框的选项
        dropAdminType.SelectedItem.Text = dRow["adminType"].ToString();
        con.Close();
    }
}
```

单击"修改"按钮所执行的事件代码如下。

```
protected void btnUpdate_Click(object sender, EventArgs e)
{
    SqlConnection con = new SqlConnection();
    con.ConnectionString = "server = .\\sqlexpress; database = student; uid = sa; pwd =
                                sa123";
    con.Open();
    //更新的 SQL 语句
    string strUpdate = "update tb_Admin set adminName = '" + txtAdminName.Text + "',
adminPwd = '" + txtAdminPwd.Text + "',adminType = '" + dropAdminType.SelectedValue + "'
```

```
        where adminId = " + Convert.ToInt32(dropAdminId.SelectedValue);
        SqlCommand updateCmd = new SqlCommand(strUpdate, con);
        SqlDataAdapter da = new SqlDataAdapter();
        da.UpdateCommand = updateCmd;
        //执行 DataAdapter 对象的 UpdateCommand 命令
        da.UpdateCommand.ExecuteNonQuery();
        con.Close();
        Response.Write("< script > alert('记录修改成功,请单击"返回"按钮返回首页面!');
                    </script >");
}
```

“管理员编号”下拉列表框中的选项发生改变时所执行的事件代码如下。

```
protected void dropAdminId_SelectedIndexChanged(object sender, EventArgs e)
{
    SqlConnection con = new SqlConnection();
    con.ConnectionString = " server = .\\sqlexpress; database = student; uid = sa; pwd =
                            sa123";
    con.Open();
    //声明一个 Command 对象
    string strSel = "select * from tb_Admin";
    SqlCommand com = new SqlCommand(strSel, con);
    SqlDataAdapter da = new SqlDataAdapter();
    da.SelectCommand = com;
    DataSet ds = new DataSet();
    da.Fill(ds, "admin");
    DataTable dt = ds.Tables["admin"];
    //从下拉列表框中获取当前记录的行号
    int iNum = dropAdminId.SelectedIndex;
    //从数据表中提取第 iNum 行
    DataRow dRow = dt.Rows[iNum];
    //从行中提取字段值,赋值给文本框
    txtAdminName.Text = dRow["adminName"].ToString();
    txtAdminPwd.Text = dRow["adminPwd"].ToString();
    //从行中提取字段值,赋值给下拉列表框
    dropAdminType.SelectedItem.Text = dRow["adminType"].ToString();
    con.Close();
}
```

单击“返回”按钮所执行的事件代码如下。

```
protected void btnBack_Click(object sender, EventArgs e)
{
    Response.Redirect("adminList.aspx");
}
```

能力测试

1. 利用 SqlDataAdapter 对象的属性实现具体要求

仿照 7.1 节中的能力测试用例,利用 SqlDataAdapter 对象的属性实现对学生信息即表tb_StuInfo 的增加、删除、修改、查询操作。

2. 自测题

(1) DataAdapter 对象中用于查询数据的操作可以使用(　　)属性。

A. SelectCommand　　B. UpdateCommand

C. DeleteCommand　　D. InsertCommand

(2) DataAdapter 和 DataSet 对象读取数据的方式与 DataReader 对象读取数据的方式有什么区别?

7.2　通过 DataAdapter 的构造函数操作数据库

在用 DataAdapter 对象的属性对数据库进行操作时，创建 SqlDataAdapter 对象的实例时都是采用 SqlDataAdapter da＝new SqlDataAdapter()的形式，再结合 SqlDataAdapter 对象的相关属性来实现查询操作。实际上还可以在创建实例的过程中利用 SqlDataAdapter 的构造函数来简化程序。

1. 利用构造函数的形式实例化 SqlDataAdapter 对象

语法格式：

```
SqlDataAdapter 对象名 = new SqlDataAdapter(SQL 语句,数据库连接对象);
```

例如：

```
SqlDataAdapter da = new SqlDataAdapter("select * from tb_Admin",con);
DataSet ds = new DataSet();
da.Fill(ds,"表名");
```

注意：此方式可省略命令对象。而且此方式可以同时执行“增加、删除、修改、查询”操作。

2. 利用 DataAdapter 对象的构造函数操作数据库

整体操作步骤如下。

(1) 建立 Connection 对象实例。

```
SqlConnection con = new SqlConnection(连接字符串);
con.Open();
```

(2) 建立 DataAdapter 对象实例。

```
SqlDataAdapter da = new SqlDataAdapter("SQL 语句",con);
```

(3) 建立 DataSet 数据集，并将 DataAdapter 中的数据填充到 DataSet 中。

```
DataSet ds = new DataSet();
```

```
DataAdapter.Fill(ds,"表名");
```

(4) 将 DataSet 数据集中的数据表绑定到数据控件中，在页面中显示操作结果。

能力目标

能够利用 SqlDataAdapter 对象的构造函数结合 DataSet 对象实现对数据源数据的增加、删除、修改、查询操作。

具体要求

(1) 能够利用构造函数实例化 SqlDataAdapter 对象。

(2) 能够利用 SqlDataAdapter 构造函数的形式对数据库实现基本的增加、删除、修改、查询操作。

实训任务

利用 SqlDataAdapter 对象将学生成绩表 tb_StuResult 表中的学生姓名、数学、英语和计算机成绩查询出来，并在页面中显示出来，程序运行效果如图 7.21 所示。

学生姓名	数学	英语	计算机
赵丽	68	80	100
李东	79	99	89
李钢	87	90	78
郭明明	80	86	60
张晨	76	80	77
王佳佳	66	80	86
马佟	89	90	79
赵丽	68	80	95

图 7.21 利用 DataAdapter 对象的构造函数执行数据查询操作

【操作步骤】

```
using System.Data.SqlClient;            //引入命名空间
```

(1) 设计 Web 页面

新建一个 ASP.NET 网站，打开默认的 Default.aspx 页面，在页面中添加一个 GridView 控件，默认 ID 为 GridView1。

(2) 页面加载事件代码

```
protected void Page_Load(object sender, EventArgs e)
{
    this.Title = "利用 DataAdapter 的构造函数查询数据";
    //创建、设置连接对象
    SqlConnection con = new SqlConnection();
    con.ConnectionString = "server = .\\sqlexpress;database = student;uid = sa;pwd = sa123";
    con.Open();
    //设置 DataAdapter 对象的构造函数
    string strCmd = "select stuName 学生姓名,stuMath 数学,stuEnglish 英语,stuComputer 计
                    算机 from tb_StuResult";
    SqlDataAdapter da = new SqlDataAdapter(strCmd, con);
    DataSet ds = new DataSet();
    da.Fill(ds,"student");
    //设置 GridView1 的数据源,显示操作结果
    GridView1.DataSource = ds;
    GridView1.DataBind();
    con.Close();
}
```

程序说明：此种方式不仅省略了 SelectCommand 属性，而且无需再建立 SqlCommand 对象实例，大大简化了程序代码。

自测题

利用 SqlDataAdapter 对象的构造函数方式，将学生成绩的基本信息插入到数据库，设计页面如图 7.22 所示。

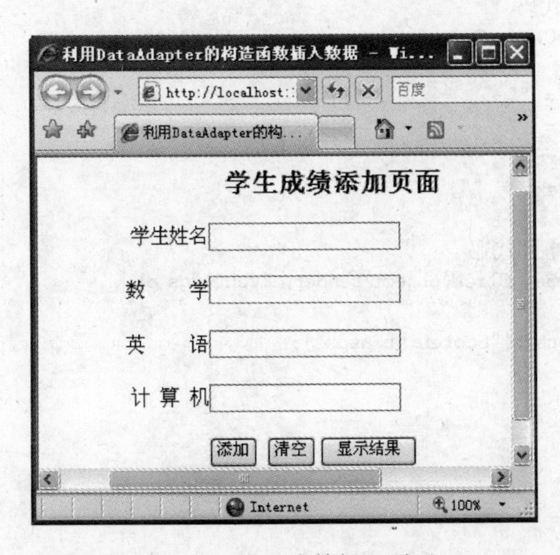

图 7.22 学生成绩插入页面

【操作步骤】

```
using System.Data.SqlClient;          //引入命名空间
```

(1) 设计 Web 页面

姓名文本框 ID="txtName",数学文本框 ID="txtMath",英语文本框 ID="txtEnglish",计算机文本框 ID="txtComputer";"添加"按钮 ID="btnAdd",Text="添加";"清空"按钮 ID="btnClear",Text="清空";"显示结果"按钮 ID="btnSel",Text="显示结果"。

(2) 事件代码

```
//"添加"按钮的事件代码
protected void btnAdd_Click(object sender, EventArgs e)
{
    //设置数据库连接
    SqlConnection con = new SqlConnection();
    con.ConnectionString
     "server = .\\sqlexpress;database = student;uid = sa;pwd = sa123";
    con.Open();
    //获取输入的数据
    float fMath = (float.Parse)(txtMath.Text);
    float fEnglish = (float.Parse)(txtEnglish.Text);
    float fComputer = (float.Parse)(txtComputer.Text);
    //利用 SqlDataAdapter 对象的构造函数执行数据的插入操作
    【代码 1】;                      //定义插入 SQL 语句的字符串
    【代码 2】;                      //利用构造函数创建并实例化 DataAdapter 对象
    【代码 3】;                      //创建数据集
    【代码 4】;                      //填充数据集
    Response.Write("<script>alert('信息插入成功');</script>");
    con.Close();
}
//"清空"按钮事件代码
protected void btnClear_Click(object sender, EventArgs e)
{
    txtName.Text = "";
    txtMath.Text = "";
    txtEnglish.Text = "";
    txtComputer.Text = "";
}
//"显示结果"按钮事件代码
protected void btnSel_Click(object sender, EventArgs e)
{
    Response.Redirect("ScoreList.aspx");
}
```

知识扩展

1. 多表填充一个 DataSet 对象

DataSet 作为一个数据容器,它可以存放多个 DataTable,也就是说 DataSet 可表示来自多个表的数据。要用多个 DataTable 来填充一个 DataSet，就可使用多个 DataAdapter 的 Fill 方法填充到不同的 DataTable 中。

例如：将 student 数据库 tb_StuInfo 表中的记录显示在 GridView1 中，将 tb_StuResult 表中数据显示在 GridView2 中，页面运行效果如图 7.23 所示。

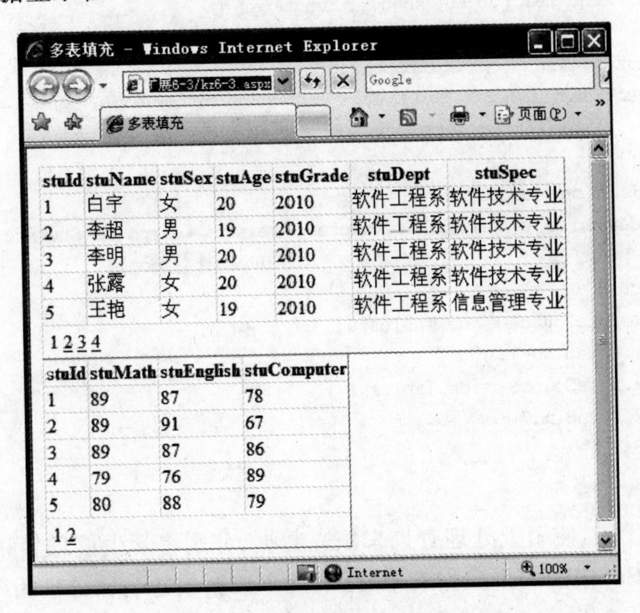

stuId	stuName	stuSex	stuAge	stuGrade	stuDept	stuSpec
1	白宇	女	20	2010	软件工程系	软件技术专业
2	李超	男	19	2010	软件工程系	软件技术专业
3	李明	男	20	2010	软件工程系	软件技术专业
4	张露	女	20	2010	软件工程系	软件技术专业
5	王艳	女	19	2010	软件工程系	信息管理专业
1 2 3 4						

stuId	stuMath	stuEnglish	stuComputer
1	89	87	78
2	89	91	67
3	89	87	86
4	79	76	89
5	80	88	79
1 2			

图 7.23　多表填充一个 DataSet

页面加载事件代码如下。

```
protected void Page_Load(object sender, EventArgs e)
{
    SqlConnection con = new SqlConnection();
    con.ConnectionString
    "server = .\\sqlexpress;database = student;uid = sa;pwd = sa123";
    con.Open();
    DataSet ds = new DataSet();
    SqlDataAdapter sda1 = new SqlDataAdapter("select * from tb_StuInfo",con);
    sda1.Fill(ds,"stuInfo");              //将学生信息表中的数据填充到数据集 ds 中
    SqlDataAdapter sda2 = new SqlDataAdapter("select * from tb_StuResult", con);
    sda2.Fill(ds,"stuResult");            //将学生成绩表中的数据填充到数据集 ds 中
    //将学生信息表中的数据绑定到 GridView1 上
    GridView1.DataSource = ds.Tables["stuInfo"].DefaultView;
    GridView1.DataBind();
    //将学生成绩表中的数据绑定到 GridView2 上
    GridView2.DataSource = ds.Tables["stuResult"].DefaultView;
    GridView2.DataBind();
    con.Close();
}
```

虽然可用多个 DataAdapter 对象填充同一个 DataSet，但因为每次调用 Fill 方法时都

要连接一次数据库,所以执行效率特别低。因此,在数据库提供程序支持的情况下,可以使用一个 DataAdapter 对象,并用一个批处理查询来填充数据,以上的示例,可以改进为如下的形式。

```
protected void Page_Load(object sender, EventArgs e)
{
    SqlConnection con = new SqlConnection();
    con.ConnectionString
    "server = .\\sqlexpress;database = student;uid = sa;pwd = sa123";
    con.Open();
    DataSet ds = new DataSet();
    SqlDataAdapter da = new SqlDataAdapter("select * from tb_StuInfo;select * from tb_
                                        StuResult", con);                    //批查询
    da.Fill(ds);
    GridView1.DataSource = ds.Tables[0];
    GridView1.DataBind();
    GridView2.DataSource = ds.Tables[1];
    GridView2.DataBind();
    con.Close();
}
```

通过上面的代码,使用批处理查询来填充数据,分别将学生信息表和学生成绩表中的数据填充到 DataSet 中的两个数据表中,默认两个数据表的名称分别为 Table 和 Table1,或使用 Tables[0]和 Tables[1]索引名来访问。

2. 操作 DataSet 对象

可以对 DataSet 对象进行删除行、删除列、修改值、筛选、排序等操作,如表 7.1 所示。

表 7.1 操作 DataSet 对象

操 作	语 法
删除列	DataTable 对象实例. Columns. Remove("字段名")
删除行	DataRow 对象实例. Delete
统计列数	Num=DataTable 对象实例. Columns. Count
数据排序	DataSet 对象实例. Tables["表名"]. Sort="字段名称. (DESC/ASC)"
数据筛选	DataSet 对象实例. Tables["表名"]. RowFilter="条件";

将 student 数据库 tb_StuInfo 表中的记录显示在 GridView1 中,将 tb_StuInfo 表中的男学生信息筛选出来。

```
protected void Page_Load(object sender, EventArgs e)
{
    SqlConnection con = new SqlConnection();
    con.ConnectionString
     "server = .\\sqlexpress;database = student;uid = sa;pwd = sa123";
    con.Open();
    DataSet ds = new DataSet();
    SqlDataAdapter da = new SqlDataAdapter("select * from tb_StuInfo", con);
```

```
    da.Fill(ds,"stuInfo");
    GridView1.DataSource = ds.Tables["stuInfo"];
    GridView1.DataBind();
    DataTable dt = new DataTable("manStu");
    dt = ds.Tables["stuInfo"];                    //实例化数据表对象
    dt.DefaultView.RowFilter = "stuSex = '男'";   //筛选男学生记录
    GridView2.DataSource = dt.DefaultView;
    GridView2.DataBind();
    con.Close();
}
```

综合案例——简易的新闻系统

新闻系统作为一个 B/S 开发模式的基础系统在很多网站或应用程序中都有应用，所以熟练地操作新闻系统对于开发人员进行程序的开发是非常有帮助的。本章就以一个简易的新闻系统为例，讲解一个完整的系统开发过程。

8.1 新闻系统设计

1. 系统整体设计

本新闻系统由前台新闻浏览、后台管理员登录、后台新闻管理 3 部分组成。其中只有当管理员输入正确的用户名和密码通过后台登录模块的检验之后，才可以进入后台进行新闻管理，即实现对不同类别的新闻进行增加、删除、修改、查询操作，而前台用户可以实现对新闻的浏览操作，整个网站的功能结构图如图 8.1 所示。

为了便于操作，在此将该系统的文件组织结构以图 8.2 的形式展现出来。

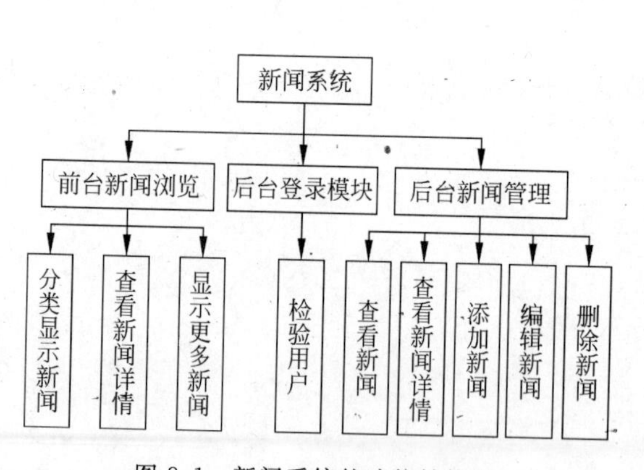

图 8.1 新闻系统的功能结构图

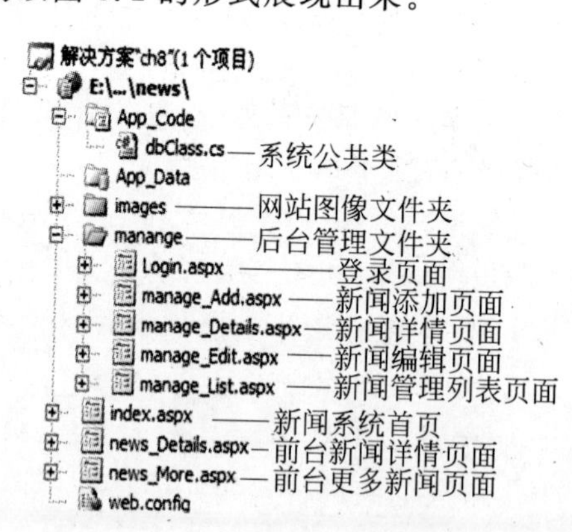

图 8.2 系统文件的组织结构

2. 数据库的设计

本系统包括两张表：管理员信息表 tb_Admin 和新闻信息表 tb_News。

tb_Admin(管理员信息表)主要用于保存管理员的基本信息，该表结构如表 8.1 所示。

表 8.1 管理员信息表 tb_Admin

字段名	数据类型	允许为空	描述
admin_Id	int	否	用户编号，主键，自动增长
admin_Name	varchar(20)	否	用户姓名
admin_Pwd	varchar(50)	否	用户密码

tb_News(新闻信息表)主要用于保存新闻的基本信息，该表结构如表 8.2 所示。

表 8.2 新闻信息表 tb_News

字段名	数据类型	允许为空	描述
news_Id	int	否	新闻编号，主键，自动增长
news_Title	varchar(50)	否	新闻标题
news_Type	varchar(50)	否	新闻类别
news_Content	text	否	新闻内容
news_AddTime	smalldatetime	否	新闻的添加时间

8.2 数据库公共类的创建

在开发网站的过程中，如果实现某个功能的代码段需要在不同的网页中多次应用，可以考虑将该代码段封装到公共类中，当使用该功能时，在网页中可以直接调用，这样可以避免重复编写代码。

为了便于数据库的操作，便于代码的复用，可将常用数据库的操作方法，写到数据库公共类中，以便于页面调用。

对数据库的操作过程，主体上有 4 种操作，即增加、删除、修改、查询操作，而在进行这 4 种操作时，又可以进一步归纳为以下两种操作方式。

(1) 在对数据库中的数据进行操作的过程中，主要包括以下几种操作方法。

① 对数据库进行增加、删除、修改的操作：调用 SqlCommand 对象的 ExecuteNonQuery()方法来实现。

② 对数据库进行连接式的查询操作：调用 SqlCommand 对象的 ExecuteReader()方法来实现。

③ 对于查询结果为单个值的操作：调用 SqlCommand 对象的 ExecuteScalar()方法来实现。

④ 对数据库进行非连接式的查询操作，查询会返回多条记录：结合 DataSet 对象，调用 SqlDataAdapter 对象的 Fill()方法将查询结果填充到数据集中。

(2) 在 C#中为了便于组织代码，将相同功能的代码块包含在 #region 和

#endregion之间，这样就可以展开或关闭相应的代码段了，对于代码段的说明可以直接写在#region后面。

```
#region 静态全局变量
public static SqlConnection con;
public static string strCon = "server = .\\sqlexpress;database = newsdata;uid = sa;pwd =
                              sa123";
#endregion
```

能力目标

掌握数据库公共类的创建方法与作用。

具体要求

(1) 掌握新闻系统数据库操作公共类的创建方法与作用。

(2) 理解新闻系统数据公共类中各方法的作用。

实训任务

为了便于新闻网站的整体操作，创建新闻系统的数据库操作公共类。

创建新闻网站news后，首先选择网站结点，右击，选择"添加新项"命令，在"添加新项"对话框中选择"类"文件，创建数据库公共类dbClass.cs，如图8.3所示。

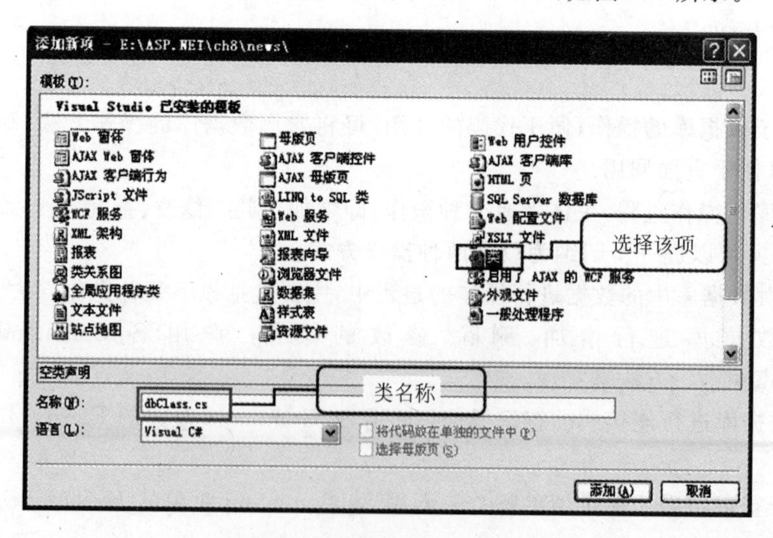

图8.3 创建数据库公共类

当单击"添加"按钮时将弹出一个提示对话框，如图8.4所示，此对话框询问是否将刚才创建的类存放在App_Code文件夹中，单击"是"按钮，完成数据库公共类的创建。

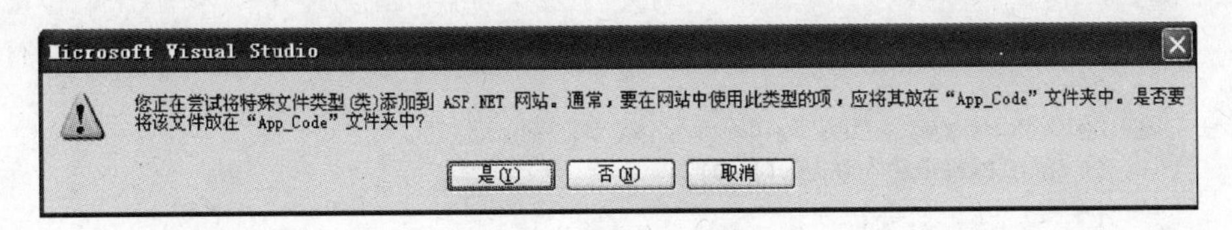

图 8.4　提示对话框

在“解决方案资源管理器”里的 App_Code 文件夹中，可以看到新创建的数据库公共类。双击数据库公共类，进行此类的编写。在此类中可以看到系统自动添加了命名空间、公共类和构造函数，只需要添加本网站所需要的数据操作方法与变量即可。数据库公共类的具体代码如下。

```
using System.Data.SqlClient;            //引入命名空间
public class dbClass
{
#region 定义连接对象
    private  SqlConnection con;
    private  string strCon = "server=.\\sqlexpress;database=db_News;uid=sa;pwd=sa123";
    #endregion

    #region 连接数据库 getCon()
    public  SqlConnection getCon()
    {
        con = new SqlConnection(strCon);
        con.Open();
        return con;
    }
    #endregion

    #region 关闭数据库 con_Close()
    public void con_Close()
    {
        if (con.State == ConnectionState.Open)
            con.Close();
    }
    #endregion

    #region 使用连接式方式读取数据库 getDr(string strSql)
    public SqlDataReader getDr(string strSql)
    {
        getCon();
        SqlCommand cmd = new SqlCommand(strSql,con);
        SqlDataReader dr = cmd.ExecuteReader();
        return (dr);
    }
    #endregion
    #region 连接式,对数据库进行增加、删除、修改、查询操作
    public bool ExeNonQuery(string strSql)
```

```
    {
        getCon();
        SqlCommand cmd = new SqlCommand(strSql,con);
        if (cmd.ExecuteNonQuery()> 0)
        {
            con_Close();
            return true;
        }
        else
        {
            con_Close();
            return false;
        }

    }
    #endregion

    #region 查询单个值 ExeScalar(string strSql)
    public object ExeScalar(string strSql)
    {
        getCon();
        SqlCommand cmd = new SqlCommand(strSql,con);
        object num = cmd.ExecuteScalar();
        con_Close();
        return(num);
    }
    #endregion

    #region 使用非连接式对数据库进行增加、删除、修改、查询操作 getDataSet(string strSql,
     string tbName)
    public DataSet getDataSet(string strSql, string tbName)
    {
        getCon();
        SqlDataAdapter da = new SqlDataAdapter(strSql, con);
        DataSet ds = new DataSet();
        da.Fill(ds, tbName);
        con_Close();
        return ds;
    }
    #endregion
}
```

8.3 新闻系统的登录模块

登录模块在很多网站和系统中都有应用，操作方法也基本一致，以下就以新闻系统的登录模块为例，讲解登录模块的设计与制作。

相关知识

作为系统的登录模块,最主要的作用是判断输入的用户名和密码是否同时与数据库用户表中的用户名、密码相等,如果两者同时相等则是合法用户,便可以进入后台进行系统的管理操作,否则将不允许进行后台的管理操作。

判断用户是否合法,实质上就是根据用户名和密码进行相应的查询操作。以下列举了两种常见的操作形式。

(1) 利用SQL语句中的count()聚合函数,通过查找符合条件的记录数量是否大于0来判断。当数量大于0时,证明有符合条件的记录,则是合法用户,否则是不合法用户。

例如:用户名文本框和密码文本框的ID分别为txtName,txtPwd;用户名字段为admin_Name,密码字段为admin_Pwd,当单击“登录”按钮后产生的事件代码如下。

```
SqlConnection con = new SqlConnection();
con.ConnectionString = "server=.\\sqlexpress;database=student;uid=sa;pwd=sa123";
con.Open();
string strSel = "select count(*) from tb_Admin where admin_Name='" + txtName.Text + "'
and admin_Pwd='" + txtPwd.Text + "'";
SqlCommand cmd = new SqlCommand(strSel,con);
int iNum = Convert.ToInt32(cmd.ExecuteScalar(strSel)); //符合条件的记录数量
        if (iNum > 0)
        {
            Response.Write("<script>alert('您是合法用户!');</script>");
        }
        else
        {
            Response.Write("<script>alert('用户名或密码错误');</script>");
        }
    con.Close();
```

(2) 将符合查询条件的记录查询出来放到数据读取器SqlDataReader中,当数据读取器中有符合条件的记录,证明用户合法,否则是不合法用户。

例如:

```
SqlConnection con = new SqlConnection();
con.ConnectionString = "server=.\\sqlexpress;database=student;uid=sa;pwd=sa123";
con.Open();
string strCmd = "select * from tb_Admin where adminName='" + txtName.Text + "' and adminPwd=
'" + txtPwd.Text + "'";
SqlCommand cmd = new SqlCommand(strCmd,con);
SqlDataReader dr = cmd.ExecuteReader();
if(dr.HasRows)  //数据读取器中有符合条件的记录
{
  Response.Write("<script>alert('您是合法用户!');</script>");

}
```

```
else
{
  Response.Write("<script>alert('用户名或密码错误');</script>");
}
dr.Close();  //关闭数据读取器
con.Close();
```

能力目标

掌握登录模块的设计与制作方法。

具体要求

(1) 掌握数据表信息按条件查询的方法。

(2) 掌握查询单个值时,调用命令对象的 ExecuteScalar()方法的操作形式。

实训任务

新闻后台登录模块主要是检验用户名和密码是否合法(即数据库 tb_Admin 表中是否有该用户),当用户名和密码为空时,要给出提示;当用户名和密码输入正确时跳转到网站后台的管理列表页面 manage_List.aspx;当用户名和密码输入错误时要给出错误提示,程序运行效果如图 8.5 所示。

图 8.5　后台用户登录界面

在新闻网站 news 中,创建文件夹 manage 用于进行网站后台的管理,在 manage 文件夹下创建 Login.aspx 页面用于网站的后台登录管理,网站结构参考图 8.2。

【操作步骤】

(1) 页面设计

页面设计如图 8.5 所示,用户名文本框的 ID 为 txtName,密码文本框 ID 为 txtPwd;"登录"按钮的 ID 为 btnOk,Text 为"登录";"重置"按钮的 ID 为 btnReset,Text 为"重置"。

(2) 页面代码

```
//"登录"按钮的单击事件代码
protected void btnOk_Click(object sender, EventArgs e)
{
    if (txtName.Text == "" || txtPwd.Text == "")
    {
```

```
            Response.Write("<script>alert('请输入用户名和密码')</script>");
        }
        else
        {
            string strSel = "select count(*) from tb_Admin where admin_Name = '" +
                            txtName.Text + "'and admin_Pwd = '" + txtPwd.Text + "'";
            if (Convert.ToInt32(db.ExeScalar(strSel)) > 0)
            {
                Response.Write("<script>alert('您是合法用户!');window.location.href
                               ('manage_List.aspx');</script>");
            }
            else
            {
                Response.Write("<script>alert('用户名或密码错误');window.location.href
                               ('Login.aspx');</script>");
            }
        }
    }
    //"重置"按钮的单击事件代码
    protected void btnReset_Click(object sender, EventArgs e)
    {
        txtName.Text = "";
        txtPwd.Text = "";
    }
```

知识扩展

用户登录管理模块可以进一步完善,例如,添加一个用户注册功能。

1. 登录页面的设计与制作

首先在登录页面添加一个"注册"按钮btnReg,通过"注册"按钮跳转到用户注册页面,如图8.6所示。

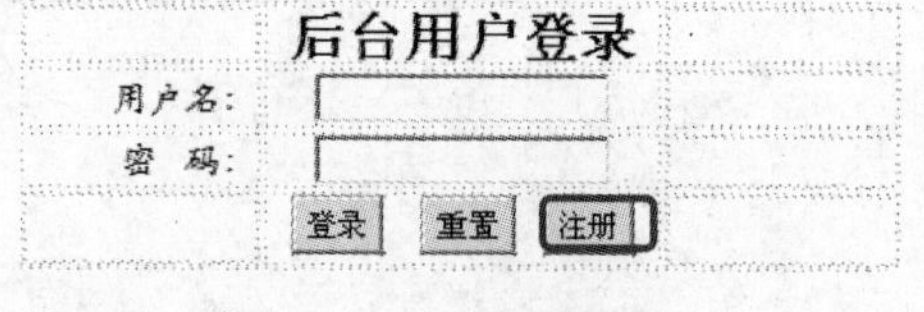

图8.6 用户登录页面

"注册"按钮的单击事件代码如下。

```
protected void btnReg_Click(object sender, EventArgs e)
{
    Response.Redirect("Manage_Reg.aspx");
}
```

2. 用户注册页面的设计与制作

(1) 用户注册页面的设计

用户注册页面的设计如图8.7所示,用户名文本框的ID为txtName,密码文本框的ID为txtPwd,确认密码文本框的ID为txtRepwd,"注册"按钮的ID为btnReg,"重置"按钮的ID为btnReset。

用户注册	
用户名：	
密码：	
确认密码：	
	注册 重置

图 8.7 用户注册页面

(2) 用户注册页面的代码

```
public partial class manage_Manage_Reg: System.Web.UI.Page
{
    dbClass db = new dbClass();
    protected void Page_Load(object sender, EventArgs e)
    {
        this.Title = "用户注册页面";
    }
//"注册"按钮的单击事件代码
    protected void btnReg_Click(object sender, EventArgs e)
    {
        string strName = txtName.Text.Trim();
        string strPwd = txtPwd.Text.Trim();
        string strIns = "insert into tb_Admin(admin_Name,admin_Pwd) values('" + strName + "',
                   '" + strPwd + "')" ;
        if (db.ExeNonQuery(strIns))
        {
            Response.Write("<script>alert('用户注册成功');window.location.href('Login.
                        aspx');</script>");
        }
        else
        {
            Response.Write("<script>alert('用户注册失败');window.location.href('Manage_
                        Reg.aspx');</script>");
        }
    }
//"重置"按钮的单击事件代码
    protected void btnReset_Click(object sender, EventArgs e)
    {
        txtName.Text = "";
        txtPwd.Text = "";
        txtRePwd.Text = "";
    }
}
```

8.4　新闻系统的后台管理模块

此部分是只有当管理员正确登录之后才可以看到的管理内容。此部分主要实现新闻的增加、删除、修改、查询操作，功能结构图如 8.1 节中的图 8.1 所示，文件组织结构如 8.1 节中的图 8.2 所示。

1. GridView 绑定数据功能的实现

新闻的显示，这里是调用 GridView 控件来实现的，即利用 GridView 控件实现数据的绑定。要将数据绑定到 GridView 控件上，需要将控件的 DataSource 属性设置为 ADO.NET 对象的数据集 DataSet，然后再调用控件的 DataBind()方法绑定数据源到 GridView 中。

例如：

```
string strSel = "select * from tb_News";
DataSet ds = db.getDataSet(strSel, "news");
GridView1.DataSource = ds.Tables["news"].DefaultView;
GridView1.DataBind();
```

2. 编辑 GridView 的字段

GridView 在绑定数据源后，对于需要修改的字段，可以通“过 GridView 任务”快捷面板的“编辑列”命令进入“字段”对话框，进行各字段属性的设置。

3. GridView 中的字段类型

在 GridView 的“字段”对话框中，左上角“可用字段”列表中列出了可用的 7 种绑定列类型，如图 8.8 所示。

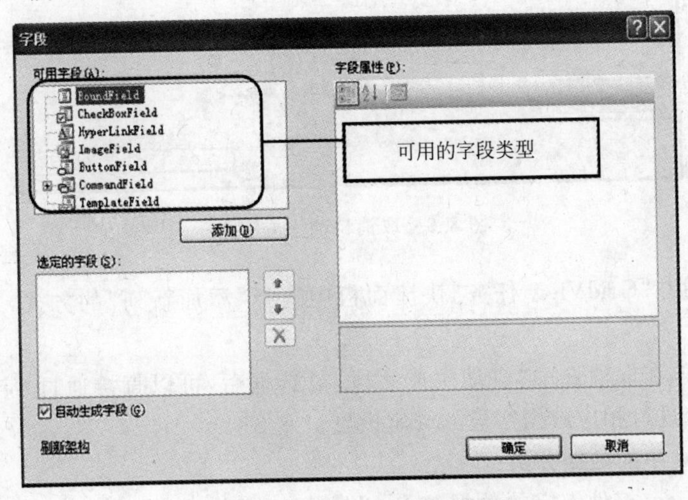

图 8.8　GridView“字段”对话框

这7种类型的数据字段功能如下。

(1) BoundField：默认的数据绑定类型，显示数据源中某个字段的值，一般以文本的形式显示。

(2) CheckBoxField：复选按钮列，以复选框的形式呈现数据，绑定到该列的字段一般是具有布尔值的字段。

(3) HyperLinkField：超链接列，显示为超链接的字段。

(4) ImageField：图像列，显示为图像的字段。

(5) ButtonField：按钮列，显示为按钮的字段。

(6) CommandField：命令列，显示用来执行选择、编辑或删除操作的预定义命令按钮。

(7) TemplateField：模板列，显示自定义内容的字段。

这里每一个可用字段，可以在"字段"对话框中选择相应的"可用字段"选项，再单击"添加"按钮将其添加到"选定的字段"列表中，也可以通过双击的形式进行添加。

4. 添加新列

当GridView绑定数据源后，GridView会将数据源中的数据按默认的方式全部显示出来，若此时只需要显示所需字段，则可以首先通过"GridView任务"快捷面板的"编辑列"命令进入"字段"对话框，在对话框的左下角将选中的"自动生成字段"复选框取消，再单击"确定"按钮，如图8.9所示。

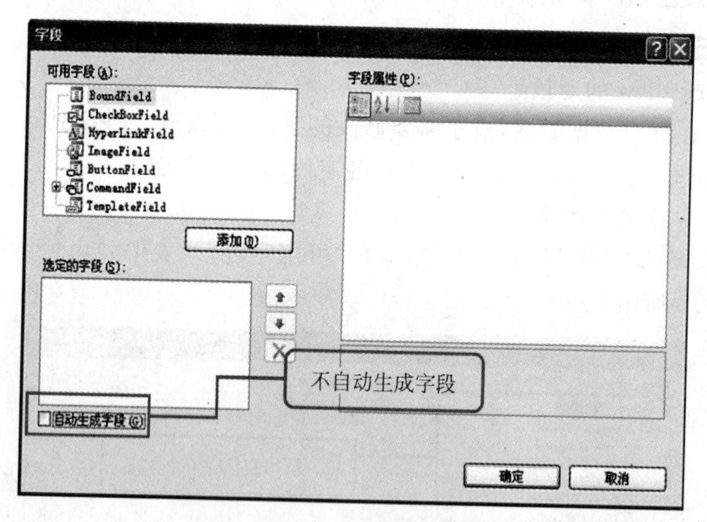

图8.9 取消自动生成字段

然后再通过在"GridView任务"快捷面板中选择"添加新列"的方式，重新绑定所需字段。

另一种方式，在取消选中"自动生成字段"复选框后，可以直接通过"字段"对话框中"可用字段"命令进行相应数据字段的绑定设置。

5. GridView中的数据分页

如果GridView控件绑定的数据较多，为了便于浏览，同时提高传输速度，通常可以将记录分页显示。GridView 中提供了一些非常方便的分页属性和事件帮助分页。分页的操作方式如下。

第一步,设置分页属性。

① AllowPaging　是否启用分页,值为 True 允许分页。

② PageSize　每页显示的记录数。默认每页显示 10 条记录,超过 10 条记录将分页显示。

第二步,添加分页事件。

OnPageIndexChanging　页面切换事件。

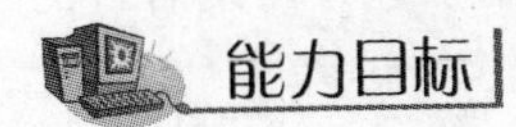

能力目标

掌握 GridView 数据绑定控件的使用方法。

具体要求

(1) 掌握 GridView 绑定数据的操作方法。

(2) 掌握 GridView 添加新列和编辑列的操作方法。

(3) 掌握 GridView 数据分页的操作方法。

实训任务

在管理员正确登录后,看到的第一个页面就是新闻系统的后台管理列表 manage_List. aspx 页面,页面运行效果如图 8.10 所示,通过用户管理列表页面的相应链接与按钮再跳转到相应的管理页面。

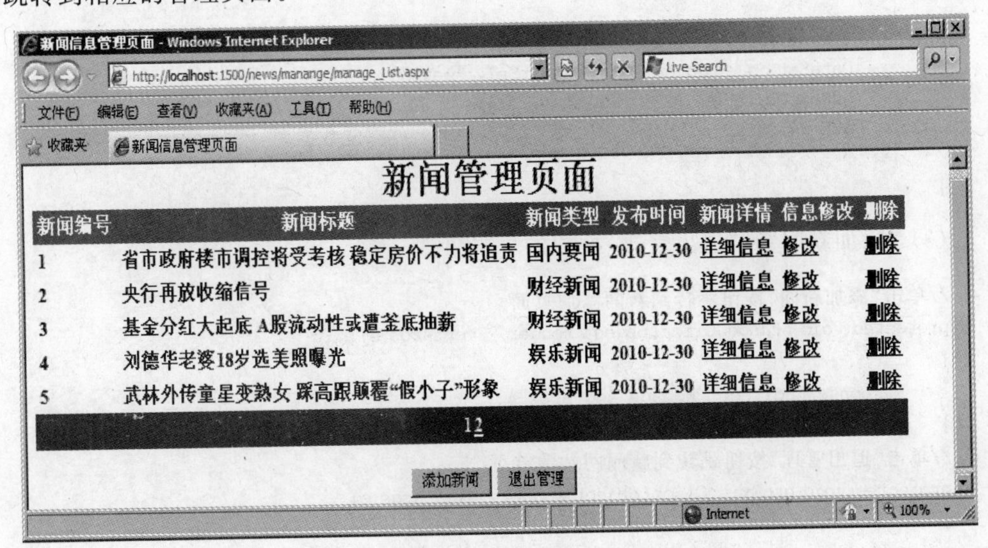

图 8.10　新闻后台管理列表页面的运行效果

1. 新闻显示功能的实现

功能分析：在新闻后台管理列表 manage_List.aspx 页面显示出新闻表 tb_News 中的内容，由于新闻字段内容较多，这里只显示"新闻编号"、"新闻标题"、"新闻类型"、"发布时间"4 个字段的内容，此时就要求在为 GridView 绑定数据时，需要手动绑定所需字段。另外新闻记录较多，所以要求新闻记录内容要进行分页显示，每页显示 5 条记录，页面运行效果如图 8.10 所示。

【操作步骤】

(1) 设计页面

在新闻网站的 manage 文件夹中，添加 manage_List.aspx 页面用于进行网站后台的管理，网站结构参考图 8.2。

页面设计如图 8.10 所示，在页面中添加 1 个 GridView 控件，设置 ID 为 gvNews；添加 2 个按钮 ID 分别为 btnAdd、btnExit，Text 分别为"添加新闻"和"退出管理"。

(2) 新闻显示功能的实现(GridView 绑定数据)

新闻的显示即将数据绑定到 GridView 中，这里采用断开式的数据库操作方式，首先将数据查询出来放到 DataSet 中，并将 DataSet 绑定到 GridView 上，具体的操作代码如下。

```
using System.Data.SqlClient;                           //引入命名空间
public partial class manage_List : System.Web.UI.Page
{
    dbClass db = new dbClass();                        //实例化数据库公共类
    protected void Page_Load(object sender, EventArgs e)
    {
        if (!IsPostBack)
        {
            gvBind();                                  //调用绑定数据源的方法
        }
    }
    protected void gvBind()//绑定数据源到 GridView 控件上
    {
        string strSel = "select * from tb_News";
        DataSet ds = db.getDataSet(strSel, "news");
        gvNews.DataSource = ds.Tables["news"].DefaultView; //获取数据源
        gvNews.DataBind();                             //绑定数据源
    }
}
```

(3) "添加新闻"和"退出管理"按钮的单击事件

```
//单击"添加新闻"按钮跳转到新闻添加页面
protected void btnAdd_Click(object sender, EventArgs e)
{
    Response.Redirect("manage_Add.aspx");
}
//单击"退出管理"按钮跳转到新闻网站的首页
protected void btnExit_Click(object sender, EventArgs e)
{
    Response.Redirect("../index.aspx");
```

```
}
```

(4) 分页功能的实现

第一步，选择 GridView，设置其属性。

```
AllowPaging = True;
PageSize = 5;
```

第二步，在 manage_List. aspx. cs 页面添加事件代码如下。

```
//页面切换事件代码，以帮助实现分页显示数据
protected void gvNews_PageIndexChanging(object sender, GridViewPageEventArgs e)
{
 gvNews.PageIndex = e.NewPageIndex;              //设置单击的页面索引为当前显示页的索引
 gvBind();                                       //调用绑定数据源的方法
}
```

(5) 添加新列

当 GridView 绑定数据源后，GridView 会将 tb_News 表中的数据全部显示出来，而此时只需显示"新闻编号"、"新闻标题"、"新闻类型"、"新闻发布时间"4 个字段的内容，而且这 4 个字段都是作为普通文本来显示的，所以在直接绑定字段类型中，选择 BoundField。

首先，通过"GridView 任务"快捷面板的"编辑列"命令进入"字段"对话框，将对话框的左下角"自动生成字段"复选框取消选中，再单击"确定"按钮，相关知识点如图 8.9 所示。

其次，再选择 GridView 控件，在任务快捷面板中，选择"添加新列"命令，打开"添加字段"对话框，添加相应的字段。如添加"新闻编号"字段，可以设置"选择字段类型"为 BoundField，具体设置如图 8.11 所示，页面运行效果如图 8.12 所示。

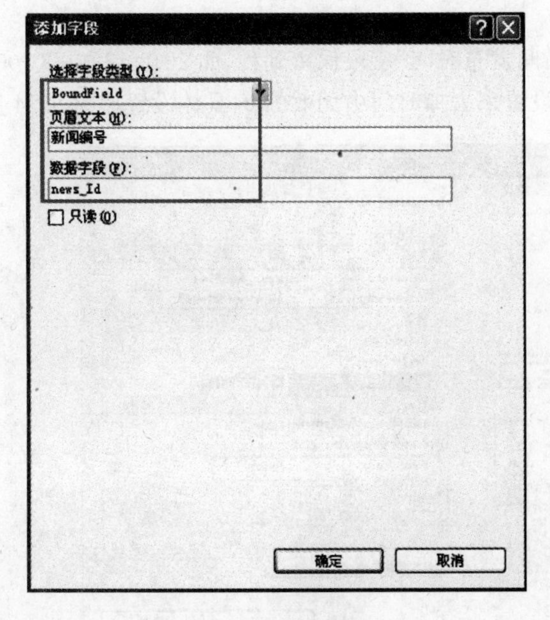

图 8.11　添加新列

新闻编号
1
2
3
4
5

图 8.12　运行效果

BoundField 字段类型对应的设置说明如下。

BoundField 表示数据绑定控件中作为文本显示的字段。

① 页眉文本：列名，即表格第一行的粗体文本。

② 数据字段：控件绑定数据库中的哪个字段。

③ 只读：表示该列是否可以编辑。

依照以上的方式，分别绑定“新闻标题”字段、“新闻类型”字段、“新闻发布时间”字段，最后绑定完成的显示效果如图 8.13 所示。

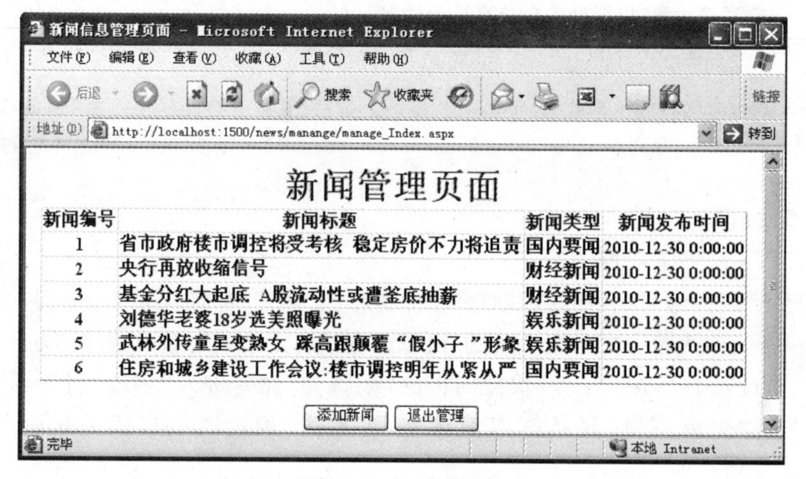

图 8.13 运行效果

(6) 编辑列

每个字段的属性值，可以通过“GridView 任务”快捷面板的“编辑列”命令进行属性设置。

从图 8.13 的显示效果来看，“新闻发布时间”字段保留到秒，如 2010-12-30 00:00:00，可以通过“编辑列”命令进行字段值的设置来去掉时间中无效的 0，具体设置如图 8.14 所示。

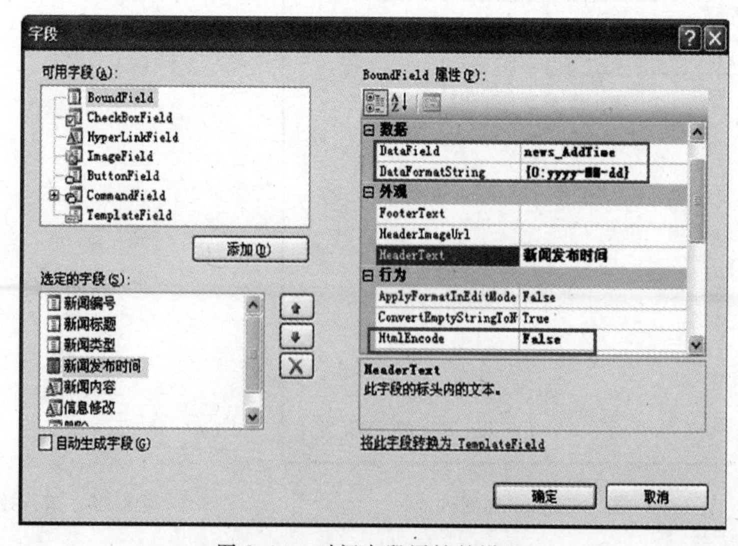

图 8.14 时间字段属性的设置

首先将“新闻发布时间”字段绑定到 DataField 中，其次设置时间字符串的格式如下。

① DataFormatString：{0：MM-dd}即××月××日的日期显示形式或{0：yyyy-MM-dd}即××××年××月××日的日期显示形式。

② HtmlEncode：False。

说明：HtmlEncode(str)：对要在浏览器中显示的字符串(str)进行编码，以防止将字符串中包含的 HTML 标记解释成字符串的格式。

(7) 美化 GridView

选择 GridView，并为其选择一个已有格式，即通过 GridView 右侧的任务面板，选择“自动套用格式”命令，并从中选择一个系统已有格式进行套用。

2. 新闻删除功能的实现

功能分析：当在 manage_List. aspx 页面中，单击“删除”超链接列时就可以调用 GridView 的 Row_Deleting 事件执行删除操作，此事件主要在表中的行要被删除之前被触发。在执行删除操作时，很关键一点就是设置要删除的记录主键，即设置 DataKeyNames＝news_Id。

【操作步骤】

(1) 界面设置

在 manage_List. aspx 页面选中 GridView，通过控件右侧智能标签中的任务面板，选择“添加新列”命令，打开“添加字段”对话框，如图 8.15 所示，从字段类型中选择 CommandField 命令字段，添加页眉文本为“删除”，按钮类型为超链接 Link，命令按钮选择“删除”，最后单击“确定”按钮，此时看到 GridView 中添加了一个“删除”的超链接列，如图 8.16 所示。

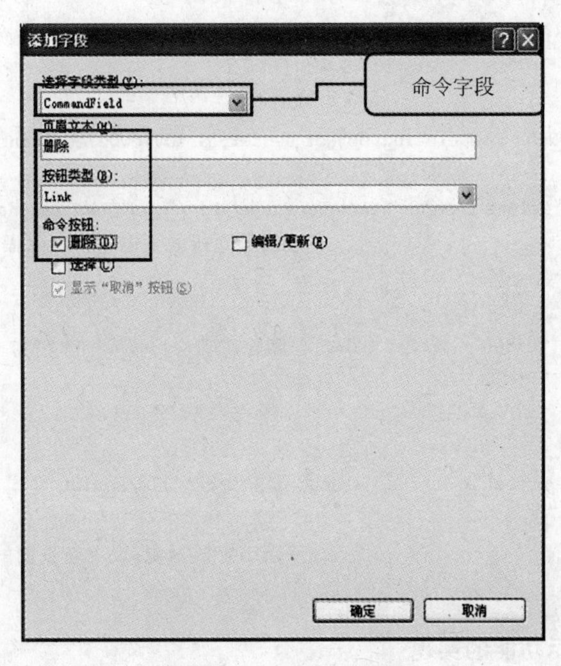

图 8.15 添加命令字段

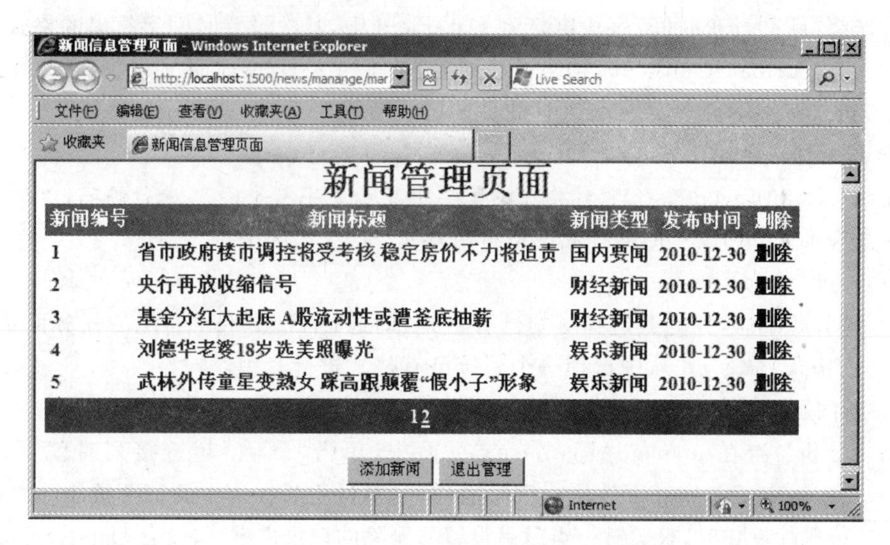

图 8.16 添加删除列后的页面运行效果

CommandField 命令绑定列说明：CommandField 在 GridView 中的作用就是提供多个命令按钮，其中包括删除数据、编辑/更新数据和选择数据 3 个常见操作。

按钮类型有 Link 超链接形式、Button 按钮形式和 Image 图像按钮形式，Link 为默认的属性设置。

(2) 设置 GridView(gvNews)的属性

通过 GridView 的"属性"面板设置 DataKeyNames＝news_Id。

(3) 在 manage_List.aspx.cs 页面添加事件代码

首先通过 GridView 的"事件"面板添加 RowDeleting 事件，其次在事件中添加相应的操作代码如下。

```
protected void gvNews_RowDeleting(object sender, GridViewDeleteEventArgs e)
{
string strDel = "delete from tb_News where news_Id = " + gvNews.DataKeys[e.RowIndex].Value;
                                        //根据删除行的主键进行删除操作
    if (db.ExeNonQuery(strDel))
    {
        Response.Write("<script>alert('删除成功!');</script>");
    }
    else
    {
        Response.Write("<script>alert('删除失败!');</script>");
    }
    gvBind();                                //重新绑定数据源,以更新页面的显示数据
}
```

3. 新闻详情显示功能的实现

功能分析：在新闻显示页面(manage_List.aspx)中，当单击"详细信息"超链接字段

时就可以打开新闻的详细信息页面(news_Details. aspx),并在新闻的详细信息页面显示出相对应的新闻详情。在这个过程中,最关键一点就是在新闻显示页面单击超链接时,需传递新闻主键 news_Id 到详情页面,如图 8.17 所示。

新闻显示页面 ·····news_Id·····> 详情页面

图 8.17 新闻显示页面与详情页面的关系

详情页面根据传递的 news_Id 查询出相应的数据,并将其显示在页面中,如图 8.18 所示。在新闻详情页面,要显示出新闻的标题、新闻的类型、新闻的发布时间、新闻的具体内容。

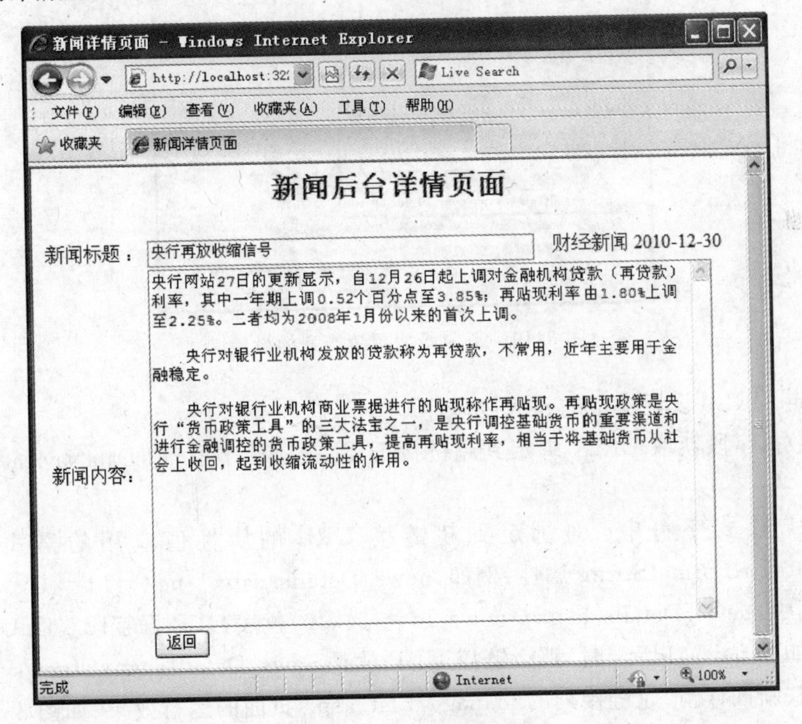

图 8.18 新闻详情页面

【操作步骤】

(1) 超链接绑定列(HyperLinkField)

在新闻后台管理列表页面(manage_List. aspx)中选择 GridView,在"GridView 任务"快捷面板中选择"添加新列"命令,在"添加字段"对话框中进行图 8.19 所示的设置。

HyperLinkField:设置超链接字段。

页眉文本:列名,即表格第一行的粗体文本。

超链接文本操作如下。

① 指定文本:设置指定的超链接文本。

② 从数据字段获取文本:绑定到超链接文本的属性字段,即 DataTextField 属性。

③ 文本格式字符串:对绑定到超链接文本属性的值应用的格式设置,即设置 DataTextFormatString 属性。

超链接 URL 的设置如下。

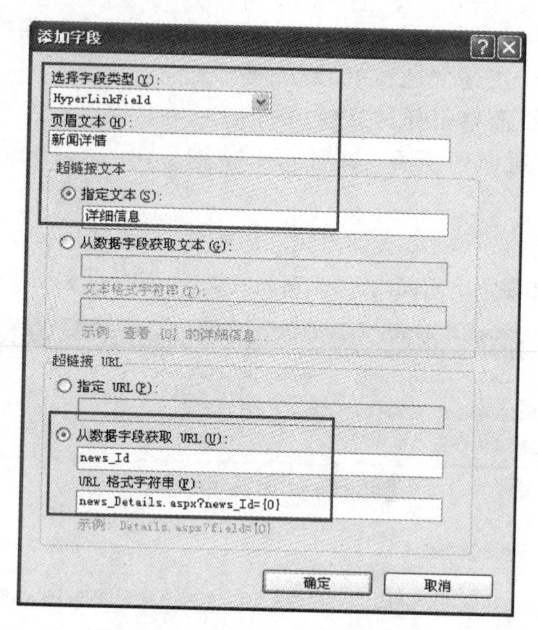

图 8.19　新闻详情超链接列的设置

① 指定 URL：设置指定的超链接地址。

② 从数据字段获取 URL：绑定到超链接 URL 的属性字段，即 DataNavigateUrlFields 属性。

③ URL 格式字符串：对绑定到超链接 URL 的属性值应用的格式设置，即 DataNavigateUrlFormatString 属性，例如，news_Details.aspx? news_Id={0}。

在本例中，news_Details.aspx? news_Id={0}，{0}代表"从数据字段获取 URL"处的字段值，比如当 news_Id=1 时，那么链接 URL 就是 news_Details.aspx? news_Id=1。

绑定完"新闻详情"超链接列的 manage_List.aspx 页面的运行效果，如图 8.20 所示。

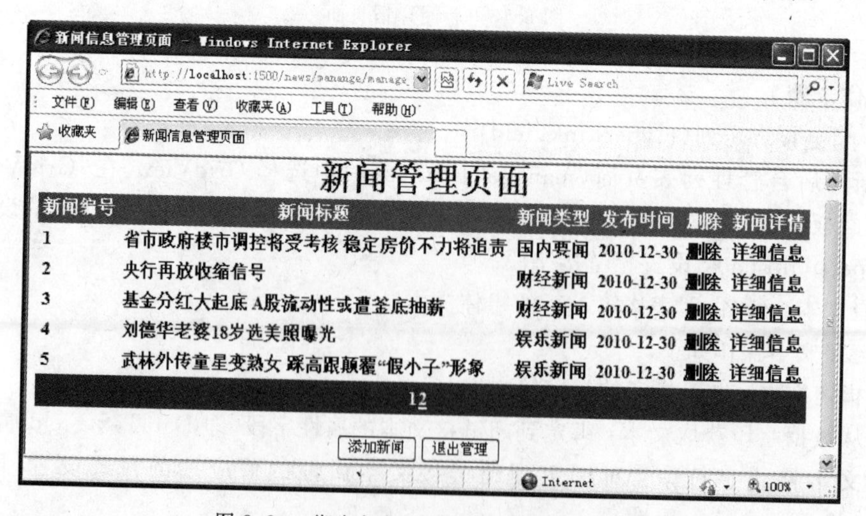

图 8.20　绑定新闻详情列后页面运行效果

(2) 设计新闻后台详情页面(manage_Details.aspx)

在新闻系统的manage文件夹中,添加新项manage_Details.aspx。

新闻详情页面主要显示新闻的详细信息,页面设计效果如图8.21所示。

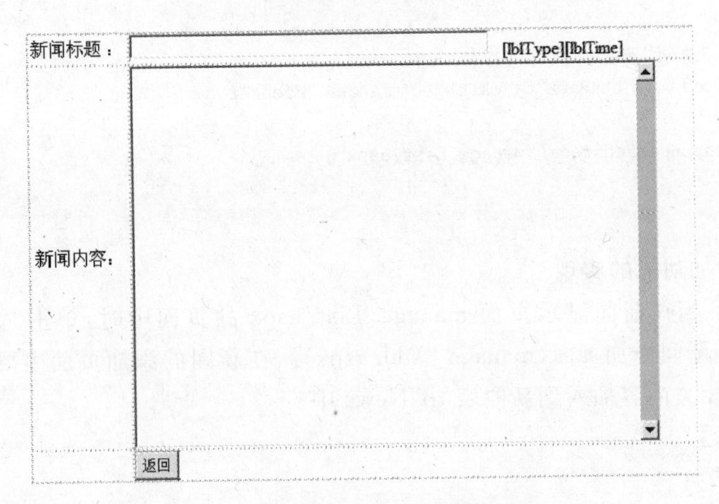

图8.21 新闻详情页面的设计效果

【操作步骤】

① 设计新闻后台详情页面：新闻标题文本框的ID为txtTitle；新闻类别标签lblType；新闻发布时间的ID为lblTime；新闻内容的多行文本框的ID为txtContent；"返回"按钮ID为btnBack。

在此页面,根据manage_List.aspx页面中传过来的news_Id的值,来查询新闻的具体内容。news_Id的值用Request对象来获取。

② 页面事件代码如下。

```
using System.Data.SqlClient;        //引入命名空间
public partial class manage_Details : System.Web.UI.Page
{
    dbClass db = new dbClass();   //实例化数据库操作类
    protected void Page_Load(object sender, EventArgs e)
    {
        if (!IsPostBack)
        {
            //根据新闻显示页面传递的news_Id的值,查询所需显示的新闻内容
            string strSel = "select * from tb_News where news_Id = " + Convert.ToInt32
                    (Request["news_Id"]);
            DataSet ds = db.getDataSet(strSel,"newsDetails");
            txtTitle.Text = ds.Tables["newsDetails"].Rows[0][1].ToString();
            //获取新闻标题字段的值
            lblType.Text = ds.Tables["newsDetails"].Rows[0][2].ToString();
            //获取新闻的类型
```

```
                txtContent.Text = ds.Tables["newsDetails"].Rows[0][3].ToString();
                //获取新闻的内容
                lblTime.Text = ds.Tables["newsDetails"].Rows[0][4].ToString().Substring(0,10);
                                                        //获取新闻的添加时间
            }
        }

        //单击"返回"按钮所执行的操作
        protected void btnBack_Click(object sender, EventArgs e)
        {
            Response.Redirect("manage_List.aspx");
        }
    }
```

4. 新闻添加功能的实现

功能分析：当在新闻显示页面 manage_List.aspx 的页面中时，单击“添加新闻”按钮，就会跳转到新闻添加页面(manage_Add.aspx)。在新闻的添加页面主要是调用插入语句将新闻的相关内容插入到新闻表 tb_News 中。

【操作步骤】

(1) 页面设计

在新闻网站的 manage 文件夹中，添加新闻添加页面 manage_Add.aspx 页面。

新闻添加页面的设计效果如图 8.22 所示，页面各控件的属性设置为新闻标题文本框的 ID 为 txtTitle；新闻类型的 DropDownList 控件的 ID 为 dropNewsType；新闻内容文本框的 ID 为 txtContent；“添加”按钮的 ID 为 btnAdd；“重置”按钮的 ID 为 btnReset；“返回”按钮的 ID 为 btnBack。

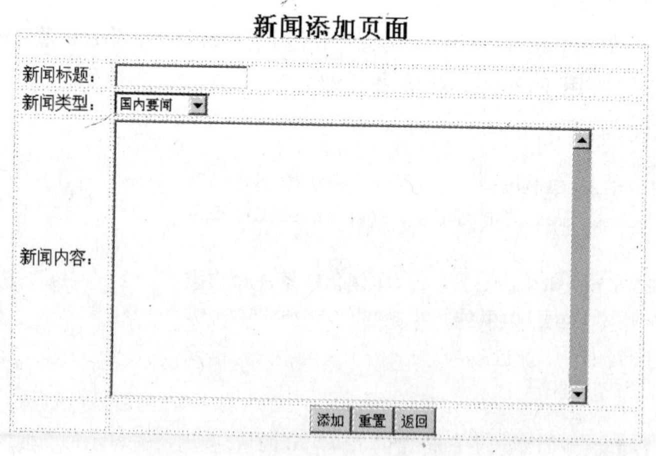

图 8.22 新闻添加页面的设计效果

(2) 功能代码

```
using System.Data.SqlClient;           //引入命名空间
public partial class manage_Add : System.Web.UI.Page
{
```

```
    dbClass db = new dbClass();    //实例化数据库操作类
    protected void Page_Load(object sender, EventArgs e)
    {
        this.Title = "新闻的添加页面";
    }
    //单击"添加"按钮实现数据的插入操作
    protected void btnAdd_Click(object sender, EventArgs e)
    {
        string strTitle = txtTitle.Text.ToString();                //获取新闻的标题
        string strContent = txtContent.Text.ToString();            //获取新闻的内容
        string strNewsType = dropNewsType.SelectedValue;           //获取新闻的类别
        string strIns = "insert into tb_News values('" + strTitle + "','" + strNewsType + "',
                    '" + strContent + "','" + DateTime.Now.ToShortDateString() + "')";
                                                                   //插入语句
        if (db.ExeNonQuery(strIns) == true)                        //插入成功
        {
            Response.Write("< script > alert ('新闻添加成功!');window.location.href
                        ('manage_List.aspx');</script >");
        }
        else
        {
            Response.Write("< script > alert('新闻添加失败!');</script >");
        }
    }
    //单击"返回"按钮页面跳转到新闻显示页面
    protected void btnBack_Click(object sender, EventArgs e)
    {
        Response.Redirect("manage_List.aspx");
    }
    //单击"重置"按钮清空各控件中的内容
    protected void btnReset_Click(object sender, EventArgs e)
    {
        txtContent.Text = "";
        txtTitle.Text = "";
    }
}
```

5. 新闻编辑功能的实现

功能分析：新闻要实现编辑，首先应该将要修改的新闻内容显示出来，然后在已有新闻基础上，进行修改操作。这就要求在新闻显示页面 manage_List.aspx 页面中，添加一个链接列，当单击“详细信息”超链接时就会跳转到新闻编辑页面，同时传递所单击新闻记录的 news_Id 的值，在新闻编辑页面根据传递过来的 news_Id 查询出对应的新闻，再调用修改语句进行新闻的修改。

【操作步骤】

(1) 为新闻修改设置超链接列(HyperLinkField)

为新闻修改设置超链接列即为 GridView 控件绑定超链接列，在 manage_List.aspx 页面中选中 GridView 控件 gvNews，在右侧“GridView 任务”快捷面板中选择“添加新列”命令，并以添加的字段进行如图 8.23 所示的设置。

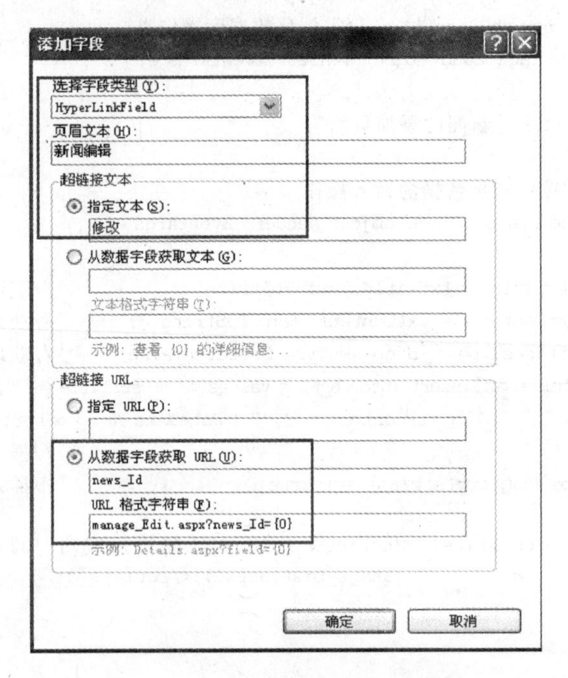

图 8.23　新闻修改超链接列的设置

GridView 控件在绑定"修改"字段后，manage_List.aspx 页面的运行效果如图 8.24 所示。

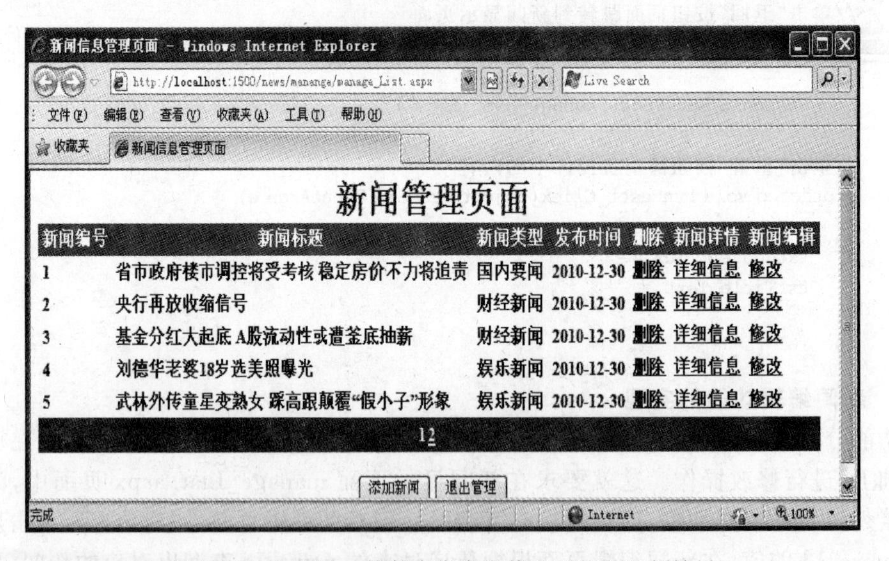

图 8.24　GridView 控件在绑定完修改列后的运行效果

(2) 新闻编辑页面(manage_Edit.aspx)的设置

在新闻网站的 manage 文件夹中，添加新闻的编辑页面 mange_Edit.aspx。

新闻编辑页面的设计与添加页面是相同的，其实这两部分完全可以在一个页面中完成，根据所选择的操作不同，决定是进行"编辑"还是"添加"操作，这里将两个页面分开处理，便于大家理解。

① 编辑页面的设计：页面各控件的属性设置为新闻标题文本框的ID为txtTitle；新闻分类的ID为dropNewsType；各列表项的值为“国内要闻”、“财经新闻”、“娱乐新闻”3项；新闻内容文本框的ID为txtContent；“修改”按钮的ID为btnEdit；“重置”按钮的ID为btnReset；“返回”按钮的ID为btnBack。页面设计如图8.25所示。

新闻修改页面

新闻标题:	
新闻分类:	国内要闻
新闻内容:	
	修改 重置 返回

图8.25　新闻的修改页面

② 页面的事件代码如下。

```
using System.Data.SqlClient;           //引入命名空间
public partial class manage_Edit : System.Web.UI.Page
{
    dbClass db = new dbClass();                                    //实例化数据库操作类
    //页面加载,显示新闻记录的内容
    protected void Page_Load(object sender, EventArgs e)
    {
        if (!IsPostBack)
        {
            string strSel = "select * from tb_News where news_Id = " + Convert.ToInt32
                (Request["news_Id"]);
            DataSet ds = db.getDataSet(strSel, "news");
            txtTitle.Text = ds.Tables["news"].Rows[0][1].ToString();
                                                            //绑定新闻的标题字段
            dropNewsType.SelectedValue = ds.Tables["news"].Rows[0][2].ToString();
            //绑定新闻的类型字段
            txtContent.Text = ds.Tables["news"].Rows[0][3].ToString();
            //绑定新闻的内容字段
        }
    }
    //单击“返回”按钮所执行的事件代码
    protected void btnBack_Click(object sender, EventArgs e)
    {
        Response.Redirect("manage_List.aspx");
    }
```

```
    //单击"重置"按钮所执行的事件代码
    protected void btnReset_Click(object sender, EventArgs e)
    {
        txtContent.Text = "";
        txtTitle.Text = "";
    }
    //单击"修改"按钮所执行的事件代码
    protected void btnEdit_Click(object sender, EventArgs e)
    {
        string strTitle = txtTitle.Text.ToString();
        string strContent = txtContent.Text.ToString();
        string strNewsType = dropNewsType.SelectedValue;
        string strUpdate = "update tb_News set news_Title = '" + strTitle + "',news_Type =
                           '" + strNewsType + "',news_Content = '" + strContent + "',news
                           _AddTime = '" + DateTime.Now.ToShortDateString() + "' where news
                           _Id = " + Convert.ToInt32(Request["news_Id"]);
        if (db.ExeNonQuery(strUpdate) == true)
        {
            Response.Write("<script>alert('新闻修改成功!');window.location.href('
                        Manage_List.aspx');</script>");
        }
        else
        {
            Response.Write("<script>alert('新闻修改失败!');</script>");
        }
    }
}
```

以上是新闻系统的后台管理模块，基本实现了新闻的增加、删除、修改、查询操作。

最后可以在 manage_List.aspx 页面中选择 GridView 的“字段”对话框调整各字段的显示位置，如图 8.26 所示。

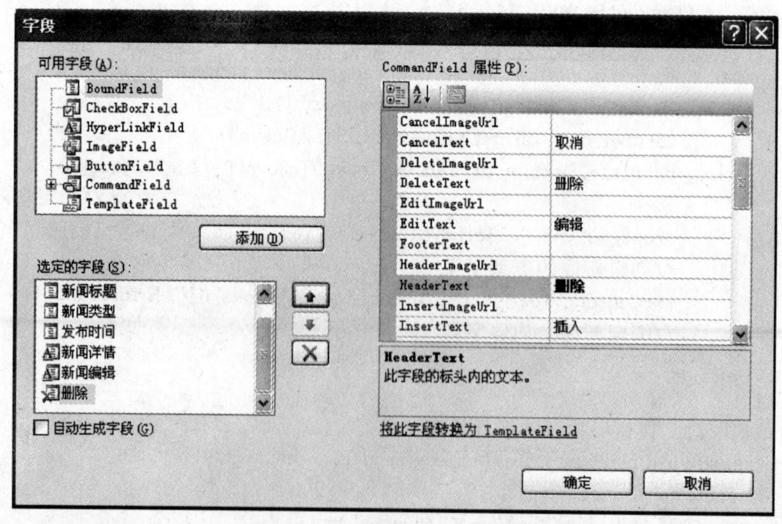

图 8.26 调整各字段的显示位置

1. CommandField 命令列的显示方式

CommandField 字段中的内容往往用于数据的编辑、删除、选择操作，而这种操作默认的显示方式为链接形式。如果想改变其显示外观，可以通过 GridView 的“字段”对话框对 ButtonType 进行设置。

ButtonType 有 3 个选项，Link 为链接，默认的属性设置；Button 为按钮，图 8.27 所示就是采用此种方式，设置后的运行效果如图 8.28 所示；Image 为图像，选择此选项，就需要选择相应的 ImageUrl，例如，删除操作时就需要设置 DeleteImageUrl。

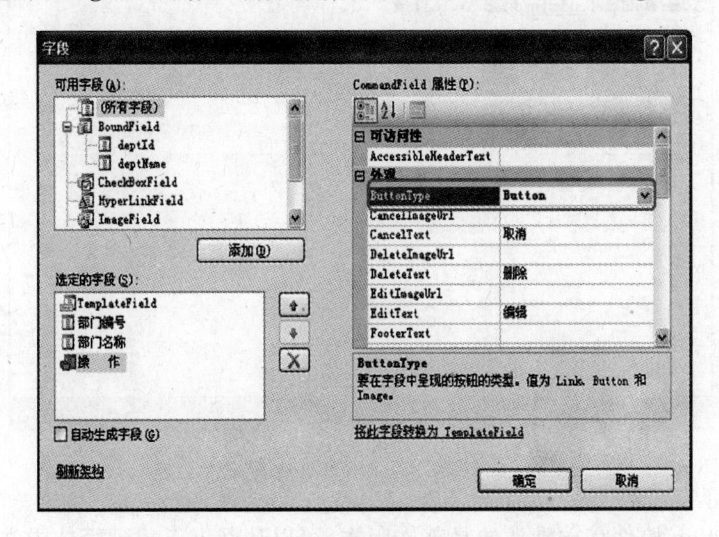

图 8.27　设置 ButtonType 为 Button

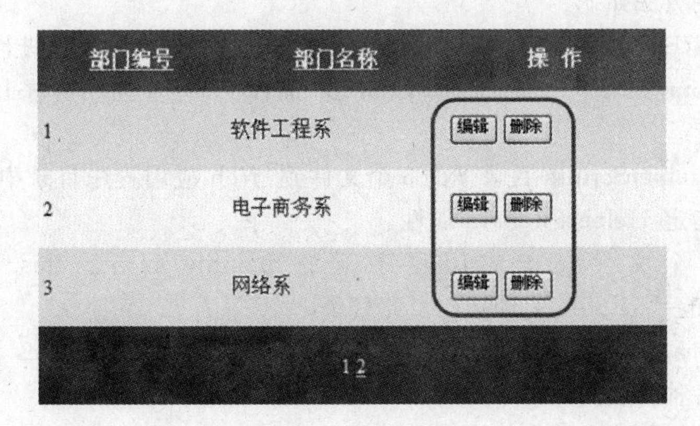

图 8.28　页面运行效果

2. FreeTextBox 控件

在网站中经常会涉及信息的添加和编辑操作，而此部分用文本框往往只能实现简单的文本编辑，无法实现在线排版、上传图像、表格等操作，此时便可以借助于所见即所得的

HTML 编辑器来实现此操作。

常用的编辑器有 FreeTextBox、CuteEditor 等，以下对 FreeTextBox 控件进行介绍说明。

FreeTextBox 如图 8.29 所示，是一款免费的 ASP.NET 网页编辑器，它类似于 Word，可以对文字、图像、表格和文字样式进行综合排版设置。在本新闻网站中，涉及了新闻的添加和修改操作，此时可以用 FreeTextBox 控件代替 TextBox 控件进行相应的操作。

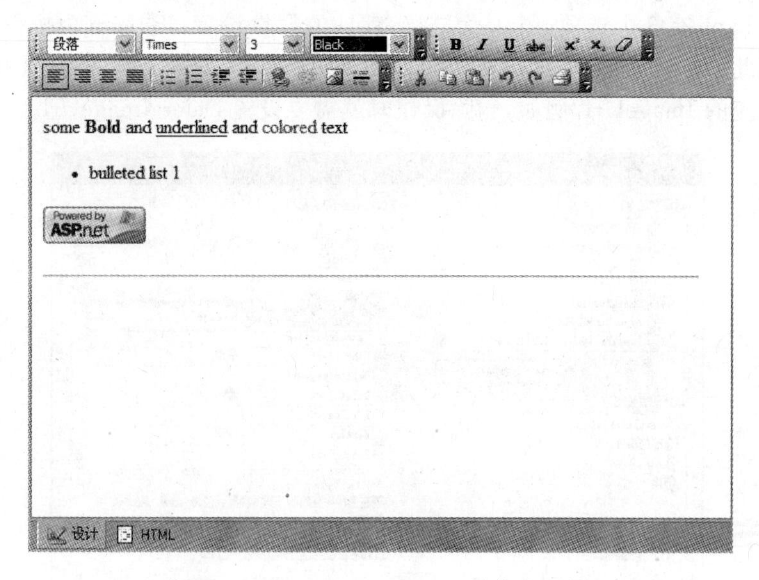

图 8.29　FreeTextBox 3.2.2 简体中文版

FreeTextBox 控件官方默认的是英文版本，可以从网上下载到简体中文版本。

直接使用的方法如下。

当 FreeTextBox 控件下载完毕后，接下来就可以按照以下的步骤进行详细设置了。

(1) 复制 bin 目录下的 FreeTextBox.dll 文件到 Web 应用程序目录中的 bin 目录中。

(2) 复制 HelperScripts 目录下的 3 个文件到 Web 应用程序目录中或其子目录中，注意使用时要指定 HelperFilePath 属性。

假设把 3 个文件放于应用程序下的 helpfile 目录：this.FreeTextBox1.HelperFilesPath="helpfile"；即指向了此目录。

(3) 复制 images 目录下的 ftb 目录到 Web 站点根目录下的 images 目录中。此目录中包含界面的各种皮肤图片。

(4) 在应用程序目录下建立 images 目录，此目录用于上传图片的图片库，必须有此目录，否则插入图片将不可用。

(5) 使用：在应用程序中建立相应的 Web 窗体。在 HTML 代码页页头添加<%@ Register TagPrefix = " ftb " Namespace = " FreeTextBoxControls " Assembly = "FreeTextBox"%>引入控件标签，复制<FTB:FreeTextBox id="FreeTextBox1" runat=

"server" Width="500px" Height="400px" />到页面中需要的位置。

也可以把控件添加到工具栏,通过直接拖曳来使用控件。

8.5 新闻系统的前台模块

此模块是所有用户都可以看到的内容,这部分主要实现新闻的显示操作。

此模块的整个功能分析:为了便于显示新闻,美化页面,在网站首页(index.aspx)只显示出各类新闻的前5条记录;要查看更多新闻可以单击"更多新闻"链接,查看更多新闻(news_More.aspx);当单击"新闻标题"字段时就可以查看新闻的详情信息(news_Details.aspx),页面设计如图8.30所示。

新闻系统首页

国内要闻 更多新闻

温家宝出访美国	2011-01-27
春运火车票出现一票难求的现象	2011-01-27
中国南方多处出现旱情	2011-01-27
住房和城乡建设工作会议:楼市调.....	2010-12-30
省市政府楼市调控将受考核 稳定.....	2010-12-30

财经新闻 更多新闻

中央限制国企进入房地产市场	2011-01-27
基金分红大起底 A股流动性或遭.....	2010-12-30
央行再放收缩信号	2010-12-30

娱乐新闻 更多新闻

大S与汪晓菲完婚	2011-01-27
武林外传童星变熟女 踩高跟颠覆.....	2010-12-30
刘德华老婆18岁选美照曝光	2010-12-30

图8.30 新闻网站的首页运行效果

1. 设置新闻标题为HyperLinkField字段类型

新闻的标题在单击时,可以打开新闻的详情页面,此时需要设置标题字段为超链接字段。操作方式:首先将GridView绑定新闻内容的数据源,然后通过添加新列的方式绑定到新闻的标题字段,并设置绑定列的类型为HyperLinkField。

2. 当新闻标题长度大于15个字符时,额外的字符用"…"来代替

```
string strSel = "select top 5 * from tb_News ";
DataSet ds = db.getDataSet(strSel, "news");                //创建数据集
int count = ds.Tables["news "].Rows.Count;                 //获取新闻的记录数量
for (int j = 0; j < count; j++)  //依次判断新闻的标题是否大于15个字符,当标题长度大于
                                   15个字符时,额外的字符用"…"来代替
```

```
{
  if (((string)ds.Tables["news "].Rows[j][1]).Length > 15)
     ds.Tables["news"].Rows[j][1] = ds1.Tables["news "].Rows[j][1].ToString().Substring
     (0, 15) + "…";
}
GridView1.DataSource = ds.Tables["news"];
GridView1.DataBind();
```

3. 新闻记录按条件查询,只显示前5条记录,并按新闻的发布时间进行降序排列

要实现按类型显示新闻,最关键的就是SQL语句的写法,这里按照新闻的类型news_Type字段的值来进行查询,SQL语句可以写为

```
"select top 5 * from tb_News where news_Type = '国内要闻' order by news_AddTime Desc
```

4. 利用HyperLink控件的NavigateUrl属性传递参数

当在新闻显示页面单击相对应类型新闻的“更多新闻”超链接时,可以打开更多新闻页面并显示出对应新闻的所有记录,此时最关键一点是通过HyperLink控件的NavigateUrl属性传递相应的参数来判断显示哪一类型的新闻。例如,NavigateUrl=news_More.aspx? news_Type=国内要闻,就是显示更多的国内新闻。

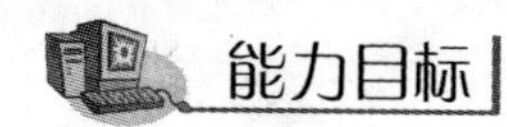

能力目标

能够实现新闻记录的按条件查询。

具体要求

(1) 能够按条件显示新闻记录。
(2) 能够利用HyperLink控件的NavigateUrl属性传递参数。
(3) 能够设置新闻标题的超链接字段。
(4) 能够对“新闻发布时间”字段进行显示方式的编辑。

实训任务

1. 新闻首页(index.aspx)的设计与制作

当用户访问网站首页时,可以显示国内要闻、财经新闻、娱乐新闻3类新闻的前5条记录,并按发布时间进行降序排列。

(1) 页面设计

在新闻网站的根目录下,创建网站首页index.aspx,网站结构如图8.2所示。

网站首页index.aspx页面用表格进行布局,并在页面添加3个GridView控件,控件的ID分别为gvHome、gvFinance、gvAmusement,分别用于显示国内要闻、财经新闻和娱乐新闻。

在页面的相应位置添加3个HyperLink控件，用于设置“更多新闻”的超链接。HyperLink1的ID为hykHome，Text为“更多新闻”，NavigateUrl＝news_More.aspx? news_Type＝国内要闻；HyperLink2的ID为hykFinance，Text“为更多新闻”，NavigateUrl＝news_More.aspx? news_Type＝财经新闻；HyperLink3的ID为hykAmusement，Text为“更多新闻”，NavigateUrl＝news_More.aspx? news_Type＝娱乐新闻。

（2）事件代码

```
using System.Data.SqlClient;          //引入命名空间
public partial class index : System.Web.UI.Page
{
    dbClass db = new dbClass();
    protected void Page_Load(object sender, EventArgs e)
    {
        this.Title = "新闻首页";
        if (!IsPostBack)
        {
            //国内要闻的设置
            string strSel = "select top 5 * from tb_News where news_Type = '国内要闻'
                order by news_AddTime Desc";
            DataSet ds1 = db.getDataSet(strSel, "news_Home");
            int count1 = ds1.Tables["news_Home"].Rows.Count; //获取国内要闻的记录数量
            for (int j = 0; j < count1; j++)
            //依次判断新闻的标题是否大于15个字符,当标题长度大于15个字符时,额外的
              字符用"…"来代替
            {
                if (((string)ds1.Tables["news_Home"].Rows[j][1]).Length > 15)
                    ds1.Tables["news_Home"].Rows[j][1] = ds1.Tables["news_Home"].Rows
                    [j][1].ToString().Substring(0, 15) + "…";
            }
            gvHome.DataSource = ds1.Tables["news_Home"];
            gvHome.DataBind();

            //财经新闻的设置
            string strSel2 = "select top 5 * from tb_News where news_Type = '财经新闻'
                order by news_AddTime Desc";
            DataSet ds2 = db.getDataSet(strSel2, "news_Finance");
            int count2 = ds2.Tables["news_Finance"].Rows.Count;
            for (int j = 0; j < count2; j++)
            {
                if (((string)ds2.Tables["news_Finance"].Rows[j][1]).Length > 15)
                    ds2.Tables["news_Finance"].Rows[j][1] = ds2.Tables["news_
                    Finance"].Rows[j][1].ToString().Substring(0, 15) + "…";
            }
            gvFinance.DataSource = ds2.Tables["news_Finance"];
            gvFinance.DataBind();

            //娱乐新闻的设置
            string strSel3 = "select top 5 * from tb_News where news_Type = '娱乐新闻'
                order by news_AddTime Desc";
            DataSet ds3 = db.getDataSet(strSel3, "news_Amusement");
            int count3 = ds3.Tables["news_Amusement"].Rows.Count; //获取国内要闻的记录数目
```

```
            for (int j = 0; j < count3; j++)
    //依次判断新闻的标题是否大于 15 个字符,当标题长度大于 15 个字符时,额外的字符用"…"来
      代替
            {
                if (((string)ds3.Tables["news_Amusement"].Rows[j][1]).Length > 15)
                    ds3.Tables["news_Amusement"].Rows[j][1] = ds3.Tables["news_
                    Amusement"].Rows[j][1].ToString().Substring(0, 15) + "…";
            }
            gvAmusement.DataSource = ds3.Tables["news_Amusement"];
            gvAmusement.DataBind();
        }
    }
}
```

(3) 分别为 GridView 绑定新列

在绑定数据源后,首先通过 GridView 右侧的智能标签中的"GridView 任务"快捷面板中选择"编辑列"命令进入"字段"对话框,取消选中"自动生成字段"的复选框,如图 8.9 所示。

其次可以通过前面介绍的"添加新列"的方式,重新为 GridView 绑定要显示的数据字段,即"新闻标题"和"新闻发布时间"两个字段。由于新闻标题是超链接,在单击时可以打开详情页面,所以在绑定数据列时,需绑定 HyperLinkField 字段类型,具体设置如图 8.31 所示。

(4) 绑定模板列

为了使新闻显示美观,可以为 GridView 控件设置模板列(Template),即每一条记录添加一张修饰性的图片,如图 8.32 所示。

以国内新闻 gvHome 为例说明,首先选择 GridView,在右侧的"GridView 任务"快捷面板中选择"添加新列"命令,添加一个模板列。

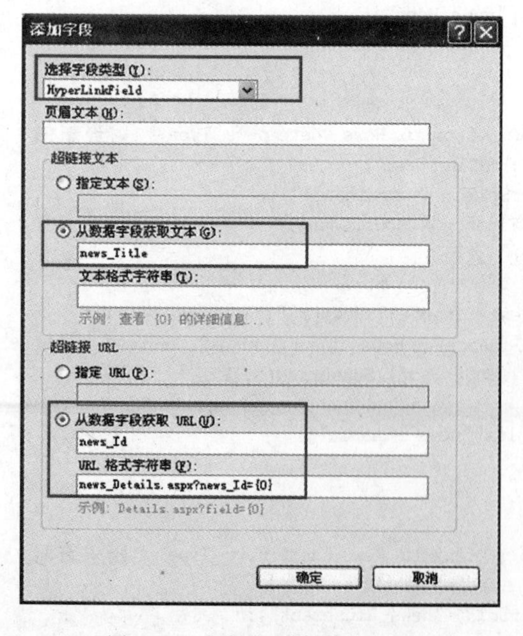

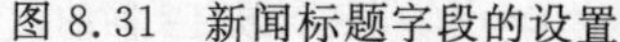
图 8.31 新闻标题字段的设置

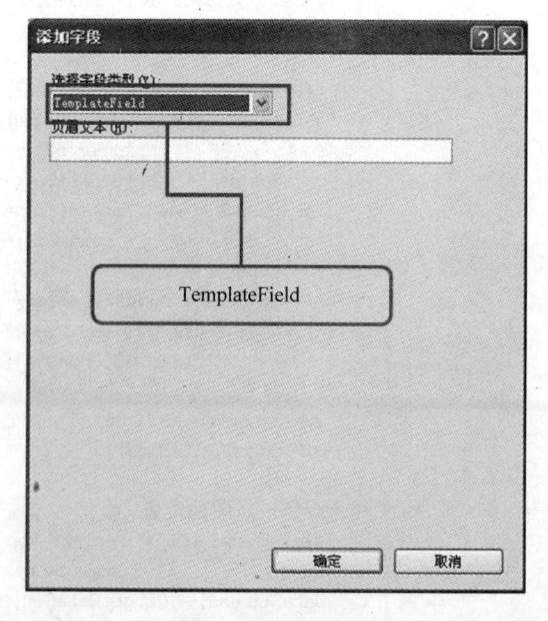

图 8.32 添加模板列

其次，在 GridView 右侧的“GridView 任务”快捷面板中选择“编辑模板”命令，打开模板的编辑对话框，从模板的编辑模式中选择 ItemTemplate，进行模板项的编辑，在 ItemTemplate 中添加一张小图像作为修饰，如图 8.33 所示。

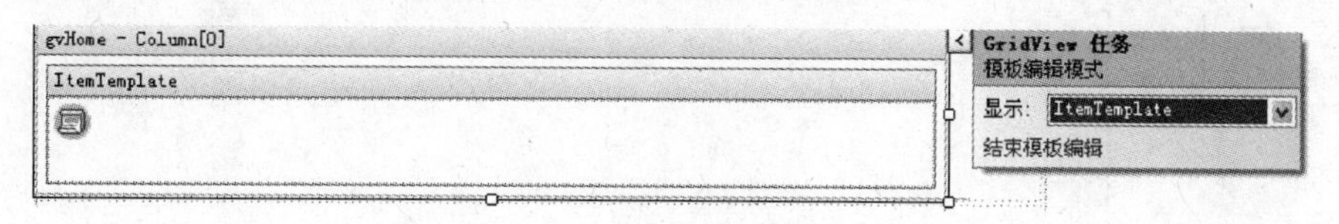

图 8.33 模板列的编辑

2. 新闻详情页面(news_Details. aspx)的设计与制作

新闻详情页面主要是根据网站的首页所单击的“新闻标题”字段，来查看相应的新闻详情，页面运行效果如图 8.34 所示。需注意的是此页必须经网站首页进入，否则会因为没有新闻主键 news_Id 的值致使页面出错。

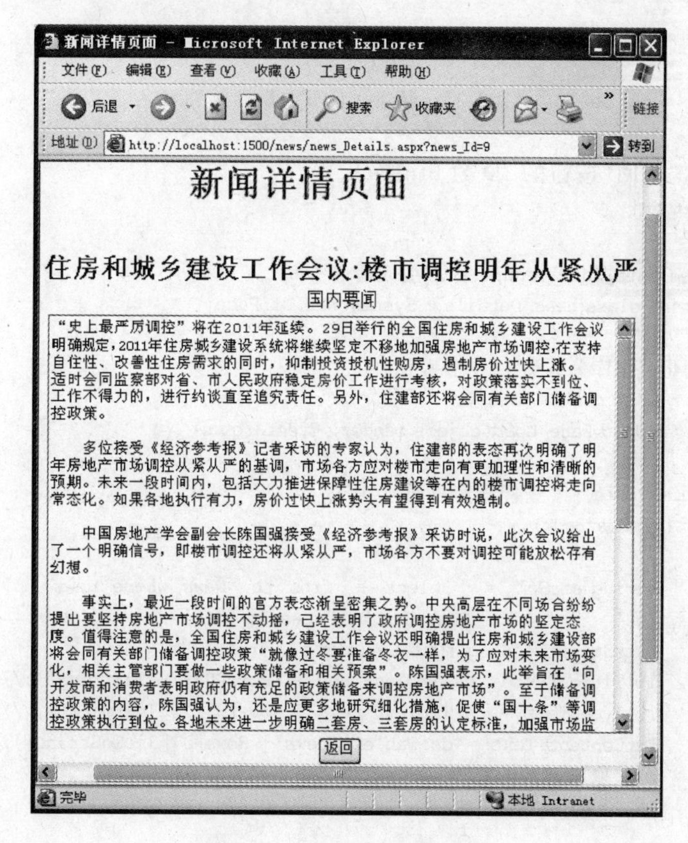

图 8.34 前台新闻详情页面

【操作步骤】

(1) 页面设计

页面设计如图 8.35 所示，页面各控件的属性设置分别是：显示新闻标题的 Label 控件 ID 为 lblTitle，显示新闻的类型 Label 控件 ID 为 lblType，显示新闻内容的文本框 ID

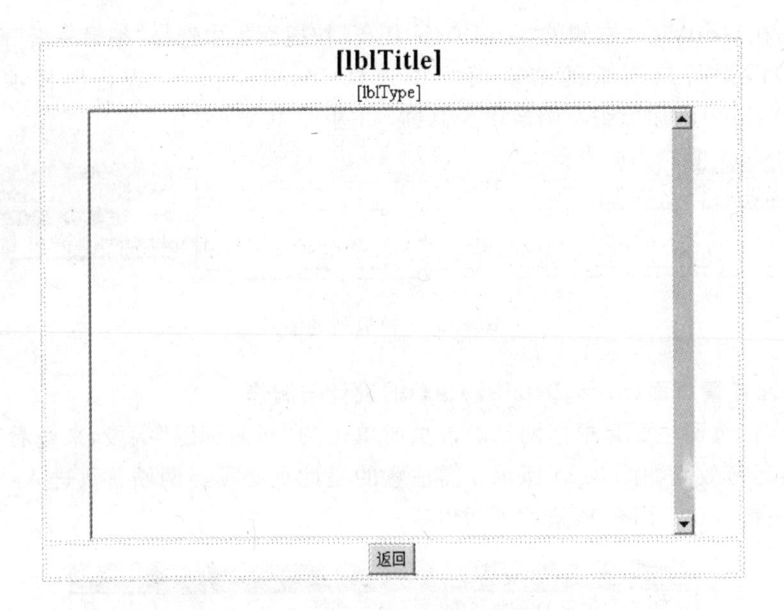

图 8.35 新闻详情页的设计效果图

为 txtContent,“返回”按钮的 ID 为 btnBack。

(2) 事件代码

```
using System.Data.SqlClient;      //引入命名空间
public partial class news_Details : System.Web.UI.Page
{
    //实例化数据库公共类
    dbClass db = new dbClass();
    protected void Page_Load(object sender, EventArgs e)
    {
        this.Title = "新闻详情页面";
        if (!IsPostBack)
        {
            string strSel = " select * from tb_News where news_Id = " + Request.
                    QueryString["news_Id"];
            DataSet ds = db.getDataSet(strSel, "news");
            lblTitle.Text = ds.Tables["news"].Rows[0][1].ToString();//获取新闻的标题
            lblType.Text = ds.Tables["news"].Rows[0][2].ToString(); //获取新闻的类型
            txtContent.Text = ds.Tables["news"].Rows[0][3].ToString();
            //获取新闻的内容
        }
    }

    //单击“返回”按钮返回网站首页
    protected void btnBack_Click(object sender, EventArgs e)
    {
        Response.Redirect("index.aspx");
    }
}
```

3. 更多新闻页面(news_More.aspx)的设计与制作

更多新闻页面主要是根据网站首页所单击的超链接不同,显示所对应类型的所有新闻内容。如在网站首页选择的是国内要闻的“更多新闻”的超链接,那么在更多新闻页面就会显示出国内要闻的所有新闻,为了使所对应新闻都能够显示出来,这里也将新闻记录内容进行分页处理,每页 10 条记录,页面运行效果如图 8.36 所示。

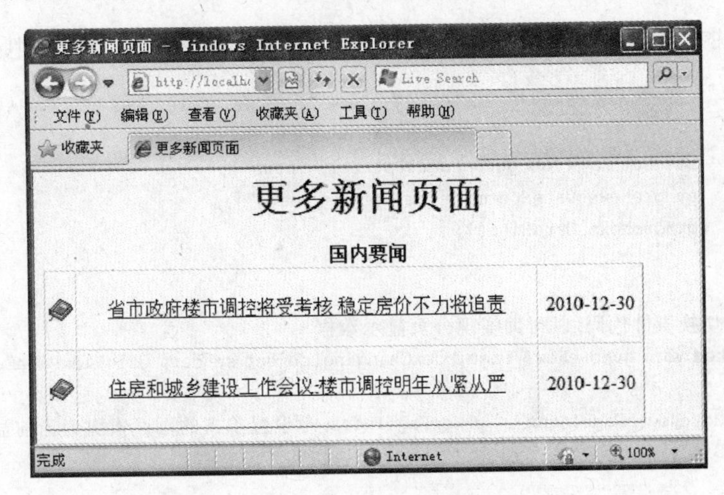

图 8.36　更多新闻页面的运行效果

(1) 更多新闻的页面设计

在网站的根目录下,创建更多新闻页面 news_More.aspx,目录结构如图 8.2 所示。

在更多新闻页面,添加一个 Label 控件用于显示新闻的类型,控件的 ID 为 lblNewsType,添加一个 GridView 控件用于显示新闻,此部分的设置与新闻首页设置是一致的,这里不再重复,页面设计如图 8.37 所示。

更多新闻页面

[lblNewsType]

	数据绑定	数据绑定
	数据绑定	数据绑定
	数据绑定	数据绑定
	数据绑定	数据绑定
	数据绑定	数据绑定

图 8.37　更多新闻页面的设计视图

(2) 事件代码

```
using System.Data.SqlClient;            //引入命名空间
public partial class news_More : System.Web.UI.Page
{
    dbClass db = new dbClass();
    protected void Page_Load(object sender, EventArgs e)
    {
```

```
            this.Title = "更多新闻页面";
            if (!IsPostBack)
            {
                lblNewsType.Text = Request.QueryString["news_Type"].ToString();
                gvBind();                    //调用绑定数据源的方法
            }
        }
        protected void gvBind()              //绑定数据源到GridView控件上
        {
                string strSel = "select * from tb_News where news_Type = '" + Request.
                        QueryString["news_Type"] + "'";
            DataSet ds = db.getDataSet(strSel, "news");
            gvMoreNews.DataSource = ds.Tables["news"];
            gvMoreNews.DataBind();
        }

        //页面切换事件代码,以帮助实现分页显示数据
        protected void gvMoreNews_PageIndexChanging(object sender, GridViewPageEventArgs e)
        {
            gvMoreNews.PageIndex = e.NewPageIndex;//设置单击的页面索引为当前显示页的索引
            gvBind();
        }
    }
```

部署与发布 ASP.NET 网站

ASP.NET 网站设计开发完毕后，就需要将其发布到 Web 服务器上，供多用户共享，实现真正的 B/S 结构应用程序。

9.1 发布网站

相关知识

在将网站上传到服务器上之前，为了加强网站的安全性和稳定性，可以先将网站发布。发布后的网站会将网站文件的源代码编译成相应的.dll 文件，从而隐藏源代码，此种方式大大加强了网站的安全性。

网站发布的具体操作步骤：

网站设计开发完毕，在 VS 2008 选择“生成”→“发布网站”命令，进行相应的发布位置等属性的设置即可。

发布网站的过程中，可以直接将其发布在服务器上也可以先发布到本机上，进行测试。这里为了网站的安全性和稳定性，先将其发布在本机上，当本机上测试没有问题后，再将其上传到服务器上。

能力目标

(1) 掌握网站发布的方法。

(2) 理解网站发布的作用。

实训任务

请将第 8 章所开发的新闻系统网站，进行发布。

在 VS 2008 中打开第 8 章所开发的新闻系统，直接选择“生成”→“发布网站”命令，如

图 9.1 所示。或在解决方案中选择“网站”结点，右击在弹出的对话框中选择“发布网站”命令也行。

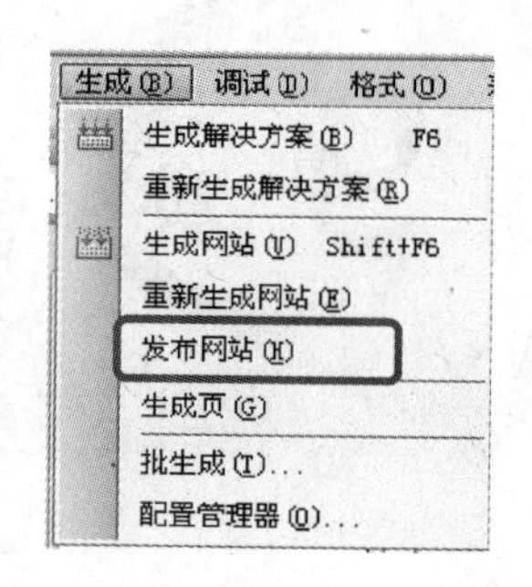

图 9.1　发布网站

当选择“发布网站”命令后，会弹出“发布网站”对话框，在此对话框中对发布网站的相关属性进行设置。首先需要设置网站发布后的目标位置，在这里将网站暂时发布到本机的 E 盘 NEWS 文件夹中。另外为了便于网站的更新，需选中“使用固定命名和单页程序集”复选框，如图 9.2 所示，这样网站发布后的.dll 文件就会有固定的名字。在今后的网站更新过程中，就可以直接更新相应的修改页面和其对应的编译文件，而无需整个网站全部更新。

在发布的过程中，会在状态栏左侧显示出“已启动生成”的提示文字，当网站发布成功时，状态栏里会显示出“发布成功”的提示。此时，会看到在 E 盘的 NEWS 文件夹中会生成相应的发布后的文件，仔细观察会发现，所有的网页文件的.cs 文件没有了，而在站点根目录下多出一个 bin 文件夹，如图 9.3 所示，bin 文件夹中有相应的.dll 编译文件，编译后的文件安全性更高。

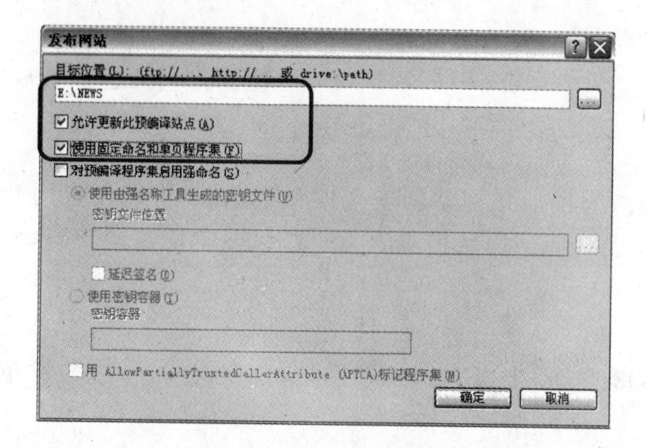

图 9.2　发布网站设置

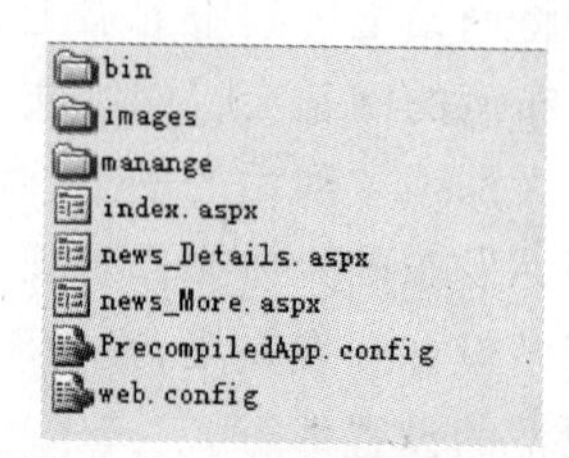

图 9.3　发布后的网站

9.2　测试发布后的网站

网站发布后，可以先通过 Web 服务器(IIS)运行网站进行测试，网站测试成功后，再将其配置到服务器上。在进行网站的测试时，可以通过创建一个指向目标文件夹的 IIS 虚拟目录来实现。

1. IIS 的概念

IIS(Internet Information Services)是互联网信息服务的意思，它是 Windows 平台最常用的 Web 服务器。在 B/S 模式下，无论采用 ASP.NET、PHP、JSP 中的哪种语言和环境，都必须配置 Web 服务器，通过 IIS 把一台计算机配置成一个 Web 服务器。这样，在硬件网络连通的情况下，用户就可以通过 Internet 浏览器来共享所发布的信息了。

2. 网站测试的基本操作步骤

(1) 安装 IIS。

(2) 配置 IIS。

(3) 创建虚拟目录。

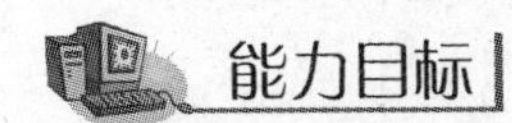

(1) 掌握 IIS 的安装、配置方法。

(2) 能够进行网站的基本测试。

1. 在本机安装 IIS

在进行网站的测试或运行操作之前，首先要确保本机已经安装了 IIS。

在 Windows 2000 Server 和 Windows 2003 Server 中，IIS 默认已经安装到操作系统中了，但 Windows 2000 Professional 和 Windows XP Professional，在默认情况下没有安装 IIS，需要手动安装。下面以 Windows XP 为例，介绍 IIS 安装的操作步骤，其他系统中 IIS 的安装与配置大致相同。

【操作步骤】

(1) 将 Windows XP 光盘放入光驱。

(2) 单击“开始”菜单，从中选择“设置”→“控制面板”命令。

(3) 在“控制面板”中选择“添加/删除程序”命令。

(4) 在“添加或删除程序”窗口中单击“添加/删除 Windows 组件”图标，如图 9.4 所示，此时会打开“Windows 组件向导”对话框，如图 9.5 所示。

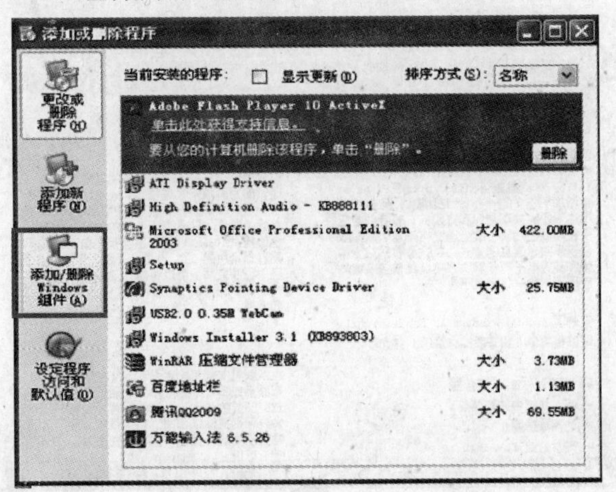

图 9.4　“添加或删除程序”窗口

(5) 在“Windows组件向导”对话框中选中“Internet信息服务(IIS)”复选框，如图9.5所示，单击“下一步”按钮，按照提示操作，最后单击“完成”按钮，完成IIS安装。

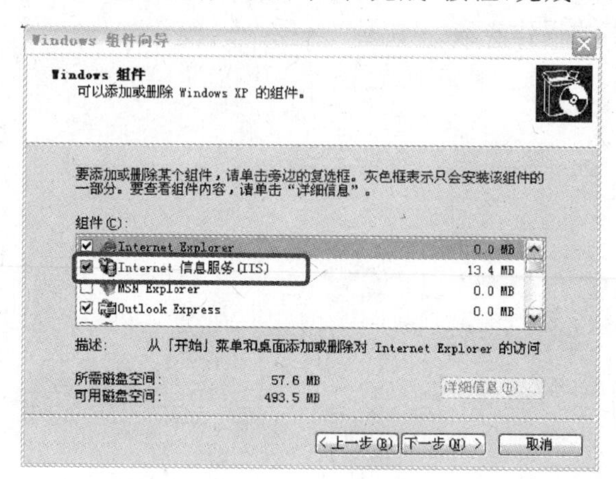

图9.5 安装IIS

注意：*在安装过程中可能会出现数次“找不到××文件”的错误提示对话框，此时可以到安装路径所定位的安装盘“i386”文件夹内，即可找到该文件并继续安装过程。*

(6) 安装完成后，在IE的地址栏里输入 http://localhost/localstart.asp，按Enter键，如果显示图9.6所示的页面则表示安装成功，否则安装失败。

图9.6 Internet信息服务安装成功后的页面

2. 配置 IIS

IIS 安装好后，还需要进行网站属性的设置，以使网站在最优的环境下运行，设置默认网站的访问属性的具体步骤如下。

(1) 选择“开始”→“设置”→“控制面板”命令，双击“管理工具”图标或在“开始”菜单中选择“所有程序”→“管理工具”命令，进入“管理工具”窗口，如图 9.7 所示。

图 9.7　“管理工具”窗口

(2) 在“管理工具”窗口中双击“Internet 信息服务”图标，打开 Internet 信息服务页面，如图 9.8 所示。

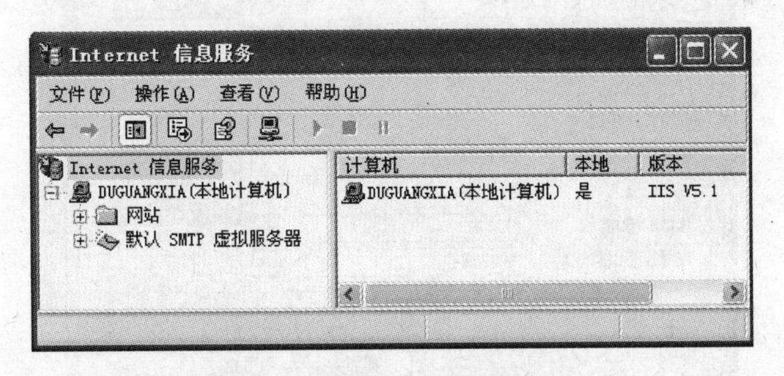

图 9.8　Internet 信息服务页面

(3) 单击“网站”图标前的“折叠”按钮“+”，选择其下的“默认网站”图标，可以看到默认网站的效果，如图 9.9 所示。

(4) 设置网站的主目录。

右击“默认网站”，选择“属性”命令，修改默认的网站属性。选择“主目录”选项卡，设置“本地路径”，本地路径就是放置网站的位置，默认本地路径是 C:\inetpub\wwwroot，这里单击右侧的“浏览”按钮，选择发布后的网站所在位置，如图 9.10 所示，单击“应用”按钮，完成主目录的设置。

(5) 设置 ASP.NET 的版本。

由于 VS 2008 中创建 ASP.NET 网站需要 ASP.NET 2.0 版本的支持，而 IIS 一般

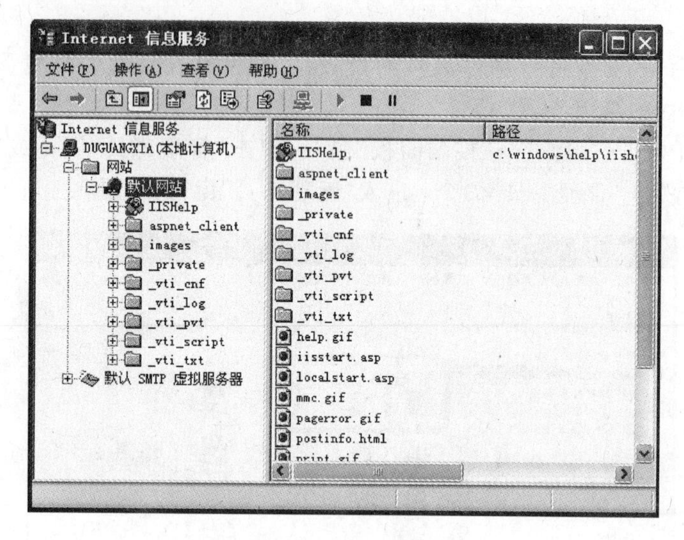

图 9.9 默认网站

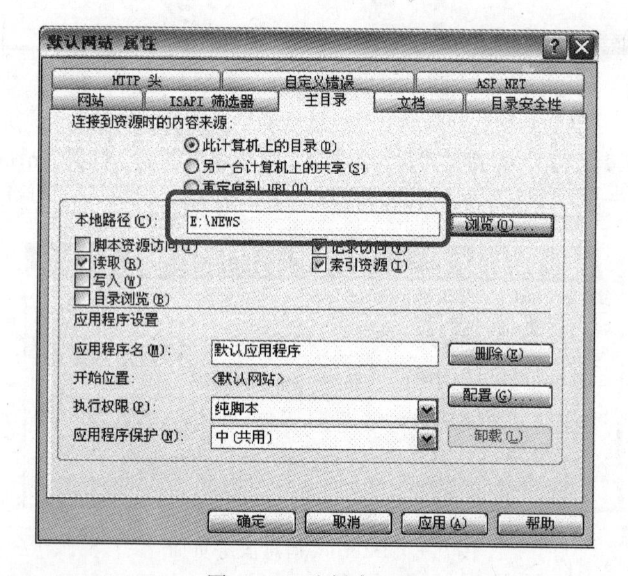

图 9.10 选择主目录

默认使用的 ASP.NET 的版本是 1.1,故还应在站点属性对话框中进行 ASP.NET 版本的设置。切换到 ASP.NET 选项卡,打开图 9.11 所示的对话框,在“ASP.NET 版本”下拉列表框中选择 ASP.NET 版本为 2.0。

需要注意的是 VS 2008 采用的 ASP.NET 版本是 2.0。

(6) 设置默认文档。

作为一个网站可以设置默认的网站首页,便于浏览,也就是在浏览器中打开网站时首先看到的第一个页面,本例将 index.aspx 设为网站的首页,如图 9.12 所示,单击右侧的“添加”按钮就可以添加默认的网站首页,最后单击“确定”按钮确认设置。

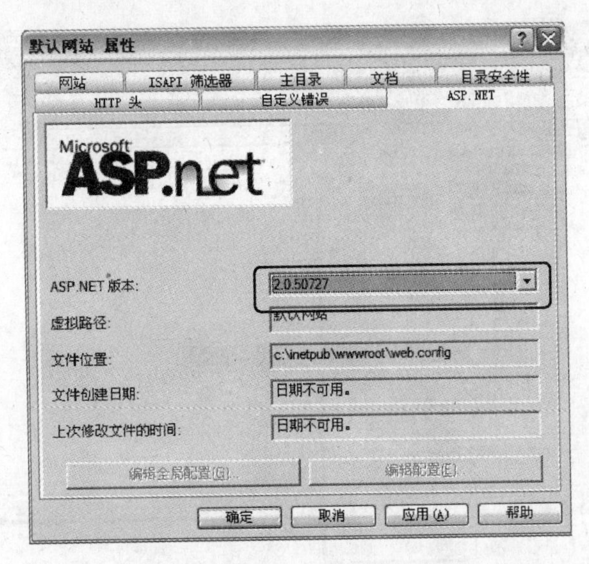

图 9.11 设置 ASP.NET 的版本

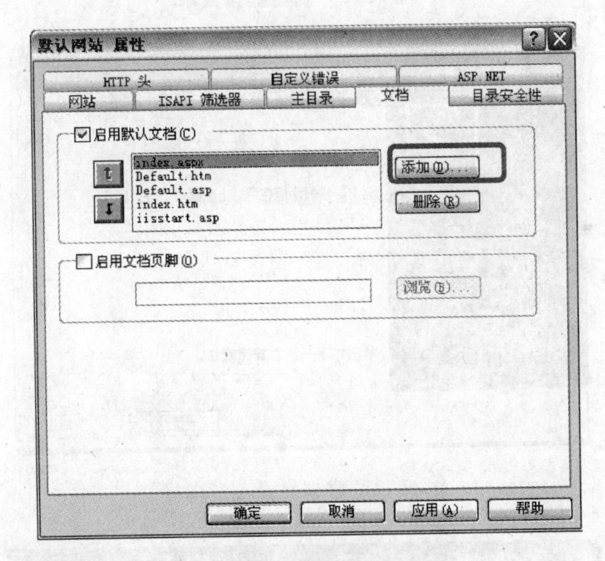

图 9.12 设置默认文档

3. 创建虚拟目录

虚拟目录是指 Web 站点逻辑上的目录，如果希望硬盘内不在 wwwroot 目录中的网页也可被用户浏览，就必须将该目录建立为 Web 站点的虚拟目录。

创建虚拟目录的步骤如下。

(1) 在“Internet 信息服务”窗口中，选择“网站”下的“默认网站”，右击，在弹出的菜单中选择“新建”→“虚拟目录”命令，如图 9.13 所示。

(2) 当打开“虚拟目录创建向导”对话框后，如图 9.14 所示，单击“下一步”按钮，打开“虚拟目录别名”对话框，如图 9.15 所示，在“别名”文本框中输入虚拟目录的别名，这里虚拟目录别名为 news，单击“下一步”按钮，打开“网站内容目录”对话框。

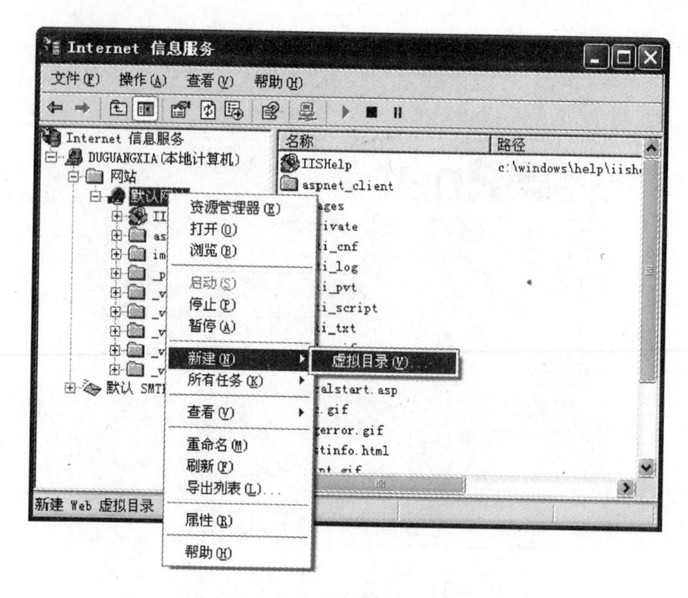

图 9.13 创建虚拟目录

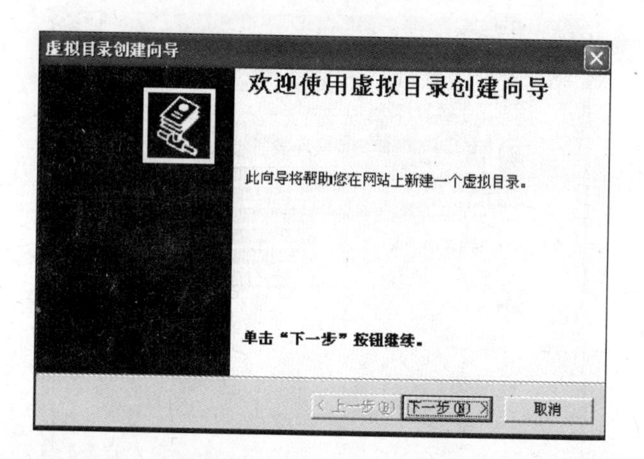

图 9.14 虚拟目录创建向导

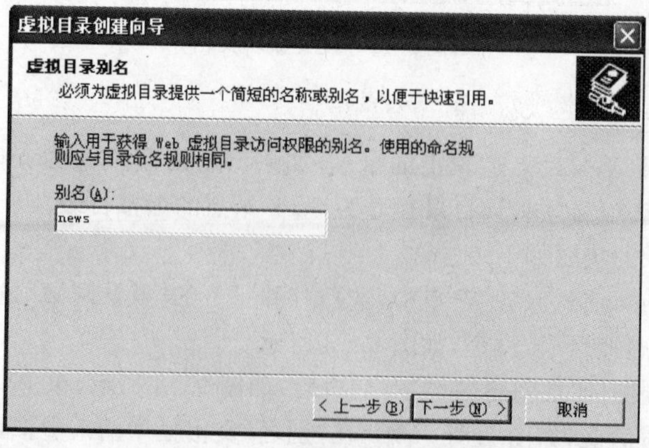

虚拟目录创建向导

虚拟目录别名

必须为虚拟目录提供一个简短的名称或别名，以便于快速引用。

输入用于获得 Web 虚拟目录访问权限的别名。使用的命名规则应与目录命名规则相同。

别名(A):

news

< 上一步(B) 下一步(N) > 取消

图 9.15 虚拟目录别名

(3) 在“网站内容目录”对话框中，设置网站内容所在的目录路径，这里虚拟目录站点的路径为 E:\NEWS，如图 9.16 所示。

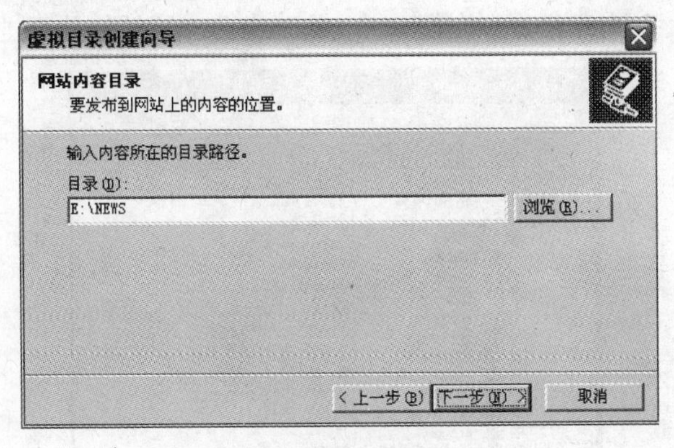

图 9.16　网站内容目录

(4) 完成虚拟目录的设置后，单击“下一步”按钮，打开网站“访问权限”对话框，一般取默认值即可，如图 9.17 所示。

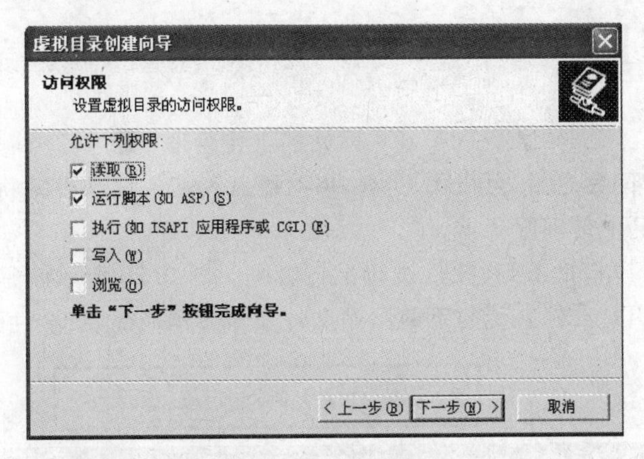

图 9.17　访问权限

(5) 单击“下一步”按钮，在屏幕上出现“完成”对话框，如图 9.18 所示，单击“完成”按钮完成设置。

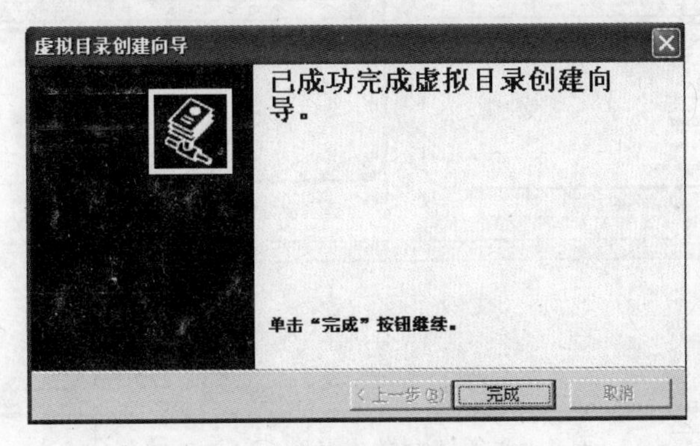

图 9.18　虚拟目录安装完成

此时可以看到发布后的网站文件就在"Internet 信息服务"的右侧窗口中出现，如图 9.19 所示，可以选择希望浏览的页面，右击选择"浏览"命令，就会在浏览器中打开页面或直接选择网站结点，右击选择"浏览"命令，此时将会对网站的首页进行浏览。

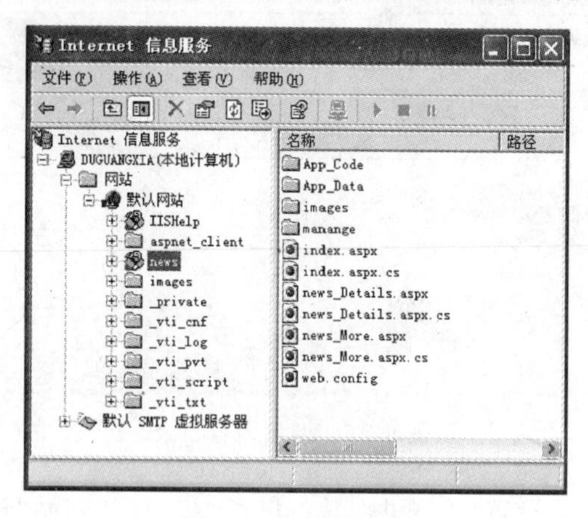

图 9.19 虚拟目录

网站的上传管理

网站测试没有问题之后，可以用 U 盘、移动硬盘等其他移动设备将其复制到 Web 服务器上或使用 FTP 上传到服务器。

网站上传也可以借助 FTP 软件进行上传管理。图 9.20 所示就是 LeapFTP 软件的操作页面。利用 FTP 软件上传与下载网站文件操作方便简捷，安全性强。

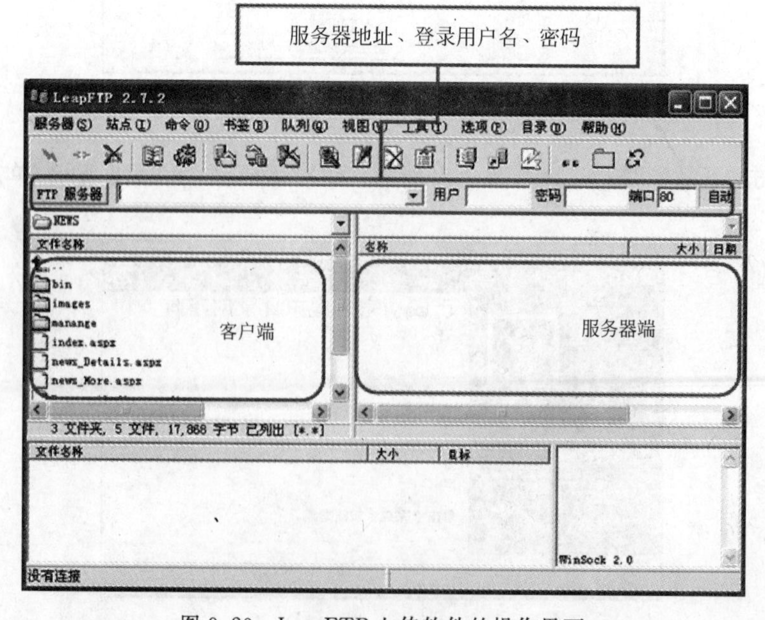

图 9.20 LeapFTP 上传软件的操作界面